软件设计师备考一本通

倪奕文　编著

中国水利水电出版社
www.waterpub.com.cn
·北京·

内 容 提 要

  软件设计师考试是计算机技术与软件专业技术资格（水平）考试（简称"软考"）系列中的一门重要的中级专业技术资格考试，是计算机专业技术人员获得软件设计师职称的一个重要途径。但软件设计师考试涉及的知识面极广，几乎涵盖了计算机专业课程的全部内容，并且有一定的难度。目前市面上关于软件设计师考试的辅导书籍大部分都是侧重于某一个方向，而没有从该考试的两个科目去全面地阐述，会增加学员选择上的困难性。

  有鉴于此，本书以作者多年从事软考教育培训和试题研究的心得体会，详细阐述了软件设计师考试两个科目所涉及的大部分知识点及真题。本书通过深度剖析考试大纲并综合历年的考试情况，将软件设计师考试涉及的各知识点按考试科目分为综合知识、案例专题两大类，并在每类里划分章节详述对应考点，同时附以典型的真题和详细的试题分析作为课后演练以确保考生能够触类旁通。读者通过学习本书中的知识，可以全面且快速地提高复习效率，做到有的放矢，以便能在考试时得心应手。书中还给出了一套模拟卷，并作了详细点评。

  本书可作为参加软件设计师考试的考生的自学用书，也可作为软考培训班的教材。

图书在版编目（C I P）数据

  软件设计师备考一本通 / 倪奕文编著. -- 北京：
中国水利水电出版社，2022.8
  ISBN 978-7-5226-0887-7

  Ⅰ．①软… Ⅱ．①倪… Ⅲ．①软件设计－资格考试－
自学参考资料 Ⅳ．①TP311.5

  中国版本图书馆CIP数据核字 (2022) 第136228号

策划编辑：周春元	责任编辑：王开云	加工编辑：王一然 封面设计：李 佳

书　　名	软件设计师备考一本通 RUANJIAN SHEJISHI BEIKAO YIBENTONG	
作　　者	倪奕文 编著	
出版发行	中国水利水电出版社 （北京市海淀区玉渊潭南路 1 号 D 座　　100038） 网址：www.waterpub.com.cn E-mail：mchannel@263.net（万水） sales@mwr.gov.cn 电话：（010）68545888（营销中心）、82562819（万水）	
经　　售	北京科水图书销售有限公司 电话：（010）68545874、63202643 全国各地新华书店和相关出版物销售网点	
排　　版	北京万水电子信息有限公司	
印　　刷	三河市德贤弘印务有限公司	
规　　格	184mm×240mm　16 开本　18.25 印张　425 千字	
版　　次	2022 年 8 月第 1 版　2022 年 8 月第 1 次印刷	
印　　数	0001—3000 册	
定　　价	88.00 元	

前　言

　　说到软件设计，软件行业从业人员应该都很熟悉，但是有很多读者会将软件设计等同于编码工作。然而，从定义上来说，一个合适的软件设计师是指能根据软件开发项目管理和软件工程的要求，按照系统总体设计规格说明书进行软件设计，编写程序设计规格说明书等相应的文档的实用型人才。还能够组织和指导程序员编写、调试程序，并对软件进行优化和集成测试，开发出符合系统总体设计要求的高质量软件。从这个要求里不难看出，软件设计师其实已经脱离了单纯编码的工作，而是从更高的层次来进行软件设计，文档编写，以及指导程序员来编码，而这也是软件行业从业者职业发展中期的方向。

　　凡是计算机软件开发行业从业者，都不应该一直困在编码这项工作里，而是应该从全局的角度尝试去做软件设计、数据设计以及算法设计，这就势必要求大家掌握必要的软件设计相关的理论知识，以便于能够从高层次上进行软件设计，这也是"软件设计师"这门考试的价值和热度所在。除此之外，"软件设计师"证书的价值还包括可以在某些大城市积分落户，能够减免部分个人所得税，申请进入专家库等。正是因为该证书含金量高，报考人数多，以至于近些年考试真题难度越来越大，除了官方教材和大纲本身的内容外，还会考查一些新的技术知识和热门的算法原理。这无疑加大了考生的学习负担。

　　为了帮助广大考生顺利通过考试，本人结合多年来"软件设计师"辅导的心得，对考试的知识点做了汇总，该考试的范围十分广泛，除了要掌握软件设计的相关知识，如软件工程、结构化设计、面向对象设计、数据结构与算法设计、程序设计语言等知识；还要掌握计算机软件基础知识，如计算机组成结构、操作系统、计算机网络和安全、数据库、法律法规等知识。在下午的案例专题中还会涉及具体的结构化设计、数据库设计、面向对象设计、算法设计的技术应用，是具有一定的难度的。至于选择题最后5分固定考查的是计算机专业英语知识，本人也汇总了常考的专业英语词汇作为本书附录部分供考生参考。

　　基于以上分析，按照"软件设计师"考试的两个科目分别作为模块，将上述知识点汇总为综合知识、案例专题两大模块内容，编写了本书，以期考生们能在短时间里掌握所有考点。

　　本书的"三大模块"是这样来安排的：

　　第1篇，综合知识。主要是针对综合知识考试科目，结合最新考试大纲及历年真题，凝练成了

13 章主题内容，每个章节都包含备考指南、考点梳理及精讲、课后演练及答案解析等，既给出了详细的考点也给出了配套的习题，保证学练结合，能使考生快速掌握知识点。

第 2 篇，案例专题。主要是针对案例分析考试科目，首先对案例分析题做了概述分析以及考点归类，将所有试题归纳为五大类，然后对每一类专题都有专门的考点梳理及精讲，补充案例相关的技术知识点，并且也有配套的案例真题及详细解析，同样是学练结合，使得考生能掌握案例考点。

第 3 篇，是一套全真模拟卷及答案解析，帮助考生最后整体检测自己的学习成果。

在此，要感谢中国水利水电出版社万水分社周春元副总经理，他的辛勤劳动和真诚约稿，也是我能编写此书的动力之一。感谢我的同事们、助手们，是他们帮助我做了大量的资料整理，甚至参与了部分编写工作。

然而，虽经多年锤炼，本人毕竟水平有限，若书中出现任何错误，敬请各位考生、各位培训师批评指正，不吝赐教。我的联系邮箱是：709861254@qq.com。

关注"文老师软考教育"公众号，然后回复"软设一本通，软件设计师一本通"，可免费观看指定视频课程。

编 者

2022 年 5 月

文老师软考教育

目 录

Ⅱ

第2篇　案例专题

第3篇　模拟试卷

第1篇　综合知识

第 **1** 章
计算机系统知识

1.1　备考指南

计算机组成与结构主要考查的是计算机硬件组成以及系统结构，包括计算机基本硬件组成、中央处理单元组成、计算机指令系统、存储系统、总线系统等相关知识，在软件设计师的考试中只会在选择题里考查，约占 6 分。

1.2　考点梳理及精讲

1.2.1　计算机系统基础知识

1.　计算机硬件组成

计算机的基本硬件系统由运算器、控制器、存储器、输入设备和输出设备 5 大部件组成。

（1）运算器、控制器等部件被集成在一起统称为中央处理单元（Central Processing Unit，CPU）。CPU 是硬件系统的核心，用于数据的加工处理，能完成各种算术运算、逻辑运算及控制功能。

（2）存储器是计算机系统中的记忆设备，分为内部存储器和外部存储器。前者速度快、容量小，一般用于临时存放程序、数据及中间结果；而后者容量大、速度慢，可以长期保存程序和数据。

（3）输入设备和输出设备合称为外部设备（简称外设），输入设备用于输入原始数据及各种命令，而输出设备则用于输出计算机运行的结果。

2.　中央处理单元（CPU）

（1）CPU 的功能。

1）程序控制。CPU 通过执行指令来控制程序的执行顺序，这是 CPU 的重要功能。

2）操作控制。一条指令功能的实现需要若干操作信号配合来完成，CPU 产生每条指令的操作信号并将操作信号送往对应的部件，控制相应的部件按指令的功能要求进行操作。

3）时间控制。CPU 对各种操作进行时间上的控制，即指令执行过程中操作信号的出现时间、持续时间及出现的时间顺序都需要进行严格控制。

4）数据处理。CPU 通过对数据进行算术运算及逻辑运算等方式进行加工处理，数据加工处理的结果被人们所利用。所以，对数据的加工处理也是 CPU 最根本的任务。

此外，CPU 还需要对系统内部和外部的中断（异常）做出响应，并进行相应的处理。

（2）CPU 的组成：CPU 主要由运算器、控制器、寄存器组和内部总线等部件组成。

（3）运算器：由算术逻辑单元（Arithmetic and Logic Unit，ALU）（实现对数据的算术和逻辑运算）、累加寄存器（Accumulator，AC）（运算结果或源操作数的存放区）、数据缓冲寄存器（Data Register，DR）（暂时存放内存的指令或数据）、状态条件寄存器（Program Status Word，PSW）（保存指令运行结果的条件码内容，如溢出标志等）组成。执行所有的算术运算，如加减乘除等；执行所有的逻辑运算并进行逻辑测试，如与、或、非、比较等。

（4）控制器：由指令寄存器（Instruction Register，IR）（暂存 CPU 执行指令）、程序计数器（Program Counter，PC）（存放指令执行地址）、地址寄存器（Address Register，AR）（保存当前 CPU 所访问的内存地址）、指令译码器（Instruction Decoder，ID）（分析指令操作码）等组成。控制整个 CPU 的工作，十分重要。

CPU 依据指令周期的不同阶段来区分二进制的指令和数据，因为在指令周期的不同阶段，指令会命令 CPU 分别去取指令或者数据。

1.2.2　数据的表示

1．进制的转化

（1）R 进制转十进制：位权展开法，用 R 进制数的每一位乘以 R 的 n 次方，n 是变量，从 R 进制数的最低位开始，依次为 0,1,2,3,…累加。

例如有六进制数 5043，此时 R=6，用六进制数的每一位乘以 6 的 n 次方，n 是变量，从六进制数的最低位开始（5043 从低位到高位排列：3,4,0,5），n 依次为 0,1,2,3，那么最终 $5043=3\times6^0+4\times6^1+0\times6^2+5\times6^3=1107$。

（2）十进制转 R 进制。

1）十进制整数（除以 R 倒取余数）。用十进制整数除以 R，记录每次所得的余数，若商不为 0，则继续除以 R，直至商为 0，而后将所有余数从下至上记录，排列成从左至右的顺序，即为转换后的 R 进制数。

2）十进制小数（乘 R 正取整数）。用十进制小数乘以 R，记录每次所得的整数，若结果小数部分不为 0，则将小数部分继续乘以 R，直至没有小数，而后将所有整数从第一个开始排列为从左至右的顺序，即为转换后的 R 进制数。

（3）m 进制转 n 进制：先将 m 进制转化为十进制数，再将十进制数转化为 n 进制数，中间需要通过十进制中转，但下面两种进制间可以直接转化：

1）二进制转八进制：每三位二进制数转换为一位八进制数，若二进制数位个数不是三的倍数，则在前面补 0，如二进制数 01101 有五位，前面补一个 0 就有六位，为 001 101，每三位转换为一位八进制数，001=1,101=1+4=5，也即 01101=15。

2）二进制转十六进制：每四位二进制数转换为一位十六进制数，若二进制数位个数不是四的倍数，则在前面补 0，如二进制数 101101 有六位，前面补两个 0 就有八位，为 0010 1101，每四位转换为一位十六进制数，0010=2，1101=13=D，也即 101101=2D。

2. 数的表示

各种数值在计算机中表示的形式称为机器数，其特点是使用二进制计数制，数的符号用 0 和 1 表示，小数点则隐含，不占位置。

机器数有无符号数和带符号数之分。无符号数表示正数，没有符号位。带符号数最高位为符号位，正数符号位为 0，负数符号位为 1。定点表示法分为纯小数和纯整数两种，其中小数点不占存储位，而是按照以下约定。

纯小数：约定小数点的位置在机器数的最高数值位之前。

纯整数：约定小数点的位置在机器数的最低数值位之后。

真值：机器数对应的实际数值。

带符号数有下列编码方式。

原码：一个数的正常二进制表示，最高位表示符号，数值 0 的原码有两种形式：+0（0 0000000）和–0（1 0000000）。

反码：正数的反码即原码；负数的反码是在原码的基础上，除符号位外，其他各位按位取反。数值 0 的反码也有两种形式：+0（0 0000000）和–0（1 1111111）。

补码：正数的补码即原码；负数的补码是在原码的基础上，除符号位外，其他各位按位取反，而后末位+1，若有进位则产生进位。因此数值 0 的补码只有一种形式+0 = –0 = 0 0000000。

移码：用作浮点运算的阶码，无论正数还是负数，都是将该原码的补码的首位（符号位）取反得到移码。

符号表示：要注意的是，原码最高位是代表正负号，且不参与计数；而其他编码最高位虽然也是代表正负号，但参与计数。各编码取值范围见表 1-1。

表 1-1 机器字长为 n 时各种码制表示的带符号数的取值范围

码制	定点整数	定点小数
原码	$-(2^{n-1}-1) \sim +(2^{n-1}-1)$	$-(1-2^{-(n-1)}) \sim +(1-2^{-(n-1)})$
反码	$-(2^{n-1}-1) \sim +(2^{n-1}-1)$	$-(1-2^{-(n-1)}) \sim +(1-2^{-(n-1)})$
补码	$-2^{n-1} \sim +(2^{n-1}-1)$	$-1 \sim +(1-2^{-(n-1)})$
移码	$-2^{n-1} \sim +(2^{n-1}-1)$	$-1 \sim +(1-2^{-(n-1)})$

差别在于 0 的表示，原码和反码分+0 和–0，补码只有一个 0。

3. 浮点数的运算

浮点数：表示方法为 $N = F \times 2^E$，其中 E 称为阶码，F 称为尾数；类似于十进制的科学计数法，

如 $85.125 = 0.85125 \times 10^2$，二进制如 $101.011 = 0.101011 \times 2^3$。

在浮点数的表示中，阶码为带符号的纯整数，尾数为带符号的纯小数，要注意符号占最高位（正数为 0，负数为 1），其表示格式如下：

| 阶符 | 阶码 | 数符 | 尾数 |

很明显，与科学计数法类似，一个浮点数的表示方法不是唯一的，浮点数所能表示的数值范围由阶码确定，所表示的数值精度由尾数确定。

尾数的表示采用规格化方法，也即带符号尾数的补码必须为 1.0xxxx（负数）或者 0.1xxxx（正数），其中 x 可为 0 或 1。

浮点数的运算：对阶（使两个数的阶码相同，小阶向大阶看齐，较小阶码增加几位，尾数就右移几位）——尾数计算（相加，若是减运算，则加负数）——结果规格化（即尾数表示规格化，带符号尾数转换为 1.0xxxx 或 0.1xxxx）。

4. 算术运算和逻辑运算

数与数之间的算术运算包括加、减、乘、除等基本算术运算，对于二进制数，还应该掌握基本逻辑运算，包括：

逻辑与（&&）：0 和 1 相与，只要有一个为 0 结果就为 0，两个都为 1 才为 1。

逻辑或（||）：0 和 1 相或，只要有一个为 1 结果就为 1，两个都为 0 才为 0。

异或（⊕）：同 0 非 1，即参加运算的二进制数同为 0 或者同为 1 结果为 0，一个为 0 另一个为 1 结果为 1。

逻辑非（!）：0 的非是 1，1 的非是 0。

逻辑左移（<<）：二进制数整体左移 n 位，高位若溢出则舍去，低位补 0。

逻辑右移（>>）：二进制数整体右移 n 位，低位溢出则舍去，高位补 0。

算术左移、算术右移：乘以 2 或者除以 2 的算术运算，涉及加、减、乘、除的都是算术运算，与逻辑运算区分。

短路计算方式：指通过逻辑运算符（&&、|| 等）左边表达式的值就能推算出整个表达式的值，不再继续执行逻辑运算符右边的表达式。

若计算机存储数据采用的是双符号位（00 表示正号、11 表示负号），两个符号相同的数相加时，如果运算结果的两个符号位经异或运算得 1，则可断定这两个数相加的结果产生了溢出。

从计算的角度理解，正数和负数相加其结果肯定不会溢出，如果有溢出，必然同为正数或者同为负数，结果才会更大，才有可能溢出。因此，正常两个同符号数相加时，不考虑溢出，其符号位必然还是 00 或者 11，如果有溢出，那么数据位必然最高位进位 1，符号位就需要加 1，变为 01 或者 10，因此当符号位为 01 或者 10 时数据溢出。观察这两种溢出情况的两个符号位都是一个为 0，一个为 1，其异或运算必然为 1，没有其他可能，而逻辑或运算有可能两个都为 1，也能得出 1。

1.2.3 校验码

1. 码距

就单个编码 A：00 而言，其码距为 1，因为其只需要改变一位就变成另一个编码。在两个编码中，从 A 码到 B 码转换所需要改变的位数称为码距，如 A：00 要转换为 B：11，码距为 2。一般来说，码距越大，越利于检错和纠错。

2. 奇偶校验码

在编码中增加 1 位校验位来使编码中 1 的个数为奇数（奇校验）或者偶数（偶校验），从而使码距变为 2。奇校验可以检测编码中奇数个数据位出错，即当合法编码中的奇数位发生了错误时，即编码中的 1 变成 0，或者 0 变成 1，则该编码中 1 的个数的奇偶性就发生了变化，从而检查出错误，但无法纠错。

3. 循环冗余校验码（CRC）

CRC 只能检错，不能纠错，其原理是找出一个能整除多项式的编码，因此首先要将原始报文除以多项式，将所得的余数作为校验位加在原始报文之后，作为发送数据发给接收方。

使用 CRC 编码，需要先约定一个生成多项式 G(x)。生成多项式的最高位和最低位必须是 1。假设原始信息有 m 位，则对应多项式 M(x)。生成校验码的思想就是在原始信息位后追加若干校验位，使得追加的信息能被 G(x) 整除。接收方接收到带校验位的信息，然后用 G(x) 整除，余数为 0，则没有错误；反之则发生错误。

例：假设原始信息串为 10110，CRC 的生成多项式为 $G(x)=x^4+x+1$，求 CRC 校验码。

（1）在原始信息位后面添 0，假设生成多项式的阶为 r，则在原始信息位后添加 r 个 0，本题中，G(x) 阶为 4，则在原始信息串后加 4 个 0，得到的新串为 101100000，作为被除数。

（2）由多项式得到除数，多项式中 x 的幂指数存在的位置 1，不存在的位置 0。本题中，x 的幂指数为 0、1、4 的变量都存在，而幂指数为 2、3 的不存在，因此得到串 10011。

（3）生成 CRC 校验码，将前两步得出的被除数和除数进行模 2 除法运算（即不进位也不借位的除法运算）。除法过程如图 1-1 所示。

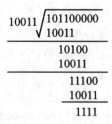

图 1-1　模 2 除法运算

得到余数 1111。

注意：余数不足 r，则余数左边用若干个 0 补齐。如求得余数为 11，r=4，则补两个 0 得到 0011。

（4）生成最终发送信息串，将余数添加到原始信息后。上例中，原始信息为 10110，添加余数 1111 后，结果为 10110 1111。发送方将此数据发送给接收方。

（5）接收方进行校验。接收方的 CRC 校验过程与生成过程类似，接收方接收了带校验和的帧后，用多项式 G(x) 来除。余数为 0，则表示信息无错；否则要求发送方进行重传。

注意：收发信息双方需使用相同的生成多项式。

4. 海明校验码

海明校验码本质也是使用奇偶校验方式检验，通过下面例题详解海明校验码。

例：求信息 1011 的海明码。

（1）校验位的位数和具体的数据位的位数之间的关系。所有位都编号，最低位编号从 1 开始递增，校验位处于 2 的 n（n=0,1,2,…）次方中，即处于第 1,2,4,8,16,32,… 位上，其余位才能填充真正的数据位，若信息数据为 1011，则可知，第 1,2,4 位为校验位，第 3,5,6,7 位为数据位，用来从低位开始存放 1011，得出信息位和校验位分布见表 1-2。

表 1-2　信息位和校验位分布表

7	6	5	4	3	2	1	位数
I_4	I_3	I_2		I_1			信息位
			r_2	r_1	r_0		校验位

实际考试时可以依据公式 $n+k \leq 2^k-1$ 快速得出答案（n 是已知的数据位个数，k 是未知的校验位个数，依次取 k=1 代入计算，得出满足上式的最小的 k 的值）。

（2）计算校验码。将所有信息位的编号都拆分成二进制表示，如下所示：

$7=2^2+2^1+2^0$, $6=2^2+2^1$, $5=2^2+2^0$, $3=2^1+2^0$;

$r_2=I_4 \oplus I_3 \oplus I_2$;

$r_1=I_4 \oplus I_3 \oplus I_1$;

$r_0=I_4 \oplus I_2 \oplus I_1$;

7=4+2+1，表示 7 由第 4 位校验位（r_2）和第 2 位校验位（r_1）和第 1 位校验位（r_0）共同校验，同理，第 6 位数据位 6=4+2，第 5 位数据位 5=4+1，第 3 位数据位 3=2+1，前面知道，这些 2 的 n 次方都是校验位，可知，第 4 位校验位校验第 7、6、5 三位数据位，因此，第 4 位校验位 r_2 等于这三位数据位的值异或，第 2 位和第 1 位校验位计算原理同上，最终结果见表 1-3。

表 1-3　最终生成的校验码

7	6	5	4	3	2	1	位数
1	0	1		1			信息位
			0		0	1	校验位

计算出三个校验位后，可知最终要发送的海明校验码为 1010101。

（3）检错和纠错原理。接收方收到海明码之后，会将每一位校验位与其校验的位数分别异或，即做如下三组运算：

$$r_2 \oplus I_4 \oplus I_3 \oplus I_2$$
$$r_1 \oplus I_4 \oplus I_3 \oplus I_1$$
$$r_0 \oplus I_4 \oplus I_2 \oplus I_1$$

如果是偶校验，那么运算得到的结果应该全为 0，如果是奇校验，应该全为 1，才正确（若采用奇校验，则前面计算校验码时需要将各校验位的偶校验值取反），假设是偶校验，且接收到的数据为 1011101（第四位出错），此时，运算的结果为：

$$r_2 \oplus I_4 \oplus I_3 \oplus I_2 = 1 \oplus 1 \oplus 0 \oplus 1 = 1$$
$$r_1 \oplus I_4 \oplus I_3 \oplus I_1 = 0 \oplus 1 \oplus 0 \oplus 1 = 0$$
$$r_0 \oplus I_4 \oplus I_2 \oplus I_1 = 1 \oplus 1 \oplus 1 \oplus 1 = 0$$

这里不全为 0，表明传输过程有误，并且按照 $r_2 r_1 r_0$ 排列为二进制 100，这里指出的就是错误的位数，表示第 100 位，即第 4 位出错，找到了出错位，纠错方法就是将该位逆转。

1.2.4 计算机体系结构

计算机体系结构按处理机的数量进行分类：单处理系统（一个处理单元和其他设备集成）、并行处理系统（两个以上的处理机互联）、分布式处理系统（物理上远距离且松耦合的多计算机系统）。

除此之外，一个典型的分类方法是 Flynn 分类法，见表 1-4。

表 1-4 Flynn 分类法

体系结构类型	结果	关键特性	代表
单指令流单数据流 SISD	控制部分：一个 处理器：一个 主存模块：一个	串行结构，一条指令执行完才能执行下一条指令	单处理器系统
单指令流多数据流 SIMD	控制部分：一个 处理器：多个 主存模块：多个	各处理器以异步的形式执行同一条指令	并行处理机 阵列处理机 超级向量处理机
多指令流单数据流 MISD	控制部分：多个 处理器：一个 主存模块：多个	被证明不可能,至少是不实际	目前没有,有文献称流水线计算机为此类
多指令流多数据流 MIMD	控制部分：多个 处理器：多个 主存模块：多个	能够实现作业、任务、指令等各级全面并行	多处理机系统 多计算机

由表 1-4 可知，分类有两个因素，即指令流和数据流。指令流由控制部分处理，每一个控制部分处理一条指令流，多指令流就有多个控制部分；数据流由处理器来处理，每一个处理器处理一条

数据流，多数据流就有多个处理器。至于主存模块，是用来存储的，存储指令流或者数据流，因此，无论是多指令流还是多数据流，都需要多个主存模块来存储，对于主存模块，指令和数据都一样。

依据计算机特性，是由指令来控制数据的传输，因此，一条指令可以控制一条或多条数据流，但一条数据流不能被多条指令控制，否则会出错，就如同上级命令太多还互相冲突，不知道该执行哪一个，因此多指令单数据（MISD）不可能。

1.2.5 指令系统

1. 计算机指令的组成

一条指令由操作码和操作数两部分组成，操作码决定要完成的操作，操作数指参加运算的数据及其所在的单元地址。

在计算机中，操作要求和操作数地址都由二进制数码表示，分别称作操作码和地址码，整条指令以二进制编码的形式存放在存储器中。

2. 计算机指令执行过程

计算机指令执行过程可分为取指令、分析指令、执行指令三个步骤，首先将程序计数器（PC）中的指令地址取出，送入地址总线，CPU 依据指令地址去内存中取出指令内容存入指令寄存器（IR）；而后由指令译码器进行分析，分析指令操作码；最后执行指令，取出指令执行所需的源操作数。

3. 指令寻址方式

顺序寻址方式：由于指令地址在主存中顺序排列，当执行一段程序时，通常是一条指令接着一条指令地顺序执行。从存储器取出第一条指令，然后执行这条指令；接着从存储器取出第二条指令，再执行第二条指令，以此类推。这种程序顺序执行的过程称为指令的顺序寻址方式。

跳跃寻址方式：所谓指令的跳跃寻址，是指下一条指令的地址码不是由程序计数器给出，而是由本条指令直接给出。程序跳跃后，按新的指令地址开始顺序执行。因此，指令计数器的内容也必须相应改变，以便及时跟踪新的指令地址。

4. 指令操作数的寻址方式

立即寻址方式：指令的地址码字段指出的不是地址，而是操作数本身。

直接寻址方式：在指令的地址字段中直接指出操作数在主存中的地址。

间接寻址方式：与直接寻址方式相比，间接寻址中指令地址码字段所指向的存储单元中存储的不是操作数本身，而是操作数的地址。

寄存器寻址方式：指令中的地址码是寄存器的编号，而不是操作数地址或操作数本身。寄存器的寻址方式也可以分为直接寻址和间接寻址，两者的区别在于前者的指令地址码给出寄存器编号，寄存器的内容就是操作数本身；而后者的指令地址码给出寄存器编号，寄存器的内容是操作数的地址，根据该地址访问主存后才能得到真正的操作数。

基址寻址方式：将基址寄存器的内容加上指令中的形式地址而形成操作数的有效地址，其优点是可以扩大寻址能力。

变址寻址方式：变址寻址方式计算有效地址的方法与基址寻址方式很相似，它是将变址寄存器的内容加上指令中的形式地址而形成操作数的有效地址。

相对寻址方式：相对于当前的指令地址而言的寻址方式。相对寻址是把程序计数器（PC）的内容加上指令中的形式地址而形成操作数的有效地址，而程序计数器的内容就是当前指令的地址，所以相对寻址是相对于当前的指令地址而言的。

5. CISC 和 RISC

CISC 是复杂指令系统，兼容性强，指令繁多、长度可变，由微程序实现。

RISC 是精简指令系统，指令少，使用频率接近，主要依靠硬件实现（通用寄存器、硬布线逻辑控制）。

二者各方面的区别见表 1-5。

表 1-5　CISC 和 RISC 的区别

指令系统类型	指令	寻址方式	实现方式	其他
CISC（复杂）	数量多，使用频率差别大，可变长格式	支持多种	微程序控制技术（微码）	研制周期长
RISC（精简）	数量少，使用频率接近，定长格式，大部分为单周期指令，操作寄存器，只有 Load/Store 操作内存	支持方式少	增加了通用寄存器；硬布线逻辑控制为主；适合采用流水线	优化编译，有效支持高级语言

6. 流水线原理

将指令分成不同段，每段由不同的部分去处理，因此可以产生叠加的效果，所有的部件去处理指令的不同段，如下图所示：

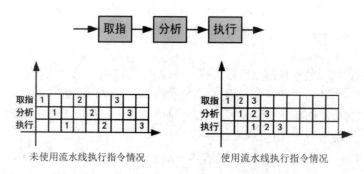

图 1-2　未使用流水线和使用流水线执行对比

RISC 中的流水线技术：

超流水线（Super Pipe Line）技术。它通过细化流水、增加级数和提高主频，使得在每个机器周期内能完成一个甚至两个浮点操作。其实质是以时间换取空间。

超标量（Super Scalar）技术。它通过内装多条流水线来同时执行多个处理，其时钟频率虽然与一般流水接近，却有更小的 CPI。其实质是以空间换取时间。

超长指令字（Very Long Instruction Word，VLIW）技术。VLIW 和超标量都是 20 世纪 80 年代出现的概念，其共同点是要同时执行多条指令，其不同在于超标量依靠硬件来实现并行处理的调度，VLIW 则充分发挥软件的作用，而使硬件简化，性能提高。

7. 流水线时间计算

流水线相关计算公式如下：

流水线周期：指令分成不同执行段，其中执行时间最长的段为流水线周期。

流水线执行时间：1 条指令总执行时间+（总指令条数–1）×流水线周期。

流水线吞吐率计算：吞吐率即单位时间内执行的指令条数。公式：指令条数/流水线执行时间。

流水线的加速比计算：加速比即使用流水线后的效率提升度，即比不使用流水线快了多少倍，越高表明流水线效率越高，公式：不使用流水线执行时间/使用流水线执行时间。

单缓冲区和双缓冲区：此类题型不给出具体流水线执行阶段，需要考生自己区分出流水线阶段，一般来说，能够同时执行的阶段就是流水线的独立执行阶段；只能独立执行的阶段应该合并为流水线中的一个独立执行阶段。

例如有三个阶段，即读入缓冲区+送入用户区+数据处理，在单缓冲区中，缓冲区和用户区都只有一个，一个盘块必须执行完前两个阶段，下一个盘块才能开始，因此前两个阶段应该合并，整个流水线为送入用户区+数据处理；而在双缓冲区中，盘块可以交替读入缓冲区，但用户区只有一个，因为缓冲区阶段可以同时进行，流水线前两个阶段不能合并，就是读入缓冲区+送入用户区+数据处理三段。

划分出真正的流水线阶段后，套用流水线时间计算公式可以轻易得出答案。

1.2.6　存储系统

1. 计算机存储结构层次结构

计算机存储结构层次图如图 1-3 所示。

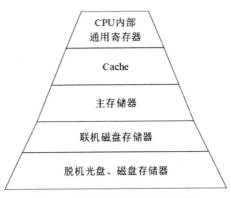

图 1-3　计算机存储结构层次图

计算机采用分级存储体系的主要目的是解决存储容量、成本和速度之间的矛盾问题。

两级存储映像为 Cache-主存、主存-辅存（虚拟存储体系）。

2. 存储器的分类

按存储器所处的位置可分为：内存、外存。

按存储器构成材料：磁存储器（磁带）、半导体存储器、光存储器（光盘）。

按存储器的工作方式：可读可写存储器（RAM）、只读存储器（ROM 只能读，PROM 可写入一次，EPROM 和 EEPOM 既可以读也可以写，只是修改方式不同，闪存 Flash Memory）。

按存储器访问方式：按地址访问、按内容访问（相联存储器）。

按寻址方式：随机存储器（访问任意存储单元所用时间相同）、顺序存储器（只能按顺序访问，如磁带）、直接存储器（二者结合，如磁盘，对于磁道的寻址是随机的，在一个磁道内则是顺序的）。

3. 局部性原理

总的来说，在 CPU 运行时，所访问的数据会趋向于一个较小的局部空间地址内（例如循环操作，循环体被反复执行）。

时间局部性原理：如果一个数据项正在被访问，那么在近期它很可能会被再次访问，即在相邻的时间里会访问同一个数据项。

空间局部性原理：在最近的将来会用到的数据的地址和现在正在访问的数据地址很可能是相近的，即相邻的空间地址会被连续访问。

4. 高速缓存 Cache

（1）Cache 的组成。高速缓存 Cache 用来存储当前最活跃的程序和数据，直接与 CPU 交互，位于 CPU 和主存之间，容量小，速度为内存的 5～10 倍，由半导体材料构成。其内容是主存内存的副本拷贝，对于程序员来说是透明的。

Cache 由控制部分和存储器组成，存储器存储数据，控制部分判断 CPU 要访问的数据是否在 Cache 中，在则命中，不在则依据一定的算法从主存中替换，如图 1-4 所示。

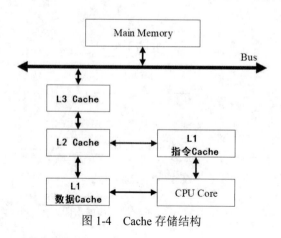

图 1-4　Cache 存储结构

（2）Cache 地址映像方法。在 CPU 工作时，送出的是主存单元的地址，应从 Cache 存储器中读/写信息。这就需要将主存地址转换为 Cache 存储器地址，这种地址的转换称为地址映像，由**硬件自动完成映像**，分为下列三种方法。

直接映像：将 Cache 存储器等分成块，主存也等分成块并编号。主存中的块与 Cache 中的块的对应关系是固定的，也即二者块号相同才能命中。地址变换简单但不灵活，容易造成资源浪费。

全相联映像：同样都等分成块并编号。主存中任意一块都与 Cache 中任意一块对应。因此可以随意调入 Cache 任意位置，但地址变换复杂，速度较慢。因为主存可以随意调入 Cache 任意块，只有当 Cache 满了才会发生块冲突，是最不容易发生块冲突的映像方式。

组相联映像：前面两种方式的结合，将 Cache 存储器先分块再分组，主存也同样先分块再分组，组间采用直接映像，即主存中组号与 Cache 中组号相同的组才能命中，但是组内全相联映像，也即组号相同的两个组内的所有块可以任意调换。

（3）Cache 替换算法。目标就是使 Cache 获得尽可能高的命中率。常用算法有如下几种。

1）随机替换算法。就是用随机数发生器产生一个要替换的块号，将该块替换出去。

2）先进先出算法。就是将最先进入 Cache 的信息块替换出去。

3）近期最少使用算法。这种方法是将近期最少使用的 Cache 中的信息块替换出去。

4）优化替换算法。这种方法必须先执行一次程序，统计 Cache 的替换情况。有了这样的先验信息，在第二次执行该程序时便可以用最有效的方式来替换。

（4）Cache 命中率及平均时间。Cache 存储器的大小一般为 KB 或者 MB 单位，很小，但是最快，仅次于 CPU 中的寄存器，而寄存器一般不算作存储器，CPU 与内存之间的数据交互，内存会先将数据拷贝到 Cache 里，这样，根据局部性原理，若 Cache 中的数据被循环执行，则不用每次都去内存中读取数据，会加快 CPU 工作效率。

因此，Cache 有一个命中率的概念，即当 CPU 所访问的数据在 Cache 中时，命中，直接从 Cache 中读取数据，设读取一次 Cache 时间为 1ns，若 CPU 访问的数据不在 Cache 中，则需要从内存中读取，设读取一次内存的时间为 1000ns，若在 CPU 多次读取数据过程中，有 90%命中 Cache，则 CPU 读取一次的平均时间为(90%×1 + 10%×1000)ns。

Cache 命中率和容量之间并不是线性关系，而是如图 1-5 所示的曲线增长关系。

5. 虚拟存储器

虚拟存储器技术是将很大的数据分成许多较小的块，全部存储在外存中。运行时，将用到的数据调入主存中，马上要用到的数据置于缓存中，这样，一边运行一边进行所需数据块的调入/调出。对于应用程序来说，就好像有一个比实际主存空间大得多的虚拟主存空间，基本层级为：主存——缓存——外存，与 CPU——高速缓存 Cache——主存的原理类似。但虚拟存储器中程序员无需考虑地址映像关系，由系统自动完成，因此对于程序来说是透明的。

其管理方式分为页式、段式、段页式，在 2.2.3 存储管理中详细介绍。

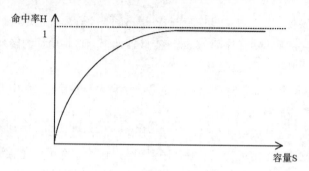

图 1-5　Cache 命中率和容量之间的关系

6. 磁盘

（1）磁盘结构和参数。磁盘有正反两个盘面，每个盘面有多个同心圆，每个同心圆是一个磁道，每个同心圆又被划分为多个扇区，数据就被存放在一个个扇区中。

磁头首先要寻找到对应的磁道，然后等待磁盘进行周期旋转，旋转到指定的扇区，才能读取到对应的数据，因此，会产生寻道时间和等待时间。公式为：

存取时间=寻道时间+等待时间（平均定位时间+转动延迟）

注意：寻道时间是指磁头移动到磁道所需的时间；等待时间为等待读写的扇区转到磁头下方所用的时间。

（2）磁盘调度算法。之前已经说过，磁盘数据的读取时间分为寻道时间+旋转时间，也即先找到对应的磁道，而后再旋转到对应的扇区才能读取数据，其中寻道时间耗时最长，需要重点调度，有如下调度算法。

先来先服务（First Come First Service，FCFS）：根据进程请求访问磁盘的先后顺序进行调度。

最短寻道时间优先（Shortest Seek Time First，SSTF）：请求访问的磁道与当前磁道最近的进程优先调度，使得每次的寻道时间最短。会产生"饥饿"现象，即远处进程可能永远无法访问。

扫描算法（SCAN）：又称"电梯算法"，磁头在磁盘上双向移动，其会选择离磁头当前所在磁道最近的请求访问的磁道，并且与磁头移动方向一致，磁头永远都是从里向外或者从外向里一直移动完才掉头，与电梯类似。

单向扫描调度算法（CSCAN）：与 SCAN 不同的是，其只做单向移动，即只能从里向外或者从外向里。

（3）磁盘冗余阵列技术。RAID 即磁盘冗余阵列技术，RAID0 没有提供冗余和错误修复技术。

RAID1 在成对的独立磁盘上产生互为备份的数据，可提高读取性能。

RAID2 将数据条块化地分布于不同硬盘上，并使用海明码校验。

RAID3 使用奇偶校验，并用单块磁盘存储奇偶校验信息。

RAID5 在所有磁盘上交叉地存储数据及奇偶校验信息（所有校验信息存储总量为一个磁盘容量），读/写指针可同时操作。

RAID0+1（是两个 RAID0，若一个磁盘损坏，则当前 RAID0 无法工作，即有一半的磁盘无法工作），RAID1+0（是两个 RAID1，不允许同一组中的两个磁盘同时损坏）与 RAID1 原理类似，磁盘利用率都只有 50%。

1.2.7　输入输出技术

1. 内存和接口编址

计算机系统中存在多种内存与接口地址的编址方法，常见的是下面两种：内存与接口地址独立编址和内存与接口地址统一编址。

（1）内存与接口地址独立编址。在内存与接口地址独立编址方法下，内存地址和接口地址是完全独立且相互隔离的两个地址空间。访问数据时所使用的指令也完全不同，用于接口的指令只用于接口的读/写，其余的指令全都是用于内存的。因此，在编程序或读程序时很容易使用和辨认。这种编址方法的缺点是用于接口的指令太少、功能太弱。

（2）内存与接口地址统一编址。在这种编址方法中，内存地址和接口地址统一在一个公共的地址空间里，即内存单元和接口共用地址空间。在这些地址空间里划分出一部分地址分配给接口使用，其余地址归内存单元使用。这种编址方法的优点是原则上用于内存的指令全都可以用于接口，这就大大地增强了对接口的操作功能，而且在指令上也不再区分内存或接口指令。该编址方法的缺点是整个地址空间被分成两部分，其中一部分分配给接口使用，剩余的为内存所用，这经常会导致内存地址不连续。

2. 外设数据传输方式

程序控制（查询）方式：CPU 主动查询外设是否完成数据传输，效率极低。

程序中断方式：外设完成数据传输后，向 CPU 发送中断请求，等待 CPU 处理数据，效率相对较高。

DMA 方式（直接内存存取）：CPU 只需完成必要的初始化等操作，数据传输的整个过程都由 DMA 控制器来完成，在内存和外设之间建立直接的数据通路，效率很高。在一个总线周期结束后，CPU 会响应 DMA 请求开始读取数据；CPU 响应程序中断方式请求是在一条指令执行结束时；区分指令执行结束和总线周期结束。

通道：也是一种处理机，内部具有独立的处理系统，使数据的传输独立于 CPU。分为字节多路通道的传送方式（每一次传送一个通道的一个字节，多路通道循环）和选择通道的传送方式（选择一个通道，先传送完这个通道的所有字节，再开始下一个通道传送）。

3. 中断原理

中断：指 CPU 在正常运行程序时，由于程序的预先安排或内外部事件，引起 CPU 中断正在运行的程序，转到发生中断事件程序中。

中断源：引起程序中断的事件称为中断源。

中断向量：中断源的识别标志，中断服务程序的入口地址。

中断向量表：按照中断类型号从小到大的顺序存储对应的中断向量，总共存储 256 个中断向量。

中断流程图如图 1-6 所示。

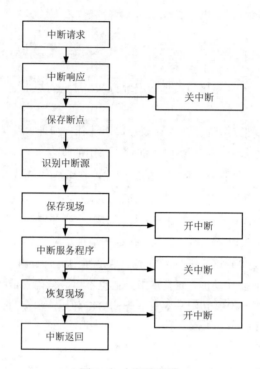

图 1-6　中断流程图

中断响应：CPU 在执行当前指令的最后一个时钟周期去查询有无中断请求信号，有则响应。

关中断：在保护现场和恢复现场过程中都要先关闭中断，避免堆栈错误。

保护断点：是保存程序当前执行的位置。

保护现场：是保存程序当前断点执行所需的寄存器及相关数据。

中断服务程序：识别中断源，获取到中断向量，就能进入中断服务程序，开始处理中断。

中断返回：返回中断前的断点，继续执行原来的程序。

中断响应时间指的是从发出中断请求到开始进入中断处理程序；中断处理时间指的是从中断处理开始到中断处理结束。中断向量提供中断服务程序的入口地址。多级中断嵌套，使用堆栈来保护断点和现场。

1.2.8　总线结构

总线（Bus）是指计算机设备和设备之间传输信息的公共数据通道。总线是连接计算机硬件系统内多种设备的通信线路，它的一个重要特征是由总线上的所有设备共享，因此可以将计算机系统内的多种设备连接到总线上。

从广义上讲，任何连接两个以上电子元器件的导线都可以称为总线，通常分为以下三类。

（1）**内部总线**：内部芯片级别的总线，芯片与处理器之间通信的总线。

（2）**系统总线**：板级总线，用于计算机内各部分之间的连接，具体分为数据总线（并行数据传输位数）、地址总线（系统可管理的内存空间的大小）、控制总线（传送控制命令）。代表的有 ISA 总线、EISA 总线、PCI 总线。

（3）**外部总线**：设备一级的总线，微机和外部设备的总线。代表的有 RS232（串行总线）、SCSI（并行总线）、USB（通用串行总线，即插即用，支持热插拔）。

并行总线适合近距离高速数据传输，串行总线适合长距离数据传输，专用总线在设计上可以与连接设备实现最佳匹配。

总线计算：总线的时钟周期=时钟频率的倒数；总线的宽度（传输速率）=单位时间内传输的数据总量/单位时间大小。

1.2.9　系统可靠性分析

1．可靠性指标

平均无故障时间（MTTF）=1/失效率。

平均故障修复时间（MTTR）=1/修复率。

平均故障间隔时间（MTBF）=MTTF+MTTR。

系统可用性=MTTF/(MTTF+MTTR)×100%。

2．串并联系统可靠性

无论什么系统，都是由多个设备组成的，协同工作，而这多个设备的组合方式可以是串联、并联，也可以是混合模式，假设每个设备的可靠性为 $R_1,R_2,\cdots,R_n$，则不同的系统的可靠性公式如下。

串联系统，一个设备不可靠，整个系统崩溃，整个系统可靠性 $R=R_1 \times R_2 \times\cdots\times R_n$。原理如图 1-7 所示。

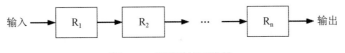

输入 → R_1 → R_2 → … → R_n → 输出

图 1-7　串联系统可靠性

并联系统，所有设备都不可靠，整个系统才崩溃，整个系统可靠性 $R=1-(1-R_1)\times(1-R_2)\times\cdots\times(1-R_n)$。原理如图 1-8 所示。

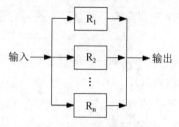

图 1-8　并联系统可靠性

N 模冗余系统：N 模冗余系统由 N 个（N=2n+1）相同的子系统和一个表决器组成，表决器把 N 个子系统中占多数相同结果的输出作为输出系统的输出，如图 1-9 所示。在 N 个子系统中，只要有 n+1 个或 n+1 个以上子系统能正常工作，系统就能正常工作，输出正确的结果。

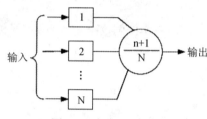

图 1-9　表决器可靠性

1.2.10　计算机系统的性能评测

1. 性能评测的常用方法

（1）时钟频率。一般来讲，主频越高，速度越快。

（2）指令执行速度。计量单位 KIPS、MIPS。

（3）等效指令速度法。统计各类指令在程序中所占的比例，并进行折算，是一种固定比例法。

（4）数据处理速率（Processing Data Rate，PDR）法。采用计算 PDR 值的方法来衡量机器性能，PDR 值越大，机器性能越好。PDR 与每条指令和每个操作数的平均位数以及每条指令的平均运算速度有关。

（5）核心程序法。把应用程序中用得最频繁的那部分核心程序作为评价计算机性能的标准程序，在不同的机器上运行，测得其执行时间，作为各类机器性能评价的依据。

2. 基准程序法（Benchmark）

基准程序法是目前被用户一致承认的测试性能的较好方法，有多种多样的基准程序，主要包括以下内容：

（1）整数测试程序。同一厂家的机器，采用相同的体系结构，用相同的基准程序测试，得到的 MIPS 值越大，一般说明机器速度越快。

（2）浮点测试程序。指标 MFLOPS（理论峰值浮点速度）。

（3）SPEC 基准程序（SPEC Benchmark）。重点面向处理器性能的基准程序集，将被测计算机的执行时间标准化，即将被测计算机的执行时间除以一个参考处理器的执行时间。

（4）TPC 基准程序。用于评测计算机在事务处理、数据库处理、企业管理与决策支持系统等方面的性能。其中，TPC-C 是在线事务处理（On-Line Transaction Processing，OLTP）的基准程序，TPC-D 是决策支持的基准程序。TPC-E 是大型企业信息服务的基准程序。

1.3　课后演练

- 计算机中 CPU 对其访问速度最快的是　(1)　。

　　（1）A．内存　　　　　　　B．Cache　　　　　　C．通用寄存器　　　D．硬盘

- 机器字长为 n 位的二进制数可以用补码来表示　(2)　个不同的有符号定点小数。

　　（2）A．2^n　　　　　　B．2^{n-1}　　　　　C．2^n-1　　　　D．$2^{n-1}+1$

- Cache 的地址映像方式中，发生块冲突次数最少的是　(3)　。

　　（3）A．全相联映像　　B．组相联映像　　　C．直接映像　　　　D．无法确定的

- 计算机中 CPU 的中断响应时间指的是　(4)　的时间。

　　（4）A．从发出中断请求到中断处理结束

　　　　B．从中断处理开始到中断处理结束

　　　　C．CPU 分析判断中断请求

　　　　D．从发出中断请求到开始进入中断处理程序

- 总线宽度为 32bit，时钟频率为 200MHz，若总线上每 5 个时钟周期传送一个 32bit 的字，则该总线的宽度为　(5)　MB/s。

　　（5）A．40　　　　　　　B．80　　　　　　　C．160　　　　　D．200

- 以下关于指令流水线性能度量的叙述中，错误的是　(6)　。

　　（6）A．最大吞吐率取决于流水线中最慢一段所需的时间

　　　　B．如果流水线出现断流，加速比会明显下降

　　　　C．要使加速比和效率最大化应该对流水线各级采用相同的运行时间

　　　　D．流水线采用异步控制会明显提高其性能

- CPU 是在　(7)　结束时响应 DMA 请求的。

　　（7）A．一条指令执行　　　　　　　　B．一段程序

　　　　C．一个时钟周期　　　　　　　　D．一个总线周期

- 虚拟存储体系由　(8)　两级存储器构成。

　　（8）A．主存-辅存　　　　　　　　　B．寄存器-Cache

　　　　C．寄存器-主存　　　　　　　　D．Cache-主存

- 浮点数能够表示的数的范围是由其　(9)　的位数决定的。

　　（9）A．尾数　　　　　B．阶码　　　　　C．数符　　　　D．阶符

- 在机器指令的地址字段中，直接指出操作数本身的寻址方式称为___（10）___。

  （10）A. 隐含寻址　　　B. 寄存器寻址　　　C. 立即寻址　　　D. 直接寻址

- 内存按字节编址从 B3000H 到 DABFFH 的区域其存储容量为___（11）___。

  （11）A. 123KB　　　B. 159KB　　　C. 163KB　　　D. 194KB

- CISC 是___（12）___的简称。

  （12）A. 复杂指令系统计算机　　　　　B. 超大规模集成电路

  　　　 C. 精简指令系统计算机　　　　　D. 超长指令字

1.4　课后演练答案解析

（1）答案：C

解析：访问速度：通用寄存器>Cache>内存>硬盘。

（2）答案：A

解析：n 位二进制数可以表示 2^n 个数值，例如取 n=2 验证，二位二进制数可表示四个数值（00,01,10,11），同理，n 位二进制数可表示 2^n 个数值。将这个通用结论和编码结合起来，因为在补码里，0 只有一种表示方式，因此可以表示全 2^n 个数值。但是要注意的是，原码、反码的可以表示的是 2^n-1 个数值，因为原码、反码里 0 分正 0 和负 0。

（3）答案：A

解析：当每一个 Cache 块和主存块的映射范围越大时，越不容易发生冲突，因为可以任意放置在非空块上，因此是全相联映像，只有当 Cache 全满了才会发生冲突。

（4）答案：D

解析：注意是响应时间，不包括处理时间，所谓响应就是 CPU 做出反应的时间，即从发出中断请求到开始进入中断处理程序，接下来是中断处理时间。

（5）答案：C

解析：时钟周期=时钟频率的倒数，因此一个时钟周期为 1/200M 秒，5 个时钟周期就是 5/200M 秒，传送 32bit，那么总线宽度就是用传输数据除以时间，即 32bit/(5/200M)=160MB/s。

（6）答案：D

解析：吞吐率就是单位时间内执行的指令条数，受短板原理影响，在多段流水线执行过程中，由执行最慢的一段决定整个流水线执行时间；流水线出现断流，意味着无法重叠，消耗时间增大，无法加速；流水线最理想的就是各级运行时间相同，这样可以保证无延迟；流水线是一种同步控制机制。

（7）答案：D

解析：在一个总线周期结束后，CPU 会响应 DMA 请求开始读取数据；CPU 响应程序中断方式请求是在一条指令执行结束时；区分指令执行结束和总线周期结束。

（8）答案：A

解析：注意考查的是虚拟存储体系，是主存-辅存中存在虚拟存储映像，Cache-主存是真实存储。

（9）答案：B

解析：浮点数的范围由阶码决定，精度由尾数决定。

（10）答案：C

解析：指令地址字段，操作数地址存储的就是操作数本身，是立即寻址。

（11）答案：B

解析：这段区域共有 DABFFH–B3000H+1=27C00H 个存储空间，内存按字节编址，即一个存储空间为 1 个字节，也即存储容量共 27C00H 个字节，转化为十进制为 159KB。

（12）答案：A

解析：CISC 的首字母 C 是 complex，肯定是复杂指令系统。

第2章
操作系统知识

2.1 备考指南

操作系统知识主要考查的是操作系统概述、进程管理、存储管理、设备管理和文件管理等相关知识，在软件设计师的考试中只会在选择题里考查，约占 6 分。

2.2 考点梳理及精讲

2.2.1 操作系统概述

1. 操作系统基本概念

操作系统定义：能有效地组织和管理系统中的各种软、硬件资源，合理地组织计算机系统工作流程，控制程序的执行，并且向用户提供一个良好的工作环境和友好的接口。

操作系统有两个重要的作用：第一，通过资源管理提高计算机系统的效率；第二，改善人机界面向用户提供友好的工作环境。

操作系统的 4 个特征是并发性、共享性、虚拟性和不确定性。

操作系统的功能：

（1）进程管理。实质上是对处理机的执行"时间"进行管理，采用多道程序等技术将 CPU 的时间合理地分配给每个任务，主要包括进程控制、进程同步、进程通信和进程调度。

（2）文件管理。主要包括文件存储空间管理、目录管理、文件的读/写管理和存取控制。

（3）存储管理。存储管理是对主存储器"空间"进行管理，主要包括存储分配与回收、存储保护、地址映射（变换）和主存扩充。

（4）设备管理。实质是对硬件设备的管理，包括对输入/输出设备的分配、启动、完成和回收。

（5）作业管理。包括任务、界面管理、人机交互、图形界面、语音控制和虚拟现实等。

2. 操作系统的分类

（1）批处理操作系统：单道批处理和多道批处理（主机与外设可并行）。

（2）分时操作系统：一个计算机系统与多个终端设备连接。分时操作系统是将 CPU 的工作时间划分为许多很短的时间片，轮流为各个终端的用户服务。

（3）实时操作系统：实时是指计算机对于外来信息能够以足够快的速度进行处理，并在被控对象允许的时间范围内做出快速反应。实时系统对交互能力要求不高，但要求可靠性有保障。为了提高系统的响应时间，对随机发生的外部事件应及时做出响应并对其进行处理。

（4）网络操作系统：是使联网计算机能方便而有效地共享网络资源，为网络用户提供各种服务的软件和有关协议的集合。功能主要包括高效、可靠的网络通信；对网络中共享资源的有效管理；提供电子邮件、文件传输、共享硬盘和打印机等服务；网络安全管理；提供互操作能力。三种模式：集中模式、客户端/服务器模式、对等模式。

（5）分布式操作系统：分布式计算机系统是由多个分散的计算机经连接而成的计算机系统，系统中的计算机无主、次之分，任意两台计算机可以通过通信交换信息。通常，为分布式计算机系统配置的操作系统称为分布式操作系统。是网络操作系统的更高级形式。

（6）微型计算机操作系统：简称微机操作系统，常用的有 Windows、Mac OS、Linux。

（7）嵌入式操作系统：运行在嵌入式智能芯片环境中，对整个智能芯片以及它所操作、控制的各种部件装置等资源进行统一协调、处理、指挥和控制。其主要特点如下：

1）微型化。从性能和成本角度考虑，希望占用的资源和系统代码量少，如内存少、字长短、运行速度有限、能源少（用微小型电池）。

2）可定制。从减少成本和缩短研发周期考虑，要求嵌入式操作系统能运行在不同的微处理器平台上，能针对硬件变化进行结构与功能上的配置，以满足不同的应用需要。

3）实时性。嵌入式操作系统主要应用于过程控制、数据采集、传输通信、多媒体信息及关键要害领域需要迅速响应的场合，所以对实时性要求较高。

4）可靠性。系统构件、模块和体系结构必须达到应有的可靠性，对关键要害应用还要提供容错和防故障措施。

5）易移植性。为了提高系统的易移植性，通常采用硬件抽象层（Hardware Abstraction Level，HAL）和板级支撑包（Board Support Package，BSP）的底层设计技术。

嵌入式系统**初始化过程**按照自底向上、从硬件到软件的次序依次为：片级初始化→板级初始化→系统初始化。芯片级是微处理器的初始化，板卡级是其他硬件设备初始化，系统级初始化就是软件及操作系统初始化。

微内核操作系统：微内核，顾名思义，就是尽可能地将内核做得很小，只将最为核心必要的东西放入内核中，其他能独立的东西都放入用户进程中，这样，系统就被分为了用户态和核心态，如图 2-1 所示。其中单体内核和微内核的对比见表 2-1。

图 2-1 用户态和核心态

表 2-1 单体内核和微内核对比表

	实质	优点	缺点
单体内核	将图形、设备驱动及文件系统等功能全部在内核中实现,运行在内核状态和同一地址空间	减少进程间通信和状态切换的系统开销,获得较高的运行效率	内核庞大,占用资源较多且不易剪裁。系统的稳定性和安全性不好
微内核	只实现基本功能,将图形系统、文件系统、设备驱动及通信功能放在内核之外	内核精练,便于剪裁和移植。系统服务程序运行在用户地址空间,系统的可靠性、稳定性和安全性较高。可用于分布式系统	用户状态和内核状态需要频繁切换,从而导致系统效率不如单体内核

2.2.2 进程管理

1. 进程的组成和状态

进程的组成包括进程控制块(PCB)(唯一标志)、程序(描述进程要做什么)、数据(存放进程执行时所需数据)。

进程基础的状态是图 2-2 所示的**三态图**。需要熟练掌握图 2-2 中的进程三态之间的转换。

新建态对应于进程刚刚被创建时没有被提交的状态,并等待系统完成创建进程的所有必要信息。

终止态等待操作系统进行善后处理,释放主存。

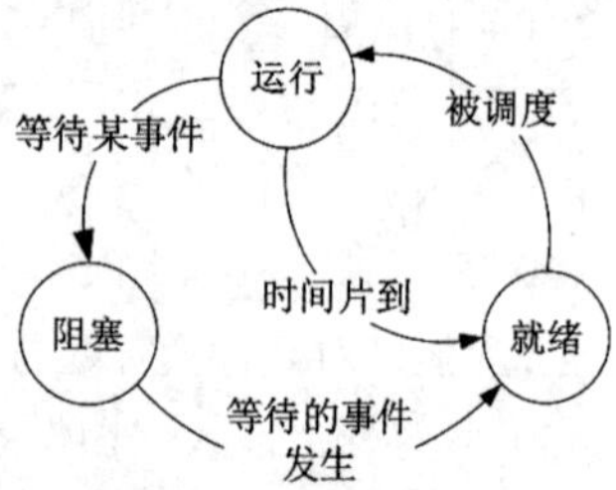

图 2-2 进程状态转换图

2. 前趋图和进程资源图

(1)前趋图:用来表示哪些任务可以并行执行,哪些任务之间有顺序关系,具体如图 2-3 所示。

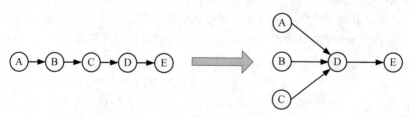

图 2-3 前趋图

由图 2-3 可知，A、B、C 可以并行执行，但是必须 A、B、C 都执行完后，才能执行 D，这就确定了两点：任务间的并行、任务间的先后顺序。

（2）进程资源图：用来表示进程和资源之间的分配和请求关系，如图 2-4 所示。

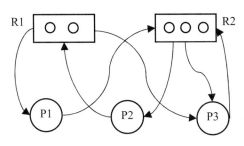

图 2-4　进程资源图

P 代表进程，R 代表资源，R 方框中有几个圆球就表示有几个这种资源，在图 2-4 中，R1 指向 P1，表示 R1 有一个资源已经分配给了 P1，P1 指向 R2，表示 P1 还需要请求一个 R2 资源才能执行。

阻塞节点：某进程所请求的资源已经全部分配完毕，无法获取所需资源，该进程被阻塞了无法继续。如图 2-4 中的 P2。

非阻塞节点：某进程所请求的资源还有剩余，可以分配给该进程继续运行。如图 2-4 中的 P1、P3。

当一个进程资源图中所有进程都是阻塞节点时，即陷入死锁状态。

进程资源图的化简方法：先看系统还剩下多少资源没分配，再看有哪些进程是不阻塞的，接着把不阻塞的进程的所有边都去掉，形成一个孤立的点，再把系统分配给这个进程的资源回收回来，这样，系统剩余的空闲资源便多了起来，接着看看剩下的进程有哪些是不阻塞的，然后把它们逐个变成孤立的点。最后，所有的资源和进程都变成孤立的点。

3. 进程间的同步与互斥

互斥和同步并非反义词，互斥表示一个资源在同一时间内只能由一个任务单独使用，需要加锁，使用完后解锁才能被其他任务使用。

同步表示两个任务可以同时执行，只不过有速度上的差异，需要速度上匹配，不存在资源是否单独或共享的问题。

4. 信号量操作

（1）基本概念。

1）临界资源：各个进程间需要互斥方式对其进行共享的资源，即在某一时刻只能被一个进程使用，该进程释放后又可以被其他进程使用。

2）临界区：每个进程中访问临界资源的那段代码。

3）信号量：是一种特殊的变量。有以下两类信号量：

互斥信号量，对临界资源采用互斥访问，使用互斥信号量后其他进程无法访问，初值为 1。

同步信号量，对共享资源的访问控制，初值是共享资料的个数。

（2）P 操作和 V 操作。

P 操作和 V 操作都是原子操作，用来解释进程间的同步和互斥原理，PV 操作原理如图 2-5 所示。

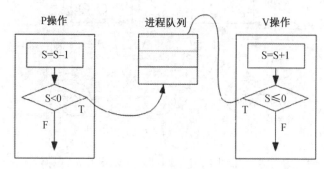

图 2-5　PV 操作原理

例如在**生产者和消费者的问题**中，生产者生产一个商品 S，而后要申请互斥地使用该仓库，即首先需要执行互斥信号量 P(S0)，申请到仓库独立使用权后，再判断仓库是否有空闲（信号量 S1），执行 P(S1)，若结果大于等于 0，表示仓库有空闲，再将 S 放入仓库中，此时仓库商品数量（信号量 S2）增加 1，即执行 V(S2)操作，使用完毕后，释放互斥信号量 V(S0)。

对于消费者，首先也需要执行互斥信号量 P(S0)，申请到仓库独立使用权后，再判断仓库中是否有商品，执行 P(S2)，若结果大于等于 0，表示有商品，可以取出，此时造成了一个结果，即仓库空闲了一个，执行 V(S1)操作，使用完毕后，释放互斥信号量 V(S0)。

因此，执行 P 操作是**主动的带有判断性质**的–1，执行 V 操作是**被动的因为某操作产生的**+1。

5. 进程调度

进程调度方式是指当有更高优先级的进程到来时如何分配 CPU。分为可剥夺和不可剥夺两种，可剥夺指当有更高优先级进程到来时，强行将正在运行进程的 CPU 分配给高优先级进程；不可剥夺是指高优先级进程必须等待当前进程自动释放 CPU。

在某些操作系统中，一个作业从提交到完成需要经历高、中、低三级调度。

（1）高级调度。高级调度又称"长调度""作业调度"或"接纳调度"，它决定处于输入池中的哪个后备作业可以调入主系统，为运行做好准备，成为一个或一组就绪进程。在系统中一个作业只需经过一次高级调度。

（2）中级调度。中级调度又称"中程调度"或"对换调度"，它决定处于交换区中的哪个就绪进程可以调入内存，以便直接参与对 CPU 的竞争。

（3）低级调度。低级调度又称"短程调度"或"进程调度"，它决定处于内存中的哪个就绪进程可以占用 CPU。低级调度是操作系统中最活跃、最重要的调度程序，对系统的影响很大。

调度算法分为以下 4 种。

（1）先来先服务（FCFS）：先到达的进程优先分配 CPU。用于宏观调度。

（2）时间片轮转：分配给每个进程 CPU 时间片，轮流使用 CPU，每个进程时间片大小相同，很公平，用于微观调度。

（3）优先级调度：每个进程都拥有一个优先级，优先级大的先分配 CPU。

（4）多级反馈调度：时间片轮转和优先级调度结合而成，设置多个就绪队列 1,2,3,…,n，每个队列分别赋予不同的优先级，分配不同的时间片长度；新进程先进入队列 1 的末尾，按 FCFS 原则，执行队列 1 的时间片；若未能执行完进程，则转入队列 2 的末尾，如此重复，如图 2-6 所示。

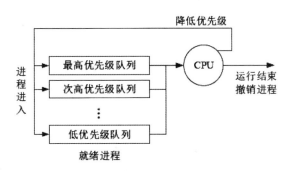

图 2-6　多级反馈调度

6. 死锁问题

当一个进程在等待永远不可能发生的事件时，就会产生死锁，若系统中有多个进程处于死锁状态，就会造成系统死锁。

死锁产生的四个必要条件：资源互斥、每个进程占有资源并等待其他资源、系统不能剥夺进程资源、进程资源图是一个环路。

死锁产生后，解决措施是打破四大条件，有下列方法：

（1）死锁预防：采用某种策略限制并发进程对于资源的请求，使系统任何时刻都不满足死锁的条件。

（2）死锁避免：一般采用银行家算法来避免。银行家算法，就是提前计算出一条不会死锁的资源分配方法，才分配资源，否则不分配资源，相当于借贷，考虑对方还得起才借钱，提前考虑好以后，就可以避免死锁。

（3）死锁检测：允许死锁产生，但系统定时运行一个检测死锁的程序，若检测到系统中发生死锁，则设法加以解除。

（4）死锁解除：即死锁发生后的解除方法，如强制剥夺资源，撤销进程等。

死锁资源计算：系统内有 n 个进程，每个进程都需要 R 个资源，那么其发生死锁的最大资源数为 n×(R−1)。其不发生死锁的最小资源数为 n×(R−1)+1。

7. 线程

传统的进程有两个属性：一是可拥有资源的独立单位；二是可独立调度和分配的基本单位。

引入线程的原因是进程在创建、撤销和切换中，系统必须为之付出较大的时空开销，故在系统中设置的进程数目不宜过多，进程切换的频率不宜太高，这就限制了并发程度的提高。引入线程后，将传统进程的两个基本属性分开，线程作为调度和分配的基本单位，进程作为独立分配资源的单位。用户可以通过创建线程来完成任务，以减少程序并发执行时付出的时空开销。

线程是进程中的一个实体，是被系统独立分配和调度的基本单位。线程基本上不拥有资源，只拥有一点运行中必不可少的资源（如程序计数器、一组寄存器和栈），它可与同属一个进程的其他线程共享进程所拥有的全部资源，例如进程的公共数据、全局变量、代码、文件等资源，但不能共享线程独有的资源，如线程的栈指针等标识数据。

2.2.3 存储管理

1. 分区存储管理

所谓分区存储组织，就是整存，将某进程运行所需的内存整体一起分配给它，然后再执行。有三种分区方式。

固定分区：静态分区方法，将主存分为若干个固定的分区，将要运行的作业装配进去，由于分区固定，大小和作业需要的大小不同，会产生内部碎片。

可变分区：动态分区方法，主存空间的分区是在作业转入时划分，正好划分为作业需要的大小，这样就不存在内部碎片，但容易将整片主存空间切割成许多块，会产生外部碎片。可变分区的算法如下：系统分配内存的算法有很多，如下图所示，根据分配前的内存情况，还需要分配 9K 空间，对不同算法的原理描述如图 2-7 所示。

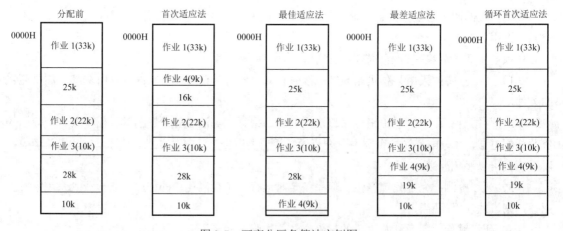

图 2-7 可变分区各算法实例图

（1）首次适应法：按内存地址顺序从头查找，找到第一个 ≥9K 空间的空闲块，即切割 9K 空间分配给进程。

（2）最佳适应法：将内存中所有空闲内存块按从小到大排序，找到第一个 ≥9K 空间的空闲块，切割分配，将会找到与 9K 空间大小最相近的空闲块。

（3）最差适应法：和最佳适应法相反，将内存中空闲块空间最大的，切割 9K 空间分配给进程，这是为了预防系统中产生过多的细小空闲块。

（4）循环首次适应法：按内存地址顺序查找，找到第一个≥9K 空间的空闲块，而后若还需分配，则找下一个，不用每次都从头查找，这是与首次适应法不同的地方。

可重定位分区：可以解决碎片问题，移动所有已经分配好的区域，使其成为一个连续的区域，这样其他外部细小的分区碎片可以合并为大的分区，满足作业要求。只在外部作业请求空间得不到满足时进行。

2.　分页存储管理

如果采用分区存储，都是整存，会出现一个问题，即当进程运行所需的内存大于系统内存时，就无法将整个进程一起调入内存，因此无法运行，若要解决此问题，就要采用段页式存储组织，页式存储是基于可变分区而提出的。

如图 2-8 所示，逻辑页分为页号和页内地址，页内地址就是物理偏移地址，而页号与物理块号并非按序对应的，需要查询页表，才能得知页号对应的物理块号，再用物理块号加上偏移地址才得出了真正运行时的物理地址。转换原理如图 2-9 所示。

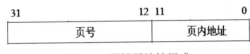

图 2-8　逻辑页地址组成

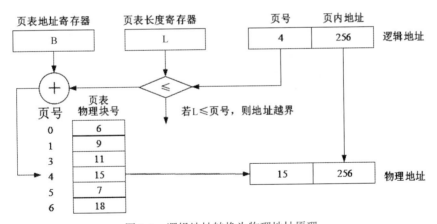

图 2-9　逻辑地址转换为物理地址原理

优点：利用率高，碎片小，分配及管理简单。

缺点：增加了系统开销，可能产生抖动现象。

3.　地址表示和转换

地址组成：页地址+页内偏移地址（页地址在高位，页内偏移地址在低位）。

物理地址：物理块号+页内偏移地址。

逻辑地址：页号+页内偏移地址。

物理地址和逻辑地址的页内偏移地址是一样的，只需要求出页号和物理块号之间的对应关系，首先需要求出页号的位数，得出页号，再去页表里查询其对应的物理块号，使用此物理块号和页内偏移地址组合，就能得到物理地址。

4. 页面置换算法

有时候，进程空间分为 100 个页面，而系统内存只有 10 个物理块，无法全部满足分配，就需要将马上要执行的页面先分配进去，而后根据算法进行淘汰，使 100 个页面能够按执行顺序调入物理块中执行完。

缺页表示需要执行的页不在内存物理块中，需要从外部调入内存，会增加执行时间，因此，缺页数越多，系统效率越低。页面置换算法如下：

最优算法（OPT）：理论上的算法，无法实现，是在进程执行完后进行的最佳效率计算，用来让其他算法比较差距。原理是选择未来最长时间内不被访问的页面置换，这样可以保证未来执行的都是马上要访问的。

先进先出算法（FIFO）：先调入内存的页先被置换淘汰，会产生**抖动现象**，即分配的页数越多，缺页率可能越多（即效率越低）。

最近最少使用（LRU）：在最近的过去，进程执行过程中，过去最少使用的页面被置换淘汰，根据局部性原理，这种方式效率高，且不会产生抖动现象，使用大量计数器，但是没有 LFU 多。

淘汰原则：优先淘汰最近未访问的，而后淘汰最近未被修改的页面。

5. 快表

快表是一块小容量的相联存储器，由快速存储器组成，按内容访问，速度快，并且可以从硬件上保证按内容并行查找，一般用来存放当前访问最频繁的少数活动页面的页号。

快表是将页表存于 Cache 中；慢表是将页表存于内存上。慢表需要访问两次内存才能取出页，而快表是访问一次 Cache 和一次内存，因此更快。

6. 段式存储管理

将进程空间分为一个个段，每段也有段号和段内地址，如图 2-10 所示。与页式存储不同的是，每段物理大小不同，分段是根据逻辑整体分段的，因此，段表也与页表的内容不同，页表中直接是逻辑页号对应物理块号，段表有段长和基址两个属性，才能确定一个逻辑段在物理段中的位置。转换原理如图 2-11 所示。

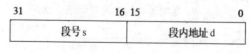

图 2-10　逻辑段地址组成

优点：多道程序共享内存，各段程序修改互不影响。

缺点：内存利用率低，内存碎片浪费大。

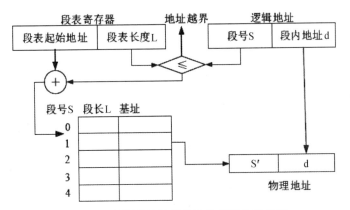

图 2-11　逻辑段地址转换为物理段地址原理

综上，分页是根据物理空间划分，每页大小相同；分段是根据逻辑空间划分，每段是一个完整的功能，便于共享，但是大小不同。

7. 地址表示

（段号，段内偏移）：其中段内偏移不能超过该段号对应的段长，否则越界错误，而此地址对应的真正内存地址应该是：段号对应的基地址+段内偏移。

8. 段页式存储管理

对进程空间先分段，后分页，具体原理如图 2-12 和图 2-13 所示。

图 2-12　段页式存储地址

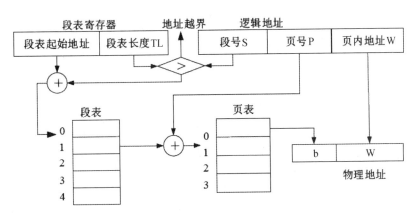

图 2-13　段页式逻辑地址转换为物理地址

优点：空间浪费小、存储共享容易、存储保护容易、能动态链接。

缺点：由于管理软件的增加，复杂性和开销也随之增加，需要的硬件以及占用的内容也有所增加，使得执行速度大大下降。

2.2.4　设备管理

1．概述

设备是计算机系统与外界交互的工具，具体负责计算机与外部的输入/输出工作，所以常称为外部设备（简称外设）。在计算机系统中，将负责管理设备和输入/输出的机构称为 I/O 系统。因此，I/O 系统由设备、控制器、通道（具有通道的计算机系统）、总线和 I/O 软件组成。

设备的分类：

（1）按数据组织分类：块设备、字符设备。

（2）按照设备功能分类：输入设备、输出设备、存储设备、网络联网设备、供电设备等。

（3）按资源分配角度分类：独占设备、共享设备、虚拟设备。

（4）按数据传输速率分类：低速设备、中速设备、高速设备。

设备管理的任务是保证在多道程序环境下，当多个进程竞争使用设备时，按一定的策略分配和管理各种设备，控制设备的各种操作，完成 I/O 设备与主存之间的数据交换。

设备管理的主要功能是动态地掌握并记录设备的状态、设备分配和释放、缓冲区管理、实现物理 I/O 设备的操作、提供设备使用的用户接口及设备的访问和控制。

2．I/O 软件

I/O 设备管理软件的所有层次及每一层功能，如图 2-14 所示。

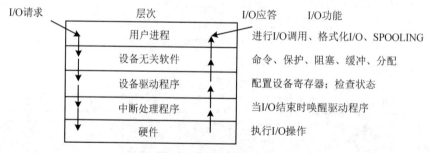

图 2-14　I/O 请求原理

当用户程序试图读一个硬盘文件时，需要通过操作系统实现这一操作。与设备无关软件检查高速缓存中有无要读的数据块，若没有，则调用设备驱动程序，向 I/O 硬件发出一个请求。然后，用户进程阻塞并等待磁盘操作的完成。当磁盘操作完成时，硬件产生一个中断，转入中断处理程序。中断处理程序检查中断的原因，认识到这时磁盘读取操作已经完成，于是唤醒用户进程取回从磁盘读取的信息，从而结束此次 I/O 请求。用户进程在得到了所需的硬盘文件内容之后继续运行。

3．虚设备和 SPOOLING 技术

一台实际的物理设备，例如打印机，在同一时间只能由一个进程使用，其他进程只能等待，且不知道什么时候打印机空闲，此时，极大地浪费了外设的工作效率。

引入 SPOOLING（外围设备联机操作）技术，就是在外设上建立两个数据缓冲区，分别称为输入井和输出井，这样，无论多少进程，都可以共用这一台打印机，只需要将打印命令发出，数据就会排队存储在缓冲区中，打印机会自动按顺序打印，实现了物理外设的共享，使得每个进程都感觉在使用一个打印机，这就是物理设备的虚拟化，如图 2-15 所示。

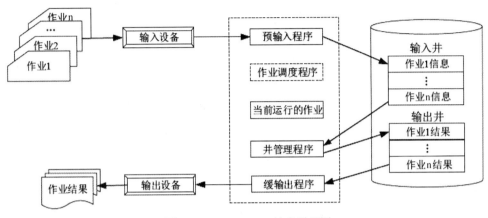

图 2-15 SPOOLING 技术原理图

2.2.5 文件管理

1. 概述

文件（File）是具有符号名的、在逻辑上具有完整意义的一组相关信息项的集合。

信息项是构成文件内容的基本单位，可以是一个字符，也可以是一个记录，记录可以等长，也可以不等长。一个文件包括文件体和文件说明，文件体是文件真实的内容；文件说明是操作系统为了管理文件所用到的信息，包括文件名、文件内部标识、文件的类型、文件存储地址、文件的长度、访问权限、建立时间和访问时间等。

文件管理系统，就是操作系统中实现文件统一管理的一组软件和相关数据的集合，专门负责管理和存取文件信息的软件机构，简称文件系统。文件系统的功能包括按名存取；统一的用户接口；并发访问和控制；安全性控制；优化性能；差错恢复。

文件的类型：

（1）按文件性质和用途可将文件分为系统文件、库文件和用户文件。

（2）按信息保存期限可将文件分为临时文件、档案文件和永久文件。

（3）按文件的保护方式可将文件分为只读文件、读/写文件、可执行文件和不保护文件。

（4）UNIX 系统将文件分为普通文件、目录文件和设备文件（特殊文件）。

文件的逻辑结构可分为两大类：一是有结构的记录式文件，它是由一个以上的记录构成的文件，故又称为记录式文件；二是无结构的流式文件，它是由一串顺序字符流构成的文件。

文件的物理结构是指文件的内部组织形式，即文件在物理存储设备上的存放方法，包括：

（1）连续结构。连续结构也称顺序结构，它将逻辑上连续的文件信息（如记录）依次存放在连续编号的物理块上。只要知道文件的起始物理块号和文件的长度，就可以很方便地进行文件的存取。

（2）链接结构。链接结构也称串联结构，它是将逻辑上连续的文件信息（如记录）存放在不连续的物理块上，每个物理块设有一个指针指向下一个物理块。因此，只要知道文件的第一个物理块号，就可以按链指针查找整个文件。

（3）索引结构。在采用索引结构时，将逻辑上连续的文件信息（如记录）存放在不连续的物理块中，系统为每个文件建立一张索引表。索引表记录了文件信息所在的逻辑块号对应的物理块号，并将索引表的起始地址放在与文件对应的文件目录项中。

（4）多个物理块的索引表。索引表是在文件创建时由系统自动建立的，并与文件一起存放在同一文件卷上。根据一个文件大小的不同，其索引表占用物理块的个数不等，一般占一个或几个物理块。

2. 索引文件结构

如图 2-16 所示，系统中有 13 个索引节点，0～9 为直接索引，即每个索引节点存放的是内容，假设每个物理盘大小为 4KB，共可存 4KB×10=40KB 数据。

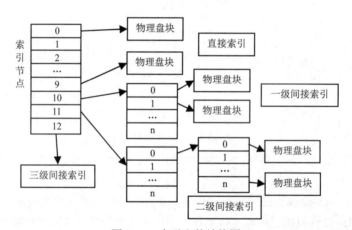

图 2-16　索引文件结构图

10 号索引节点为一级间接索引节点，大小为 4KB，存放的并非直接数据，而是链接到直接物理盘块的地址，假设每个地址占 4KB，则共有 1024 个地址，对应 1024 个物理盘，可存 1024×4KB=4098KB 数据。

二级索引节点类似，直接盘存放一级地址，一级地址再存放物理盘块地址，而后链接到存放数据的物理盘块，容量又扩大了一个数量级，为 1024×1024×4KB 数据。

3. 文件目录

文件控制块中包含以下三类信息：基本信息类、存取控制信息类和使用信息类。

（1）基本信息类。例如文件名、文件的物理地址、文件长度和文件块数等。

（2）存取控制信息类。文件的存取权限，像 UNIX 用户分成文件主用户、同组用户和一般用户三类，这三类用户的读/写执行 RWX 权限。

（3）使用信息类。文件建立日期、最后一次修改日期、最后一次访问的日期、当前使用的信息（如打开文件的进程数、在文件上的等待队列）等。

文件控制块的有序集合称为文件目录。

（1）相对路径：是从当前路径开始的路径。

（2）绝对路径：是从根目录开始的路径。

（3）全文件名=绝对路径+文件名。要注意，相对路径和绝对路径是不加最后的文件名的，只是单纯的路径序列。

（4）树形结构主要是区分相对路径和绝对路径，如图 2-17 所示。

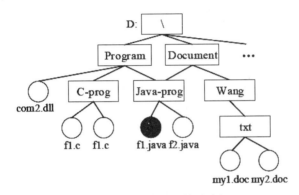

图 2-17　相对路径和绝对路径

4. 文件存储空间管理

对文件存储空间进行管理，是为了方便文件的存取，文件的存取方法是指读/写文件存储器上的一个物理块的方法。通常有顺序存取和随机存取两种方法。顺序存取方法是指对文件中的信息按顺序依次进行读/写；随机存取方法是指对文件中的信息可以按任意的次序随机地读/写。

文件存储空间的管理可分为以下几种管理方式：

（1）空闲区表。将外存空间上的一个连续的未分配区域称为"空闲区"。操作系统为磁盘外存上的所有空闲区建立一张空闲表，每个表项对应一个空闲区，适用于连续文件结构，见表 2-2。

表 2-2　空闲区表实例

序号	第一个空闲块号	空闲块数	状态
1	18	5	可用
2	29	8	可用
3	105	19	可用
4	—	—	未用

（2）位示图。这种方法是在外存上建立一张位示图（Bitmap），记录文件存储器的使用情况。每一位对应文件存储器上的一个物理块，取值 0 和 1 分别表示空闲和占用，如图 2-18 所示。

第 0 字节	1	0	1	0	0	1	⋯	0	1
第 1 字节	0	1	1	1	0	0	⋯	1	1
第 2 字节	0	1	1	1	1	0	⋯	1	0
第 3 字节	1	1	1	1	0	0	⋯	0	1
⋮	⋮								
第 n-1 字节	0	1	0	1	0	1	⋯	1	1

图 2-18　位示图示例

（3）空闲块链。每个空闲物理块中有指向下一个空闲物理块的指针，所有空闲物理块构成一个链表，链表的头指针放在文件存储器的特定位置上（如管理块中），不需要磁盘分配表，节省空间。每次申请空闲物理块只需根据链表的头指针取出第一个空闲物理块，根据第一个空闲物理块的指针可找到第二个空闲物理块，以此类推。

（4）成组链接法。例如，在实现时系统将空闲块分成若干组，每 100 个空闲块为一组，每组的第一个空闲块登记了下一组空闲块的物理盘块号和空闲块总数。假如某个组的第一个空闲块号等于 0，意味着该组是最后一组，无下一组空闲块。

2.3　课后演练

● 进程 P1、P2、P3、P4 和 P5 的前趋图如下所示。

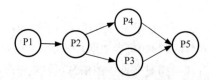

若用 PV 操作控制进程 P1、P2、P3、P4、P5 并发执行的过程，则需要设置 5 个信号量 S1、S2、S3、S4 和 S5，且信号量 S1～S5 的初值都等于零。下图中 a、b 和 c 处应分别填写 ___(1)___，d 和 e 处应分别填写 ___(2)___，f 和 g 处应分别填写 ___(3)___。

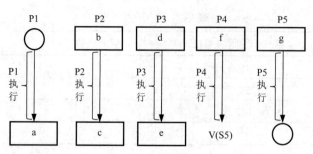

（1）A．V(S1)、P(S1)和 V(S2)V(S3)　　　　B．P(S1)、V(S1)和 V(S2)V(S3)

　　　C．V(S1)、V(S2)和 P(S1)V(S3)　　　　D．P(S1)、V(S2)和 V(S1)V(S3)

（2）A．V(S2)和 P(S4)　　　　　　　　　　B．P(S2)和 V(S4)

　　　C．P(S2)和 P(S4)　　　　　　　　　　D．V(S2)和 V(S4)

（3）A．P(S3)和 V(S4)V(S5)　　　　　　　B．V(S3)和 P(S4)P(S5)

　　　C．P(S3)和 P(S4)P(S5)　　　　　　　D．V(S3)和 V(S4)V(S5)

● 某进程有 4 个页面，页号为 0～3，页面变换表及状态位、访问位和修改位的含义如下图所示，若系统给该进程分配了 3 个存储块，当访问前页面 1 不在内存时，淘汰表中页号为 ___(4)___ 的页面代价最小。

页号	页帧号	状态位	访问位	修改位
0	6	1	1	1
1	—	0	0	0
2	3	1	1	1
3	2	1	1	0

状态位含义 { =0 不在内存 / =1 在内存

访问位含义 { =0 未访问过 / =1 访问过

修改位含义 { =0 未修改过 / =1 修改过

（4）A．0　　　　　　　B．1　　　　　　　C．2　　　　　　　D．3

● 嵌入式系统初始化过程主要有 3 个环节，按照自底向上、从硬件到软件的次序依次为 ___(5)___。系统级初始化主要任务是 ___(6)___。

（5）A．片级初始化→系统初始化→板级初始化

　　　B．片级初始化→板级初始化→系统初始化

　　　C．系统初始化→板级初始化→片级初始化

　　　D．系统初始化→片级初始化→板级初始化

（6）A．完成嵌入式微处理器的初始化

　　　B．完成嵌入式微处理器以外的其他硬件设备的初始化

　　　C．以软件初始化为主，主要进行操作系统的初始化

　　　D．设置嵌入式微处理器的核心寄存器和控制寄存器工作状态

● 某企业的生产流水线上有 2 名工人 P1 和 P2，1 名检验员 P3。P1 将初步加工的半成品放入半成品箱 B1；P2 从半成品箱 B1 取出继续加工，加工好的产品放入成品箱 B2；P3 从成品箱 B2 取出产品检验。假设 B1 可存放 n 件半成品，B2 可存放 m 件产品，并设置 6 个信号量 S1、S2、S3、S4、S5 和 S6，且 S3 和 S6 的初值都为 0。采用 PV 操作实现 P1、P2 和 P3 的同步模型如下图所示，则信号量 S1 和 S5 ___(7)___；S2、S4 的初值分别为 ___(8)___。

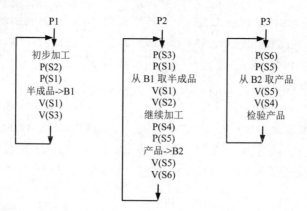

（7）A．分别为同步信号量和互斥信号量，初值分别为 0 和 1

     B．都是同步信号量，其初值分别为 0 和 0

     C．都是互斥信号量，其初值分别为 1 和 1

     D．都是互斥信号量，其初值分别为 0 和 1

（8）A．n、0   B．m、0   C．m、n   D．n、m

● 假设磁盘块与缓冲区大小相同，每个盘块读入缓冲区的时间为 15μs，由缓冲区送至用户区的时间是 5μs，在用户区内系统对每块数据的处理时间为 1μs，若用户需要将大小为 10 个磁盘块的 Docl 文件逐块从磁盘读入缓冲区，并送至用户区进行处理，那么采用单缓冲区需要花费的时间为 （9） μs；采用双缓冲区需要花费的时间为 （10） μs。

（9）A．150   B．151   C．156   D．201

（10）A．150   B．151   C．156   D．201

● 在如下所示的进程资源图中，__（11）__。

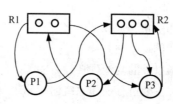

（11）A．P1、P2、P3 都是非阻塞节点，该图可以化简，所以是非死锁的

     B．P1、P2、P3 都是阻塞节点，该图不可以化简，所以是死锁的

     C．P1、P2 是非阻塞节点，P3 是阻塞节点，该图不可以化简，所以是死锁的

     D．P2 是阻塞节点，P1、P3 是非阻塞节点，该图可以化简，所以是非死锁的

● 在支持多线程的操作系统中，假设进程 P 创建了若干个线程，那么 __（12）__ 是不能被这些线程共享的。

（12）A．该进程中打开的文件   B．该进程的代码段

      C．该进程中某线程的栈指针   D．该进程的全局变量

● 某字长为 32 位的计算机的文件管理系统采用位示图（bitmap）记录磁盘的使用情况。若磁盘的容量为 300GB，物理块的大小为 1MB，那么位示图的大小为　(13)　个字。

（13）A．1200　　　　　B．3200　　　　　C．6400　　　　　D．9600

● 某计算机系统页面大小为 4K，进程的页面变换表如下所示。若进程的逻辑地址为 2D16H。该地址经过变换后，其物理地址应为　(14)　。

页号	物理块号
0	1
1	3
2	4
3	6

（14）A．2048H　　　　B．4096H　　　　C．4D16H　　　　D．6D16H

2.4　课后演练答案解析

（1）～（3）答案：A　B　C

解析： 经常考查的题型，其实很简单；五个信号量分别对应前趋图中五根连线，而后根据 PV 控制图可知，P1 执行完必然是 V(S1)，P2 执行之前需要 P(S1)，执行完后释放了 V(S2)、V(S3)，以此类推，由前趋图可以一步步地推出结果。

（4）答案：D

解析： 根据局部性原理，应该优先淘汰最近未被访问过的，而后淘汰最近未被修改过的，由页表可知，0、2、3 最近都被访问过，而只有 3 最近未被修改过，应该淘汰 3。

其实这种题目，就算不知道上述原理，也能做出来，答案只有一个，肯定是与其他不同的，具有唯一性的一个，在 0、2、3 中，0、2 的访问位和修改位一样，只有 3 不同，答案就是 3。

（5）（6）答案：B　C

解析： 根据题意，从字面也可理解，芯片级→板卡级→系统级是从硬件到软件，系统级初始化就是软件系统初始化了，芯片级是微处理器的初始化，板卡级是其他硬件设备初始化。

（7）（8）答案：C　D

解析： 这是著名的生产者-消费者问题的扩展，把握住本质其实很简单。由题意可知，对半成品箱、成品箱都是互斥访问的，结合同步模型图，可知 S1 为半成品箱的互斥信号量，初值为 1；S2 为半成品箱剩余空间，初值为 n；S3 为半成品箱内半成品个数，初值为 0；S4 为成品箱剩余空间数，初值为 m；S5 为成品箱的互斥信号量，初值为 1；S6 为成品箱内成品个数，初值为 0。

（9）（10）答案：D　C

解析： 本题考查的是指令流水线原理，这里需要考生自己区分出流水线阶段，由题意，有三个阶段，即读入缓冲区+送入用户区+数据处理，然而单缓冲区中，缓冲区和用户区都只有一个，一个盘块必须执行完前两个阶段，下一个盘块才能开始，因此前两个阶段应该合并，整个流水线为送入用户区+数据处理，其中送入用户区时间共 15+5=20μs，为流水线周期，按公式可得 21+20×(10–1)=201。

双缓冲区就是盘块可以交替读入缓冲区，但用户区只有一个，因为缓冲区阶段可以同时进行，流水线前两个阶段不能合并，就是读入缓冲区+送入用户区+数据处理三段，其中读入缓冲区时间 15μs 最长为流水线周期，按公式可得 21+15×(10–1)=156。

（11）**答案：D**

解析：由该图可知，P1 拥有 1 个 R1 资源，请求一个 R2；P2 拥有一个 R2，请求一个 R1；P3 拥有一个 R1 和一个 R2，请求一个 R2；因此 R1 两个资源已经分配完，R2 还剩余一个资源可以分配，P2 请求的 R1 没有资源将会进入阻塞，P1 和 P3 请求的 R2 有资源是非阻塞节点。

（12）**答案：C**

解析：线程作为可独立调度和分配的基本单位，可共享进程的公共资源，但各个线程的栈指针肯定无法共享，否则容易乱。

（13）**答案：D**

解析：每个物理块占位示图一位，因此先计算出物理块个数为 300GB/1MB=300K 个，也即位示图有 300×1024=307200（注意，大写的 GB 和 MB 以 1024 为计量）位，字长为 32 位，就有 307200/32=9600。

（14）**答案：C**

解析：逻辑地址 2D16H 共 16 位，页面大小为 4K=2^{12}，也即其页内偏移地址长度为 12 位，才能表示 4K 大小页面，低 12 位即 D16H 为页内偏移，那么高 4 位 2H 为逻辑页号，在表中查找可知 2 对应的物理块号为 4，因此物理地址为 4D16H。

3.1　备考指南

　　数据库技术基础主要考查的是数据库的三级模式两级映像、数据库设计、关系运算、规范化和反规范化、事务处理、分布式数据库等相关知识，在软件设计师的上午考试中会考查 6 分左右的选择题，同时会固定在案例分析里考查一道大题（15 分），一般是第二题，考查 E-R 图和关系模式。

3.2　考点梳理及精讲

3.2.1　基本概念

　　数据库系统（Database System，DBS）的组成：数据库、硬件、软件、人员。

　　数据库管理系统（Database Management System，DBMS）的功能：数据定义、数据库操作、数据库运行管理、数据的存储管理、数据库的建立和维护等。

　　DBMS 的分类：关系数据库系统（Relational DataBase Server，RDBS）、面向对象的数据库系统（Object Oriented Database System，OODBS）、对象关系数据库系统（Object Relational Database Management System，ORDBS）。

　　数据库系统的体系结构：集中式数据库系统（所有东西集中在 DBMS 电脑上）、客户端/服务器体系结构（客户端负责请求和数据表示，服务器负责数据库服务）、并行数据库系统（多个物理上在一起的 CPU）、分布式数据库系统（物理上分布在不同地方的计算机）。

3.2.2　三级模式——两级映像

　　内模式：管理如何存储物理的**数据**，对数据的存储方式、优化、存放等。

　　模式：又称为概念模式，就是我们通常使用的**表**级别，根据应用、需求将物理数据划分成一张张表。

　　外模式：对应数据库中的**视图**级别，将表进行一定的处理后再提供给用户使用，例如，将用户表中的用户名和密码组成视图提供给登录模块使用，而用户表中的其他列则不对该模块开放，增加了安全性。

　　外模式——模式映像：是表和视图之间的映像，存在于概念级和外部级之间，若表中数据发生了修改，只需要修改此映射，而无需修改应用程序。

　　模式——内模式映像：是表和数据的物理存储之间的映像，存在于概念级和内部级之间，若更改了数据存储方式，只需要修改此映像，而不需要去修改应用程序。

　　以上的数据库系统实际上是一个分层次的设计，从底至上称为物理级数据库（实际为一个数据库文件）、概念级数据库、用户级数据库，各层情况如图 3-1 所示。

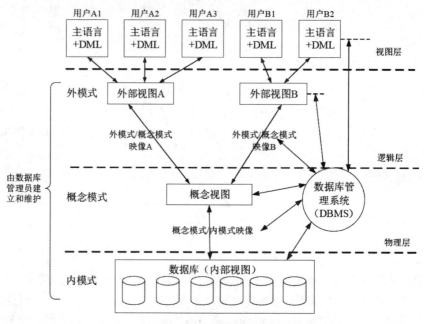

图 3-1　数据库分层结构设计

3.2.3　数据库的设计

　　数据库的设计包括以下几个阶段。

　　需求分析：即分析数据存储的要求，产出物有数据流图、数据字典、需求说明书。

　　概念结构设计：就是设计 E-R 图，也即实体-联系图，与物理实现无关，就是说明有哪些实体，实体有哪些属性。

　　逻辑结构设计：将 E-R 图转换成关系模式，也即转换成实际的表和表中的列属性，这里要考虑很多规范化的东西。

　　物理设计：根据生成的表等概念，生成物理数据库。

具体各个设计阶段的产出物、要求等如图 3-2 所示。

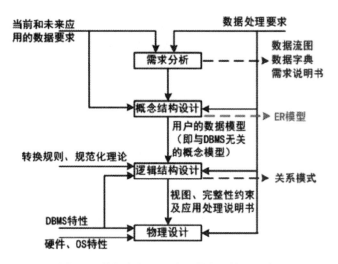

图 3-2　数据库各设计阶段的产出物、要求

3.2.4　E–R 模型

数据模型的三要素：数据结构、数据操作、数据的约束条件。

在 E-R 模型中，使用椭圆表示属性（一般没有）、长方形表示实体、菱形表示联系，联系的两端要填写联系类型，示例如图 3-3 所示。

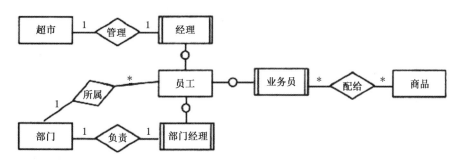

图 3-3　E-R 模型示例

联系类型：一对一（1:1）、一对多（1:N）、多对多（M:N）。

属性分类：简单属性和复合属性（属性是否可以分割）、单值属性和多值属性（属性有多个取值）、NULL 属性（无意义）、派生属性（可由其他属性生成）。

那么 **E-R 模型如何转换为关系模型**呢（实际就是转换为多少张表）？

（1）每个实体都对应一个关系模式。

（2）联系分为三种：1:1 联系中，联系可以放到任意的两端实体中，作为一个属性（要保证两端关联）；1:N 的联系中，联系可以单独作为一个关系模式，也可以在 N 端中加入 1 端实体的主键；M:N 的联系中，联系必须作为一个单独的关系模式，其主键是 M 端和 N 端的联合主键。

以上，明确了有多少关系模式，就知道有多少张表，同时，表中的属性也确定了，注意联系是作为表还是属性，若是属性又是哪张表的属性即可。

3.2.5 关系代数运算

1. 关系运算

并：结果是两张表中所有记录数合并，相同记录只显示一次。

交：结果是两张表中相同的记录。

差：S1-S2，结果是 S1 表中有而 S2 表中没有的那些记录。

设有 S1 和 S2 关系如下图，其并、交、差结果如图 3-4 所示。

关系 S1		
Sno	Sname	Sdept
No0001	Mary	IS
No0003	Candy	IS
No0004	Jam	IS

关系 S2		
Sno	Sname	Sdept
No0001	Mary	IS
No0008	Katter	IS
No0021	Tom	IS

S1∩S2（交）		
Sno	Sname	Sdept
No0001	Mary	IS

S1∪S2（并）		
Sno	Sname	Sdept
No0001	Mary	IS
No0003	Candy	IS
No0004	Jam	IS
No0008	Katter	IS
No0021	Tom	IS

S1-S2（差）		
Sno	Sname	Sdept
No0003	Candy	IS
No0004	Jam	IS

图 3-4　简单关系代数运算示例

笛卡儿积：S1×S2，产生的结果包括 S1 和 S2 的所有属性列，并且 S1 中每条记录依次和 S2 中所有记录组合成一条记录，最终属性列为 S1+S2 属性列，记录数为 S1×S2 记录数。

投影：实际是按条件选择某关系模式中的某列，列也可以用数字表示。

选择：实际是按条件选择某关系模式中的某条记录。

设有 S1 和 S2 关系如下图，其笛卡儿积、投影、选择结果如图 3-5 所示。

自然连接：结果显示全部的属性列，但是相同属性列只显示一次，显示两个关系模式中属性相同且值相同的记录。自然连接结果如图 3-6 所示。

S1×S2（笛卡儿积）					
Sno	Sname	Sdept	Sno	Sname	Sdept
No0001	Mary	IS	No0001	Mary	IS
No0001	Mary	IS	No0008	Katter	IS
No0001	Mary	IS	No0021	Tom	IS
No0003	Candy	IS	No0001	Mary	IS
No0003	Candy	IS	No0008	Katter	IS
No0003	Candy	IS	No0021	Tom	IS
No0004	Jam	IS	No0001	Mary	IS
No0004	Jam	IS	No0008	Katter	IS
No0004	Jam	IS	No0021	Tom	IS

关系 S1		
Sno	Sname	Sdept
No0001	Mary	IS
No0003	Candy	IS
No0004	Jam	IS

关系 S2		
Sno	Sname	Sdept
No0001	Mary	IS
No0008	Katter	IS
No0021	Tom	IS

（投影）	
Sno	Sname
No0001	Mary
No0003	Candy
No0004	Jam

（选择）		
Sno	Sname	Sdept
No0003	Candy	IS

图 3-5　笛卡儿积、投影、选择结果示例

关系 S1		
Sno	Sname	Sdept
No0001	Mary	IS
No0003	Candy	IS
No0004	Jam	IS

关系 S2	
Sno	Age
No0001	23
No0008	21
No0021	22

S1 ⋈ S2			
Sno	Sname	Sdept	Age
No0001	Mary	IS	23

图 3-6　自然连接实例

2. 效率问题

关系代数运算的效率，归根结底是看参与运算的两张表格的属性列数和记录数，属性列和记录数越少，参与运算的次数自然越少，效率就越高。因此，效率高的运算一般都是在两张表格参与运算之前就将条件判断完。如：

$\pi_{1,2,3,8}$（$\sigma_2=$'大数据'$\wedge1=5\wedge3=6\wedge8=$'开发平台'（R×S））和

$\pi_{1,2,3,8}$（$\sigma_{1=5\wedge3=6}$（$\sigma_2=$'大数据'（R）×$\sigma_4=$'开发平台'（S）））。

后者效率比前者效率高很多。

3.2.6 关系数据库的规范化

1. 函数依赖

给定一个 X，能唯一确定一个 Y，就称 X 确定 Y，或者说 Y 依赖于 X，例如 $Y=X^2$ 函数。

函数依赖又可扩展如图 3-7 所示的两种规则。

（a）部分函数依赖　　（b）传递函数依赖

图 3-7　部分函数依赖和传递函数依赖

部分函数依赖：A 可确定 C，(A,B) 也可确定 C，(A,B) 中的一部分（即 A）可以确定 C，称为部分函数依赖。

传递函数依赖：当 A 和 B 不等价时，A 可确定 B，B 可确定 C，则 A 可确定 C，是传递函数依赖；若 A 和 B 等价，则不存在传递，直接就可确定 C。

2. Armstrong 公理系统

设 U 是关系模式 R 的属性集，F 是 R 上成立的只涉及 U 中属性的函数依赖集。函数依赖的推理规则有：

自反律：若属性集 Y 包含于属性集 X，属性集 X 包含于 U，则 X→Y 在 R 上成立（此处 X→Y 是平凡函数依赖）。

增广律：若 X→Y 在 R 上成立，且属性集 Z 包含于属性集 U，则 XZ→YZ 在 R 上成立。

传递律：若 X→Y 和 Y→Z 在 R 上成立，则 X→Z 在 R 上成立。

合并规则：若 X→Y，X→Z 同时在 R 上成立，则 X→YZ 在 R 上也成立。

分解规则：若 X→W 在 R 上成立，且属性集 Z 包含于 W，则 X→Z 在 R 上也成立。

伪传递规则：若 X→Y 在 R 上成立，且 WY→Z，则 XW→Z。

3. 键和约束

超键：能唯一标识此表的属性的组合。

候选键：超键中去掉冗余的属性，剩余的属性就是候选键。

主键：任选一个候选键，即可作为主键。

外键：其他表中的主键。

候选键的求法：根据依赖集画出有向图，从入度为 0 的节点开始，找出图中一个节点或者一个节点组合，能够遍历完整个图，就是候选键。

主属性：候选键内的属性为主属性，其他属性为非主属性。

实体完整性约束：即主键约束，主键值不能为空，也不能重复。

参照完整性约束：即外键约束，外键必须是其他表中已经存在的主键的值，或者为空。

用户自定义完整性约束：自定义表达式约束，如设定年龄属性的值必须在 0 到 150 之间。

触发器：通过写脚本来规定复杂的约束。本质属于用户自定义完整性约束。

4. 范式

数据库中的范式总体结构如图 3-8 所示。

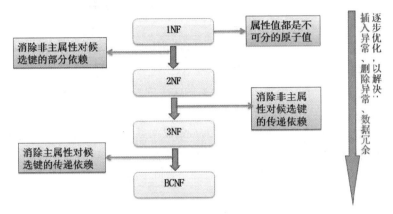

图 3-8　范式总体结构

（1）第一范式（1NF）

关系中的每一个分量必须是一个不可分的数据项。通俗地说，第一范式就是表中不允许有小表的存在。比如，对于表 3-1，就不属于第一范式。

表 3-1　员工表

员工编号	员工姓名	出生日期	薪资/月		所属部门
			基本工资/月	补贴/月	
1	王红	19900908	9000	1000	101
...	...	...	...	...	

上表中，出现了属性薪资又被分为基本工资和补贴两个子属性，就好像表中又分割了一个小表，这就不属于第一范式。如果将基本工资和补贴合并，那么该表符合 1NF。

1NF 可能存在的问题： 1NF 是最低一级的范式，范式程度不高，存在很多的问题。比如用一个单一的关系模式学生来描述学校的教务系统：学生(学号，学生姓名，系名，系主任姓名，课程号，成绩)，见表 3-2。

表 3-2　某学校的教务系统

学号	学生姓名	系名	系主任姓名	课程号	成绩
201102	张明	计算机系	章三	04	70
201103	王红	计算机系	章三	05	60

续表

学号	学生姓名	系名	系主任姓名	课程号	成绩
201103	王红	计算机系	章三	04	80
201103	王红	计算机系	章三	06	87
201104	李青	机械系	王五	09	79
...	...	...	...	...	...

这个表满足第一范式，但是存在如下问题。

数据冗余：一个系有很多的学生，同一个系的学生的系主任是相同的，所以系主任名会重复出现。

更新复杂：当一个系换了一个系主任后，对应的表必须修改与该系学生有关的每个元组。

插入异常：如果一个系刚成立，没有任何学生，那么无法把这个系的信息插入表中。

删除异常：如果一个系的学生都毕业了，那么在删除该系学生信息时，这个系的信息也丢了。

（2）第二范式（2NF）

如果关系 R 属于 1NF，且每一个非主属性完全函数依赖于任何一个候选码，则 R 属于 2NF。通俗地说，2NF 就是在 1NF 的基础上，表中的每一个非主属性不会依赖复合主键中的某一个列。

按照定义，上面的学生表就不满足 2NF，因为学号不能完全确定课程号和成绩(每个学生可以选多门课)。将学生表分解为：

学生(学号，学生姓名，系编号，系名，系主任)

选课(学号，课程号，成绩)。

每张表均属于 2NF。

（3）第三范式（3NF）

在满足 1NF 的基础上，表中不存在非主属性对码的传递依赖。

继续上面的实例，学生关系模式就不属于 3NF，因为学生无法直接决定系主任姓名和系名，是由学号->系编号，再由系编号->系主任，系编号->系名，因此存在非主属性对主属性的传递依赖，将学生表进一步分解为：

学生(学号，学生姓名，系编号)

系(系编号，系名，系主任)

选课(学号，课程号，成绩)

每张表都属于 3NF。

（4）BC 范式（BCNF）

所谓 BCNF，是指在第三范式的基础上进一步消除主属性对于码的部分函数依赖和传递依赖。

通俗地说，就是在每一种情况下，每一个依赖的左边决定因素都必然包含候选键，如图 3-9 所示。

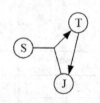

图 3-9　BCNF 实例

图 3-9 中，候选键有两种情况：组合键(S,T)或者(S,J)，依赖集为{SJ->T，T->J}，可知，S、T、J 三个属性都是主属性，因此其达到了 3NF（无非主属性），然而，第二种情况，即(S,J)为候选键的时候，对于依赖 T->J，T 在这种情况不是候选键，即 T->J 的决定因素不包含任意候选码，因此图 3-9 不是 BCNF。

要使图 3-9 关系模式转换为 BCNF 也很简单，只需要将依赖 T->J 变为 TS->J 即可，这样其左边决定因素就包含了候选键之一 S。

5. 模式分解

范式之间的转换一般都是通过拆分属性，即模式分解，将具有部分函数依赖和传递依赖的属性分离出来，来达到一步步优化，一般分为以下两种：

（1）保持函数依赖分解

对于关系模式 R，有依赖集 F，若对 R 进行分解，分解出来的多个关系模式，保持原来的依赖集不变，则为保持函数依赖的分解。另外，注意要消除掉冗余依赖（如传递依赖）。

实例：设原关系模式 R(A,B,C)，依赖集 F(A->B，B->C，A->C)，将其分解为两个关系模式 R1(A,B) 和 R2(B,C)，此时 R1 中保持依赖 A->B，R2 保持依赖 B->C，说明分解后的 R1 和 R2 是保持函数依赖的分解，因为 A->C 这个函数依赖实际是一个冗余依赖，可以由前两个依赖传递得到，因此不用考虑。

（2）保持函数依赖的判断（补充，第 2 点不强求）

1）如果 F 上的每一个函数依赖都在其分解后的某一个关系上成立，则这个分解是保持依赖的（这是一个充分条件）。也即我们所说的简单方法，看函数每个依赖的左右两边属性是否都在同一个分解的模式中。

2）如果上述判断失败，并不能断言分解不是保持依赖的，还要使用下面的通用方法来做进一步判断。

该方法的表述如下：

对 F 上的每一个 α→β 使用下面的过程：

result:=α;

while(result 发生变化)do

for each 分解后的 Ri

t=(result∩Ri)+∩Ri

result=result∪t

以下面的例题作为讲解，正确答案是无损分解，不保持函数依赖。

● 假设关系模式 R(U,F)，属性集 U={A,B,}，函数依赖集 F={A→B，B→C}。若将其分解为 p={R1(U1,F1)，R2(U2,F2)}，其中 U1={A,B}，U2={A,C}。那么，分解 p（　　）。

　　A．有损连接但保持函数依赖　　　　　　B．既无损连接又保持函数依赖

　　C．有损连接且不保持函数依赖　　　　　　D．无损连接但不保持函数依赖

　　答案：D

解析：首先，该分解，U1 保持了依赖 A->B，然而 B->C 没有保持，因此针对 B->C 需要用第 2 点算法来判断。

result=B，result∩U1=B，B+ =BC，BC∩U1=B，result=B∪B=B，result 没变，然后，result 再和 U2 交是空，结束了，不保持函数依赖。

注意，这里 B+中+的意思是代表由 B 能够推导出的其他所有属性的集合，这里，B->C，因此 B+ =BC。

（3）无损分解

分解后的关系模式能够还原出原关系模式，就是无损分解，不能还原就是有损。

当分解为两个关系模式，可以通过以下定理判断是否无损分解。

定理：如果 R 的分解为 p={R1，R2}，F 为 R 所满足的函数依赖集合，分解 p 具有无损连接性的充分必要条件是 R1∩R2->(R1-R2)或者 R1∩R2->(R2-R1)。

当分解为多个关系模式时，通过表格法求解。

思考题：

有关系模式：成绩（学号，姓名，课程号，课程名，分数）

函数依赖：学号->姓名，课程号->课程名，（学号，课程号）->分数

若将其分解为：

成绩（学号，课程号，分数）

学生（学号，姓名）

课程（课程号，课程名）

请思考该分解是否为无损分解？

解：

由于有：学号->姓名，所以：

成绩（学号，课程号，分数，姓名）

由于有：课程号->课程名，所以：

成绩（学号，课程号，分数，姓名，课程名）

由思考题可知，无损分解，要注意将候选键和其能决定的属性放在一个关系模式中，这样才能还原。也可以用表格法求解，如下（需要依赖左右边的属性同时在一个关系模式中，才能补充）：

初始表如下：

	学号	姓名	课程号	课程名	分数
成绩	√	×	√	×	√
学生	√	√	×	×	×
课程	×	×	√	√	×

根据学号->姓名，对上表进行处理，将×改成符号√；然后考虑课程号->课程名，将×改为√，得下表：

	学号	姓名	课程号	课程名	分数
成绩	√	√	√	√	√
学生	√	√	×	×	×
课程	×	×	√	√	×

从上图中可以看出，第 1 行已全部为 √，因此本次 R 分解是无损连接分解。

注意：拆分成单属性集必然是有损分解，因为单属性不可能包含依赖左右两边属性，这个单属性已经无法再恢复。

6. 并发控制基本概念图

并发控制总体结构图如图 3-10 所示。

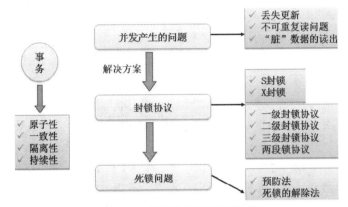

图 3-10　并发控制总体结构图

（1）事务管理

事务提交 commit，事务回滚 rollback。

1）事务：由一系列操作组成，这些操作，要么全做，要么全不做，拥有四种特性，详解如下。

（操作）**原子性**：要么全做，要么全不做。

（数据）**一致性**：事务发生后数据是一致的，例如银行转账，不会存在 A 账户转出，但是 B 账户没收到的情况。

（执行）**隔离性**：任一事务的更新操作其成功提交之前，整个过程对其他事务都是不可见的，不同事务之间是隔离的，互不干涉。

（改变）**持续性**：事务操作的结果是持续性的。

2）事务是并发控制的前提条件，并发控制就是控制不同的事务并发执行，提高系统效率，但是并发控制中存在图 3-11 所示的三个问题。

①丢失更新：事务 1 对数据 A 进行了修改并写回，事务 2 也对 A 进行了修改并写回，此时事务 2 写回的数据会覆盖事务 1 写回的数据，就丢失了事务 1 对 A 的更新。即对数据 A 的更新会被覆盖。

②不可重复读：事务 2 读 A，而后事务 1 对数据 A 进行了修改并写回，此时若事务 2 再读 A，发现数据不对。即一个事务重复读 A 两次，会发现数据 A 有误。

③读脏数据：事务 1 对数据 A 进行了修改后，事务 2 读数据 A，而后事务 1 回滚，数据 A 恢复了原来的值，那么事务 2 对数据 A 做的事是无效的，读到了脏数据。

◆ 丢失更新	
T1	T2
①读A=10	
②	读A=10
③A=A-5写回	
④	A=A-8写回

◆ 不可重复读	
T1	T2
①读A=20 读B=30 求和=50	
②	读A=20 A←A+50 写A=70
③读A=70 读B=30 求和=100 (验算不对)	

◆ 读"脏"数据	
T1	T2
①读A=20 A←A+50 写回70	
	读A=70
②ROLLBACK A恢复为20	

图 3-11 事务并发存在的三个问题

（2）封锁协议

X 锁是排他锁（写锁）。若事务 T 对数据对象 A 加上 X 锁，则只允许 T 读取和修改 A，其他事务都不能再对 A 加任何类型的锁，直到 T 释放 A 上的锁。

S 锁是共享锁（读锁）。若事务 T 对数据对象 A 加上 S 锁，则只允许 T 读取 A，但不能修改 A，其他事务只能再对 A 加 S 锁（也即能读不能修改），直到 T 释放 A 上的 S 锁。

共分为三级封锁协议，定义如下：

一级封锁协议：事务在修改数据 R 之前必须先对其加 X 锁，直到事务结束才释放。可解决丢失更新问题。

二级封锁协议：一级封锁协议的基础上加上事务 T 在读数据 R 之前必须先对其加 S 锁，读完后即可释放 S 锁。可解决丢失更新、读脏数据问题。

三级封锁协议：一级封锁协议加上事务 T 在读取数据 R 之前先对其加 S 锁，直到事务结束才释放。可解决丢失更新、读脏数据、数据重复读问题。

（3）三级封锁协议的应用

丢失更新加锁（一级封锁协议），如图 3-12 所示。

T1	T2
①对A加写锁	
②	对A加写锁
③读A=10	等待
④A=A-5写回	等待
⑤释放对A的写锁	等待
⑥	读A=5
⑦	A=A-8 写回
⑧	释放对A的写锁

图 3-12 一级封锁协议

读脏数据加锁（二级封锁协议），如图 3-13 所示。

T1	T2
① 对A加写锁 ② 读A=20 ③ A←A+50 ④ 写回70 ⑤ ⑥ ROLLBACK ⑦ A恢复为20 ⑧	 对A加读锁 等待 等待 读A=20 释放对A的读锁

图 3-13　二级封锁协议

不可重复读加锁（三级封锁协议），如图 3-14 所示。

T1	T2
① 对A与B加S锁（读锁） 　读A=20 　读B=30 　求和=50 ② ③ 读A=20 　读B=30 　求和=50 释放对A和B的读锁	 对A加X锁（写锁） 注：由于A已加了读锁，所以等待 等待 等待 等待 读A=20 　A←A+50 写A=70 释放对A的写锁

图 3-14　三级封锁协议

（4）两段锁协议

每个事务的执行可以分为两个阶段：生长阶段（加锁阶段）和衰退阶段（解锁阶段）。

加锁阶段：在该阶段可以进行加锁操作。在对任何数据进行读操作之前要申请并获得 S 锁，在进行写操作之前要申请并获得 X 锁。加锁不成功，则事务进入等待状态，直到加锁成功才继续执行。

解锁阶段：当事务释放了一个封锁以后，事务进入解锁阶段，在该阶段只能进行解锁操作不能再进行加锁操作。

两段封锁法可以这样来实现：事务开始后就处于加锁阶段，一直到执行 ROLLBACK 和 COMMIT 之前都是加锁阶段。ROLLBACK 和 COMMIT 使事务进入解锁阶段，即在 ROLLBACK 和 COMMIT 模块中 DBMS 释放所有封锁。

3.2.7 数据故障与备份

1. 安全措施

数据库安全措施见表 3-3。

表 3-3 数据库安全措施

措施	说明
用户标识和鉴定	最外层的安全保护措施，可以使用用户账户、口令及随机数检验等方式
存取控制	对用户进行授权，包括操作类型（如查找、插入、删除、修改等动作）和数据对象（主要是数据范围）的权限
密码存储和传输	对远程终端信息用密码传输
视图的保护	对视图进行授权
审计	使用一个专用文件或数据库，自动将用户对数据库的所有操作记录下来

2. 数据故障

数据故障见表 3-4。

表 3-4 数据故障

故障关系	故障原因	解决方法
事务本身的可预期故障	本身逻辑	在程序中预先设置 Rollback 语句
事务本身的不可预期故障	算术溢出、违反存储保护	由 DBMS 的恢复子系统通过日志，撤销事务对数据库的修改，回退到事务初始状态
系统故障	系统停止运转	通常使用检查点法
介质故障	外存被破坏	一般使用日志重做业务

3. 数据备份

静态转储：即冷备份，指在转储期间不允许对数据库进行任何存取、修改操作；优点是非常快速的备份方法、容易归档（直接物理复制操作）；缺点是只能提供到某一时间点上的恢复，不能做其他工作，不能按表或按用户恢复。

动态转储：即热备份，在转储期间允许对数据库进行存取、修改操作，因此，转储和用户事务可并发执行；优点是可在表空间或数据库文件级备份，数据库仍可使用，可达到秒级恢复；缺点是不能出错，否则后果严重，若热备份不成功，所得结果几乎全部无效。

完全备份：备份所有数据。

差量备份：仅备份上一次完全备份之后变化的数据。

增量备份：备份上一次备份之后变化的数据。

日志文件：在事务处理过程中，DBMS 把事务开始、事务结束以及对数据库的插入、删除和修改的每一次操作写入日志文件。一旦发生故障，DBMS 的恢复子系统利用日志文件撤销事务对数据库的改变，回退到事务的初始状态。

备份毕竟是有时间节点的，不是实时的，例如，上一次备份到这次备份之间，数据库出现了故障，则这期间的数据无法恢复，因此，引入**日志文件**，可以实时记录针对数据库的任何操作，保证数据库可以实时恢复。

3.2.8 分布式数据库

1．体系结构

局部数据库位于不同的物理位置，使用一个全局 DBMS 将所有局部数据库联网管理，这就是分布式数据库。其体系结构如图 3-15 所示。

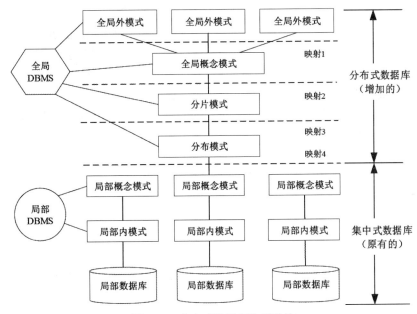

图 3-15 分布式数据库体系结构

2．分片模式

水平分片：将表中水平的记录分别存放在不同的地方。

垂直分片：将表中垂直的列值分别存放在不同的地方。

3．分布透明性

分片透明性：用户或应用程序不需要知道逻辑上访问的表具体是如何分块存储的。

位置透明性：应用程序不关心数据存储物理位置的改变。

逻辑透明性：用户或应用程序无需知道局部使用的是哪种数据模型。

复制透明性：用户或应用程序不关心复制的数据从何而来。

3.2.9　数据仓库与数据挖掘

数据仓库是一种特殊的数据库，也是按数据库形式存储数据的，但是目的不同。数据库经过长时间的运行，里面的数据会保存得越来越多，就会影响系统运行效率，对于某些程序而言，很久之前的数据并非必要的，因此，可以删除掉以减少数据，增加效率，考虑到删除这些数据比较可惜，因此，一般都将这些数据从数据库中提取出来保存到另外一个数据库中，称为数据仓库。

1.　数据仓库的四大特点

面向主题：按照一定的主题域进行组织。

集成的：数据仓库中的数据是在对原有分散的数据库数据抽取、清理的基础上经过系统加工、汇总和整理得到的，必须消除源数据中的不一致性，以保证数据仓库内的信息是关于整个企业的一致的全局信息。

相对稳定的：数据仓库的数据主要供企业决策分析之用，所涉及的数据操作主要是数据查询，一旦某个数据进入数据仓库以后，一般情况下将被长期保留，也就是数据仓库中一般有大量的查询操作，但修改和删除操作很少，通常只需要定期加载、刷新。

反映历史变化：数据仓库中的数据通常包含历史信息，系统记录了企业从过去某一时点（如开始应用数据仓库的时点）到目前的各个阶段的信息，通过这些信息，可以对企业的发展历程和未来趋势做出定量分析和预测。

2.　数据仓库的结构

数据仓库的结构通常包含四个层次，如图 3-16 所示。

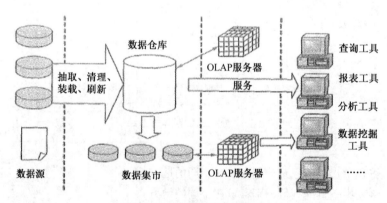

图 3-16　数据仓库体系结构

数据源：是数据仓库系统的基础，是整个系统的数据源泉。

数据的存储与管理：是整个数据仓库系统的核心。

OLAP（联机分析处理）服务器：对分析需要的数据进行有效集成，按多维模型组织，以便进行多角度、多层次的分析，并发现趋势。

前端工具：主要包括各种报表工具、查询工具、数据分析工具、数据挖掘工具以及各种基于数据仓库或数据集市的应用开发工具。

3. 数据挖掘的分析方法

关联分析：关联分析主要用于发现不同事件之间的关联性，即一个事件发生的同时，另一个事件也经常发生。

序列分析：序列分析主要用于发现一定时间间隔内接连发生的事件，这些事件构成一个序列，发现的序列应该具有普遍意义。

分类分析：分类分析通过分析具有类别的样本特点，得到决定样本属于各种类别的规则或方法。分类分析时首先为每个记录赋予一个标记（一组具有不同特征的类别），即按标记分类记录，然后检查这些标定的记录，描述出这些记录的特征。

聚类分析：聚类分析是根据"物以类聚"的原理，将本身没有类别的样本聚集成不同的组，并且对每个这样的组进行描述的过程。

4. 商业智能（BI）

BI 系统主要包括数据预处理、建立数据仓库、数据分析和数据展现四个主要阶段。

（1）数据预处理是整合企业原始数据的第一步，它包括数据的抽取（Extraction）、转换（Transformation）和加载（Load）三个过程（ETL 过程）。

（2）建立数据仓库则是处理海量数据的基础。

（3）数据分析是体现系统智能的关键，一般采用联机分析处理（OLAP）和数据挖掘两大技术。联机分析处理不仅进行数据汇总和聚集，同时还提供切片、切块、下钻、上卷和旋转等数据分析功能，用户可以方便地对海量数据进行**多维分析**。数据挖掘的目标则是**挖掘数据背后隐藏的知识**，通过关联分析、聚类和分类等方法建立分析模型，预测企业未来发展趋势和将要面临的问题。

（4）在海量数据和分析手段增多的情况下，数据展现则主要保障系统分析结果的可视化。

3.2.10　反规范化技术

由前面的介绍可知，规范化操作可以防止插入异常、更新、删除异常和数据冗余，一般是通过模式分解，将表拆分来达到这个目的。

但是表拆分后，解决了上述异常，却不利于查询，每次查询时，可能都要关联很多表，严重降低了查询效率，因此，有时候需要使用反规范化技术来提高查询效率。

技术手段包括：增加派生性冗余列，增加冗余列，重新组表，分割表。主要就是增加冗余，提高查询效率，为规范化操作的逆操作。

3.2.11　大数据

特点：大量化、多样化、价值密度低、快速化。

传统数据和大数据的比较见表 3-5。

表 3-5　传统数据和大数据的比较

比较维度	传统数据	大数据
数据量	GB 或 TB 级	PB 级或以上
数据分析需求	现有数据的分析与检测	深度分析（关联分析、回归分析）
硬件平台	高端服务器	集群平台

要处理大数据，一般使用集成平台，称为大数据处理系统，其特征为：高度可扩展性、高性能、高度容错、支持异构环境、较短的分析延迟、易用且开放的接口、较低成本、向下兼容性。

3.2.12　SQL 语言

SQL 语言中的**语法关键字**，不区分大小写：

创建表 create table；

指定主键 primary key()；

指定外键 foreign key()；

修改表 alter table；

删除表 drop table；

索引 index；

视图 view；

数据库查询 select…from…where；

分组查询 group by，分组时要注意 select 后的列名要适应分组，having 为分组查询附加条件；

更名运算 as；

字符串匹配 like，%匹配多个字符串，_匹配任意一个字符串；

数据库插入 insert into…values()；

数据库删除 delete from…where；

数据库修改 update…set…where；

排序 order by，默认为升序，降序要加关键字 DESC；

授权 grant…on…to，允许其将权限再赋给另一用户 with grant option；

收回权限 revoke…on…from；

with check option 表示要检查 where 后的谓词条件。

DISTINCT：过滤重复的选项，只保留一条记录。

UNION：出现在两个 SQL 语句之间，将两个 SQL 语句的查询结果做或运算，即值存在于第一句或第二句都会被选出。

INTERSECT：对两个 SQL 语句的查询结果做与运算，即值同时存在于两个语句才被选出。

SQL 语法原理：SELECT 之后的为要查询显示的属性列名；FROM 后面是要查询的表名；

WHERE 后面是查询条件；涉及平均数、最大值、求和等运算，必须要分组，group by 后面是分组的属性列名，分组的条件使用 Having 关键字，后面跟条件。

在 SQL 语句中，条件判断时数字无需打引号，字符串要打单引号。

3.3 课后演练

- 若关系 R(H,L,M,P) 的主键为全码（All-key），则关系 R 的主键应 (1) 。
  - （1）A．为 HLMP
    - B．在集合 {H,L,M,P} 中任选一个
    - C．在集合 {HL,HM,HP,LM,LP,MP} 中任选一个
    - D．在集合 {HLM,HLP,HMP,LMP} 中任选一个

- 给定关系模式 R(A1,A2,A3,A4) 上的函数依赖集 F={A1A3→A2,A2→A3}。若将 R 分解为 p={(A1,A2),(A1,A3)}，则该分解是 (2) 的。
  - （2）A．无损连接且不保持函数依赖　　　B．无损连接且保持函数依赖
    - C．有损连接且保持函数依赖　　　　D．有损连接且不保持函数依赖

- 部门、员工和项目的关系模式及它们之间的 E-R 图如下所示，其中关系模式中带实下划线的属性表示主键属性。图中：
  部门（<u>部门代码</u>，部门名称，电话）
  员工（<u>员工代码</u>，姓名，部门代码，联系方式，薪资）
  项目（<u>项目编号</u>，项目名称，承担任务）

若部门和员工关系进行自然连接运算，其结果为 (3) 元关系。由于员工和项目之间的联系类型为 (4) ，所以员工和项目之间的联系需要转换成一个独立的关系模式，该关系模式的主键是 (5) 。
  - （3）A．5　　　　　B．6　　　　　C．7　　　　　D．8
  - （4）A．1 对 1　　　B．1 对多　　　C．多对 1　　　D．多对多
  - （5）A．（项目名称，员工代码）　　　B．（项目编号，员工代码）
    - C．（项目名称，部门代码）　　　D．（项目名称，承担任务）

- 数据库系统通常采用三级模式结构：外模式、模式和内模式。这三级模式分别对应数据库的 (6) 。
  - （6）A．基本表、存储文件和视图　　　B．视图、基本表和存储文件
    - C．基本表、视图和存储文件　　　D．视图、存储文件和基本表

- 在分布式数据库中有分片透明、复制透明、位置透明和逻辑透明等基本概念，其中：__(7)__是指局部数据模型透明，即用户或应用程序无需知道局部使用的是哪种数据模型；__(8)__是指用户或应用程序不需要知道逻辑上访问的表具体是如何分块存储的。

  （7）A．分片透明　　　　B．复制透明　　　　C．位置透明　　　　D．逻辑透明

  （8）A．分片透明　　　　B．复制透明　　　　C．位置透明　　　　D．逻辑透明

- 设有关系模式 R(A1,A2,A3,A4,A5,A6)，其中：函数依赖集 F={A1→A2,A1A3→A4,A5A6→A1,A2A5→A6,A3A5→A6}，则__(9)__是关系模式 R 的一个主键，R 规范化程度最高达到__(10)__。

  （9）A．A1A4　　　　B．A2A4　　　　C．A3A5　　　　D．A4A5

  （10）A．1NF　　　　B．2NF　　　　C．3NF　　　　D．BCNF

- 数据的物理独立性和逻辑独立性分别是通过修改__(11)__来完成的。

  （11）A．外模式与内模式之间的映像、模式与内模式之间的映像

  　　　B．外模式与内模式之间的映像、外模式与模式之间的映像

  　　　C．外模式与模式之间的映像、模式与内模式之间的映像

  　　　D．模式与内模式之间的映像、外模式与模式之间的映像

- 关系规范化在数据库设计的__(12)__阶段进行。

  （12）A．需求分析　　　B．概念设计　　　　C．逻辑设计　　　　D．物理设计

- 某公司数据库中的元件关系模式为 P（元件号，元件名称，供应商，供应商所在地，库存量），函数依赖集 F 如下所示：

  　　F={元件号→元件名称，（元件号，供应商）→库存量，供应商→供应商所在地}

  　　元件关系的主键为__(13)__，该关系存在冗余以及插入异常和删除异常等问题。为了解决这一问题需要将元件关系分解__(14)__，分解后的关系模式可以达到__(15)__。

  （13）A．元件号，元件名称　　　　　　　　B．元件号，供应商

  　　　C．元件号，供应商所在地　　　　　　D．供应商，供应商所在地

  （14）A．元件1（元件号，元件名称，库存量）、元件2（供应商，供应商所在地）

  　　　B．元件1（元件号，元件名称）、元件2（供应商，供应商所在地，库存量）

  　　　C．元件1（元件号，元件名称）、元件2（元件号，供应商，库存量）、元件3（供应商，供应商所在地）

  　　　D．元件1（元件号，元件名称）、元件2（元件号，库存量）、元件3（供应商，供应商所在地）、元件4（供应商所在地，库存量）

  （15）A．1NF　　　　B．2NF　　　　C．3NF　　　　D．4NF

- 在数据库系统中，一般由 DBA 使用 DBMS 提供的授权功能为不同用户授权，其主要目的是为了保证数据库的__(16)__。

  （16）A．正确性　　　　B．安全性　　　　C．一致性　　　　D．完整性

3.4 课后演练答案解析

（1）答案：A

解析：全码的意思就是全部元素都是主键。

（2）答案：D

解析：依据无损分解的定理，分解后的 p1∩p2->(p1-p2)或者 p1∩p2->(p2-p1)，p1∩p2 为 A1，(p1-p2)为 A2，(p2-p1)为 A3，而 A1 无法推导出 A2 或者 A3，因此不是无损连接，是有损连接；又在分解后的 p 中，分解之后的两个子集，单独都无法推导出任意原函数依赖，所以也是不保持函数依赖的。

（3）～（5）答案：C D B

解析：自然连接运算结果的列数为两个关系模式列数之和，但要去掉重复列，因此共 7 列；员工和项目之间联系类型图中为*:*，即多对多；多对多联系类型需要转换为一个独立的关系模式，主键是两个关系模式主键的组合，因此是员工主键+项目主键。

（6）答案：B

解析：外模式-模式-内模式，逻辑层次越来越低，物理层次越来越高，分别对应逻辑视图、基本表、物理存储文件。

（7）（8）答案：D A

解析：考查分布式数据库中的分布透明性，从字面理解，位置透明与物理存储有关，复制透明与数据复制有关，不符合问题含义；逻辑透明与逻辑数据模型有关，分片透明与逻辑数据分片存储有关。

（9）（10）答案：C B

解析：首先根据 R 和 F 画出依赖的有向图，而后从入度为 0 的节点开始，找出图中一个节点或者一个节点组合，能够遍历完整个图，就是主键，可知 A3A5 组合可遍历图；在此关系模式中，存在函数传递依赖，但不存在部分依赖，因此是 2NF。

（11）答案：D

解析：内模式管理物理数据，模式对应数据表级别，外模式对应逻辑视图级别，由此可知道数据库的两级映像，内模式-模式关乎物理独立性，模式-外模式关乎逻辑独立性。

（12）答案：C

解析：概念设计是设计 E-R 图，逻辑设计是将 E-R 图转化为关系模式，也即关系规范化。

（13）～（15）答案：B C C

解析：很明显，在关系 F 中，只有（元件号，供应商）才能推导出其他元素，因此为主键；为了消除冗余，要使主键唯一，且可以完全决定其他属性，因此（元件号，供应商）→库存量的三个属性应该在一起形成一个关系，并和其他属性分开，才不存在部分依赖和传递依赖，而其他两个属性加上各自依赖关系可以分解出（元件号，元件名称）和（供应商，供应商所在地），分解后消除了部分依赖和传递依赖，是3NF，注意，从来没考过4NF。

（16）**答案：B**

解析： 由数据库管理员（DBA）统一授权，只有DBA一人有权力，可避免权力混乱，此举是为了安全。

第4章
计算机网络

4.1 备考指南

计算机网络主要考查的是网络体系结构、网络协议、IP 地址、网络规划设计等相关知识，在软件设计师的考试中只会在选择题里考查，约占 5 分，本章节考查的内容来源于软考其他科目（网络工程师、网络规划设计师），整体内容不难，但是比较偏。

4.2 考点梳理及精讲

4.2.1 网络拓扑结构

计算机网络可按分布范围和拓扑结构划分，见表 4-1 和图 4-1 所示。

表 4-1 计算机网络按分布范围分类

网络分类	缩写	分布距离	计算机分布范围	传输速率范围
局域网	LAN	10m 左右	房间	4Mb/s～1Gb/s
		100m 左右	楼寓	
		1000m 左右	校园	
城域网	MAN	10km	城市	50kb/s～100Mb/s
广域网	WAN	100km 以上	国家或全球	9.6kb/s～45Mb/s

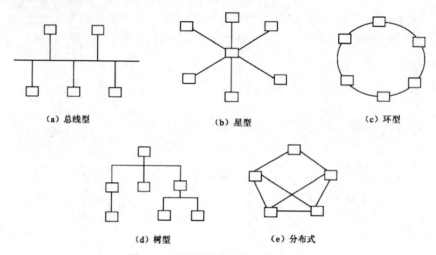

图 4-1　计算机网络按拓扑结构分类

　　总线型利用率低、干扰大、价格低，星型交换机形成的局域网、中央单元负荷大，环型流动方向固定、效率低、扩充难，树型总线型的扩充、分级结构，分布式任意节点连接、管理难、成本高。

　　一般来说，办公室局域网是星型拓扑结构，中间节点就是交换机，一旦交换机损坏，整个网络都将瘫痪。同理，由路由器连接起来的小型网络也是星型结构。

4.2.2　传输介质

　　1. 双绞线

　　将多根铜线按规则缠绕在一起，能够减少干扰；分为无屏蔽双绞线（Unshielded Twisted Pair，UTP）和屏蔽双绞线（Shielded Twisted Pair，STP），都是由一对铜线簇组成。也即我们常说的网线；双绞线的**传输距离在 100m** 以内。

　　无屏蔽双绞线（UTP）：价格低，安装简单，但可靠性相对较低，分为 CAT3（3 类 UTP，速率为 10Mb/s）、CAT4（4 类 UTP，与 3 类差不多，无应用）、CAT5（5 类 UTP，速率为 100Mb/s，用于快速以太网）、CAT5E（超 5 类 UTP，速率为 1000Mb/s）、CAT6（6 类 UTP，用来替代 CAT5E，速率也是 1000Mb/s）。

　　屏蔽双绞线（STP）：比之 UTP 增加了一层屏蔽层，可以有效地提高可靠性，但对应的价格高，安装麻烦，一般用于对传输可靠性要求很高的场合。

　　2. 光纤

　　由纤芯和包层组成，传输的光信号在纤芯中传输，然而从 PC 端出来的信号都是电信号，要经过光纤传输，就必须将电信号转换为光信号。

　　多模光纤（MMF）：纤芯半径较大，因此可以同时传输多种不同的信号，光信号在光纤中以全反射的形式传输，采用发光二极管（LED）为光源，成本低，但是传输的效率和可靠性都较低，适合于短距离传输，其传输距离与传输速率相关，速率为 100Mb/s 时为 2km，速率为 1000Mb/s 时为 550m。

单模光纤（SMF）：纤芯半径很小，一般只能传输一种信号，采用激光二极管（LD）作为光源，并只支持激光信号的传播，同样是以全反射形式传播，只不过反射角很大，看起来像一条直线，成本高，但是传输距离远，可靠性高。传输距离可达 5km。

4.2.3　OSI/RM 七层模型

OSI/RM 七层模型功能及协议内容，见表 4-2。

表 4-2　OSI/RM 七层模型功能及协议

层	功能	协议	设备
物理层	包括物理连网媒介，如电缆连线连接器。该层的协议产生并检测电压以便发送和接收携带数据的信号。单位：比特	EIA/TIA RS-232、RS-449、V.35、RJ-45、FDDI	中继器、集线器
数据链路层	控制网络层与物理层之间的通信。主要功能是将从网络层接收到的数据分割成特定的可被物理层传输的帧。作用：物理地址寻址、数据的成帧、流量控制、数据的检错、重发等。单位：帧	SDLC（同步数据链路控制）、HDLC（高级数据链路控制）、PPP（点对点协议）、STP（生成树协议）、帧中继等、IEEE 802、ATM（异步传输）	交换器、网桥
网络层	主要功能是将网络地址翻译成对应的物理地址并决定如何将数据从发送方路由到接收方；还可以实现拥塞控制、网际互联等功能。单位：分组	IP（网络互连）、IPX（互联网数据包交换协议）、ICMP（网际控制报文协议）、IGMP（网络组管理协议）、ARP（地址转换协议）、RARP	路由器
传输层	负责确保数据可靠、顺序、无错地从 A 点传到 B 点。如提供简历、维护和拆除传送连接的功能；选择网络层提供合适的服务；在系统之间提供可靠的透明的数据传送，提供端到端的错误恢复和流量控制	TCP（传输控制协议）、UDP（用户数据报协议）、SPX（序列分组交换协议）	网关
会话层	负责在网络中的两个节点之间建立和维持通信，以及提供交互会话的管理功能，如三种数据流方向的控制，即一路交互、两路交替和两路同时会话模式	RPC（远程过程调用）、SQL（结构化查询语言）、NFS（网络文件系统）	网关
表示层	如同应用程序和网络之间的翻译官，在表示层，数据将按照网络能理解的方案进行格式化。表示层管理数据的解密加密、数据转换、格式化和文本压缩	JPEG、ASCII、GIF、MPEG、DES	网关
应用层	负责对软件提供接口以使程序能使用网络服务，如事务处理程序、文件传送协议和网络管理等	Telnet、FTP、HTTP、SMTP、POP3、DNS、DHCP 等	网关

以太网规范 IEEE 802.3 是重要的局域网协议，包括：

IEEE 802.3	标准以太网	10Mb/s	传输介质为细同轴电缆
IEEE 802.3u	快速以太网	100Mb/s	双绞线
IEEE 802.3z	千兆以太网	1000Mb/s	光纤或双绞线
IEEE 802.3ae	万兆以太网	10Gb/s	光纤

无线局域网 WLAN 技术标准：IEEE 802.11。

广域网协议：点对点协议（PPP）、ISDN 综合业务数字网、xDSL（DSL 数字用户线路的 HDSL、SDSL、MVL、ADSL）、DDN 数字专线、X.25、FR 帧中继、ATM 异步传输模式。

4.2.4 TCP/IP 协议

1. 网络协议三要素

语法、语义、时序。

2. 网络层协议

IP：网络层最重要的核心协议，在源地址和目的地址之间传送数据报，无连接、不可靠。

ICMP：因特网控制报文协议，用于在 IP 主机、路由器之间传递控制消息。控制消息是指网络通不通、主机是否可达、路由是否可用等网络本身的消息。

ARP 和 RARP：地址解析协议，ARP 是将 IP 地址转换为物理地址，RARP 是将物理地址转换为 IP 地址。

IGMP：网络组管理协议，允许因特网中的计算机参加多播，是计算机用来向相邻多目路由器报告多目组成员的协议，支持组播。

3. 传输层协议

TCP：整个 TCP/IP 协议族中最重要的协议之一，在 IP 协议提供的不可靠数据基础上，采用了重发技术，为应用程序提供了一个可靠的、面向连接的、全双工的数据传输服务。一般用于传输数据量比较少，且对可靠性要求高的场合。

UDP：是一种不可靠、无连接的协议，有助于提高传输速率，一般用于传输数据量大，对可靠性要求不高，但要求速度快的场合。

4. 应用层协议

基于 TCP 的 FTP、HTTP 等都是可靠传输。基于 UDP 的 DHCP、DNS 等都是不可靠传输。

FTP：可靠的文件传输协议，用于因特网上的控制文件的双向传输。

HTTP：超文本传输协议，用于从 WWW 服务器传输超文本到本地浏览器的传输协议。使用 SSL 加密后的安全网页协议为 HTTPS。

SMTP 和 POP3：简单邮件传输协议，是一组用于由源地址到目的地址传送邮件的规则，邮件报文采用 ASCII 格式表示。

Telnet：远程连接协议，是因特网远程登录服务的标准协议和主要方式。

TFTP：不可靠的、开销不大的小文件传输协议。

SNMP：简单网络管理协议，由一组网络管理的标准协议组成，包含一个应用层协议、数据库模型和一组资源对象。该协议能够支持网络管理系统，用以监测连接到网络上的设备是否有任何引起管理上关注的情况。

DHCP：动态主机配置协议，基于 UDP，基于 C/S 模型，为主机动态分配 IP 地址，有三种方式：固定分配、动态分配、自动分配。

DNS：域名解析协议，通过域名解析出 IP 地址。

4.2.5　网络存储技术

直接附加存储（DAS）：是指将存储设备通过 SCSI 接口直接连接到一台服务器上使用，其本身是硬件的堆叠，存储操作依赖于服务器，不带有任何存储操作系统。

存在问题：在传递距离、连接数量、传输速率等方面都受到限制，容量难以扩展升级；数据处理和传输能力降低；服务器异常会波及存储器。

网络附加存储（NAS）：通过网络接口与网络直接相连，由用户通过网络访问，有独立的存储系统。NAS 存储设备类似于一个专用的文件服务器，去掉了通用服务器大多数计算功能，而仅仅提供文件系统功能。以数据为中心，将存储设备与服务器分离，其存储设备在功能上完全独立于网络中的主服务器。客户机与存储设备之间的数据访问不再需要文件服务器的干预，同时它允许客户机与存储设备之间进行直接的数据访问，所以不仅响应速度快，而且数据传输速率也很高。

NAS 的性能特点是进行小文件级的共享存取；支持即插即用；可以很经济地解决存储容量不足的问题，但难以获得满意的性能。

存储区域网（SAN）：SAN 是通过专用交换机将磁盘阵列与服务器连接起来的高速专用子网。它没有采用文件共享存取方式，而是采用块（block）级别存储。SAN 是通过专用高速网将一个或多个网络存储设备和服务器连接起来的专用存储系统，其最大特点是将存储设备从传统的以太网中分离出来，成为独立的存储区域网络 SAN 的系统结构。根据数据传输过程采用的协议，其技术划分为 FC SAN（光纤通道）、IP SAN（IP 网络）和 IB SAN（无线带宽）技术。

4.2.6　网络规划与设计

网络工程可分为网络规划、网络设计和网络实施三个阶段。

网络规划包括网络需求分析、可行性分析和对现有网络的分析与描述。

网络设计包括逻辑网络设计、物理网络设计和分层设计。

三层设计模型包括核心层、汇聚层和接入层，如图 4-2 所示。

核心层提供不同区域之间的最佳路由和高速数据传送。

汇聚层将网络业务连接到接入层，并且实施与安全、流量、负载和路由相关的策略。

接入层为用户提供了在本地网段访问应用系统的能力，还要解决相邻用户之间的互访需求，接入层要负责一些用户信息（例如用户 IP 地址、MAC 地址和访问日志等）的收集工作和用户管理功能（包括认证和计费等）。

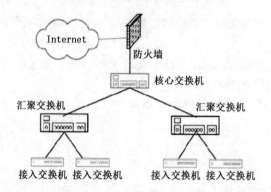

图 4-2　三层设计模型

建筑物综合布线系统（PDS）包括：

工作区子系统：实现工作区终端设备到水平子系统的信息插座之间的互联。

水平布线子系统：实现信息插座和管理子系统之间的连接。

设备间子系统：实现中央主配线架与各种不同设备之间的连接。

垂直干线子系统：实现各楼层设备间子系统之间的互联。

管理子系统：为连接其他子系统提供连接手段。

建筑群子系统：各个建筑物通信系统之间的互联。

网络设计工作有：

（1）网络拓扑结构设计。

（2）主干网络（核心层）设计。

（3）汇聚层和接入层设计。

（4）广域网连接与远程访问设计。

（5）无线网络设计。

（6）网络安全设计。

（7）设备选型。

网络规划设计原则有：

可靠性原则：网络的运行是稳固的。

安全性原则：包括选用安全的操作系统、设置网络防火墙、网络防杀病毒、数据加密和信息工作制度的保密。

高效性原则：性能指标高，软硬件性能充分发挥。

可扩展性：能够在规模和性能两个方向上进行扩展。

4.2.7　移动通信技术

2G 标准：欧洲电信的 GSM（全球移动通信），采用 TDMA 技术；美国高通的 CDMA（码分多址通信）。

3G 标准：W-CDMA、CDMA-2000、TD-SCDMA、WMAN。

4G 标准：UMB（超移动宽带）、LTE Advanced（长期演进技术，中国）、WiMAX II（全球微波互联接入）。

4G 理论下载速率：100Mbit/s。

5G 理论下载速率：1Gbit/s。

4.2.8　无线网络技术

无物理传输介质，相比于有线局域网，其优点有移动性、灵活性、成本低、容易扩充；其缺点有速度和质量略低，安全性低。

WLAN 通过接入点（AP）接入，AP 是组建小型无线局域网时最常用的设备。AP 相当于一个连接有线网和无线网的桥梁,工作在数据链路层。其主要作用是将各个无线网络客户端连接到一起，然后将无线网络接入以太网。

三种 WLAN 通信技术：红外线、扩展频谱、窄带微波。

WLAN 安全加密技术：安全级别从低到高分别为 WEP<WPA<WPA2，其中，WEP 使用 RC4 协议进行加密，并使用 CRC-32 校验保证数据的正确性。WPA 在此基础上增加了安全认证技术，增大了密钥和初始向量的长度。WPA2 采用了 AES 对称加密算法。

4.2.9　下一代互联网 IPv6

IPv6 是从根本上解决 IPv4 全局地址数不够用而提出的设计方案，IPv6 具有以下特性。

（1）IPv6 地址长度为 128 位，相比于 IPv4，地址空间增大了 2^{96} 倍。

（2）扩展的地址层次结构，使用十六进制表示 IPv6 地址。

（3）灵活的首部格式，使用一系列固定格式的扩展首部取代了 IPv4 中可变长度的选项字段。IPv6 中选项部分的出现方式也有所变化，使路由器可以简单路过选项而不做任何处理，加快了报文处理速度。

（4）提高安全性，身份认证和隐私权是 IPv6 的关键特性。

（5）支持即插即用，自动配置，支持更多的服务类型。

（6）允许协议继续演变，增加新的功能，使之适应未来技术的发展。

IPv4 和 IPv6 的过渡期间，主要采用**三种基本技术**。

（1）双协议栈：主机同时运行 IPv4 和 IPv6 两套协议栈，同时支持两套协议，一般来说 IPv4 和 IPv6 地址之间存在某种转换关系，如 IPv6 的低 32 位可以直接转换为 IPv4 地址，实现互相通信。

（2）隧道技术：这种机制用来在 IPv4 网络之上建立一条能够传输 IPv6 数据报的隧道，例如可以将 IPv6 数据报当做 IPv4 数据报的数据部分加以封装，只需要加一个 IPv4 的首部，就能在 IPv4 网络中传输 IPv6 报文。

（3）翻译技术：利用一台专门的翻译设备（如转换网关），在纯 IPv4 和纯 IPv6 网络之间转换

IP 报头的地址，同时根据不同协议对分组做相应的语义翻译，从而使纯 IPv4 和纯 IPv6 站点之间能够透明通信。

4.3 课后演练

- 以下关于 VLAN 的叙述中，属于其优点的是 __(1)__ 。
  - （1）A. 允许逻辑地址划分网段   B. 减少了冲突域的数量
  - C. 增加了冲突域的大小   D. 减少了广播域的数量

- 以下关于 URL 的叙述中，不正确的是 __(2)__ 。
  - （2）A. 使用 www.abc.com 和 abc.com 打开的是同一页面
  - B. 在地址栏中输入 www.abc.com 默认使用 http 协议
  - C. www.abc.com 中的 www 是主机名
  - D. www.abc.com 中的 abc.com 是域名

- DHCP 协议的功能是 __(3)__ ；FTP 使用的传输层协议为 __(4)__ 。
  - （3）A. WINS 名字解析   B. 静态地址分配
  - C. DNS 名字登录   D. 自动分配 IP 地址
  - （4）A. TCP   B. IP   C. UDP   D. HDLC

- 集线器与网桥的区别是 __(5)__ 。
  - （5）A. 集线器不能检测发送冲突，而网桥可以检测冲突
  - B. 集线器是物理层设备，而网桥是数据链路层设备
  - C. 网桥只有两个端口，而集线器是一种多端口网桥
  - D. 网桥是物理层设备，而集线器是数据链路层设备

- TCP 使用的流量控制协议是 __(6)__ 。
  - （6）A. 固定大小的滑动窗口协议   B. 后退 N 帧的 ARQ 协议
  - C. 可变大小的滑动窗口协议   D. 停等协议

- 以下关于层次化局域网模型中核心层的叙述，正确的是 __(7)__ 。
  - （7）A. 为了保障安全性，对分组要进行有效性检查
  - B. 将分组数据从一个区域高速地转发到另一个区域
  - C. 由多台二、三层交换机组成
  - D. 提供多条路径来缓解通信瓶颈

- 默认情况下，FTP 服务器的控制端口为 __(8)__ ，上传文件时的端口为 __(9)__ 。
  - （8）A. 大于 1024 的端口   B. 20   C. 80   D. 21
  - （9）A. 大于 1024 的端口   B. 20   C. 80   D. 21

- 某 PC 的 Internet 协议属性参数如下图所示，默认网关的 IP 地址是 __(10)__ 。

（10）A．8.8.8.8   B．202.117.115.3   C．192.168.2.254   D．202.117.115.18

● 在下图的 SNMP 配置中，能够响应 Manager2 的 getRequest 请求的是＿＿（11）＿＿。

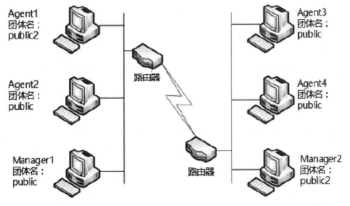

（11）A．Agent1   B．Agent2   C．Agent3   D．Agent4

● 以下协议中属于应用层协议的是＿＿（12）＿＿，该协议的报文封装在＿＿（13）＿＿。

（12）A．SNMP   B．ARP   C．ICMP   D．X.25

（13）A．TCP   B．IP   C．UDP   D．ICMP

4.4　课后演练答案解析

（1）**答案**：A

解析：VLAN 即虚拟局域网，是一组逻辑上的设备和用户，这些设备和用户并不受物理位置的限制，可以根据功能、部门及应用等因素将它们组织起来，相互之间的通信就好像它们在同一个网段中一样。一个 VLAN 就是一个广播域，是增加了广播域数量，并且与冲突域无关，可以逻辑地址划分网段。

（2）**答案**：A

解析：标准 URL 形式是 协议名://主机名.域名，如 http://www.abc.com，其中 http 是协议名，一般可以省略，www 是主机名不能省略，abc.com 是域名，因此 www.abc.com 和 abc.com 是不同页面。

（3）（4）**答案**：D A

解析：DHCP 就是自动分配 IP 地址；FTP 是基于可靠的 TCP。

（5）**答案**：B

解析：集线器和中继器是物理层设备，网桥和交换机是数据链路层设备。

（6）**答案**：C

解析：TCP 的流量控制协议是可变大小的滑动窗口协议；B 项和 D 项是保证可靠传输的协议。

（7）**答案**：B

解析：核心层只负责高速的数据交换，因此是将分组数据从一个区域高速地转发到另一个区域。

（8）（9）**答案**：D B

解析：FTP 控制端口默认为 21，上传文件端口为 20。

（10）**答案**：C

解析：一台主机可以有多个网关。默认网关的意思是一台主机如果找不到可用的网关，就把数据包发给默认指定的网关，由这个网关来处理数据包。现在主机使用的网关，一般指的是默认网关。默认网关的 IP 地址必须与本机 IP 地址在同一个网段内，即同网络号，才能互通数据。

（11）**答案**：A

解析：在简单网络管理协议 SNMP 中，只有作为同一团体成员的代理和管理器才能相互通信。例如，Agent1 可以接收 Manager2 的消息并向它发送消息，因为它们都是 public2 团体的成员；Agent2~4 可以接收 Manager1 的消息，并向它发送消息，因为它们都是默认团体 public 的成员。

（12）（13）**答案**：A C

解析：SNMP 简单网络管理协议，基于 UDP 的应用层协议。

第5章
信息安全和网络安全

5.1 备考指南

信息安全和网络安全主要考查的是信息安全属性、加密解密数字摘要、数字签名、PKI体系等相关知识，在软件设计师考试中的选择题里考查，约占4分。

5.2 考点梳理及精讲

5.2.1 信息安全和信息系统安全

1. 信息安全含义及属性

保护信息的保密性、完整性、可用性，另外也包括其他属性，如：真实性、可核查性、不可抵赖性和可靠性。

保密性：信息不被泄露给未授权的个人、实体和过程或不被其使用的特性。包括：①最小授权原则；②防暴露；③信息加密；④物理保密。

完整性：信息未经授权不能改变的特性。影响完整性的主要因素有设备故障、误码、人为攻击和计算机病毒等。保证完整性的方法包括：

（1）协议：通过安全协议检测出被删除、失效、被修改的字段。

（2）纠错编码方法：利用校验码完成检错和纠错功能。

（3）密码校验和方法。

（4）数字签名：能识别出发送方来源。

（5）公证：请求系统管理或中介机构证明信息的真实性。

可用性：需要时，授权实体可以访问和使用的特性。一般用系统正常使用时间和整个工作时间之比来度量。

2. 其他属性

真实性：指对信息的来源进行判断，能对伪造来源的信息予以鉴别。

可核查性：系统实体的行为可以被独一无二地追溯到该实体的特性，这个特性就是要求该实体对其行为负责，为探测和调查安全违规事件提供了可能性。

不可抵赖性：是指建立有效的责任机制，防止用户否认其行为，这一点在电子商务中是极其重要的。

系统在规定的时间和给定的条件下，无故障地完成规定功能的概率。

3. 安全需求

可划分为物理线路安全、网络安全、系统安全和应用安全。

物理线路就是物理设备、物理环境。

网络安全指网络上的攻击、入侵。

系统安全指的是操作系统漏洞、补丁等。

应用安全就是上层的应用软件，包括数据库软件。

5.2.2 信息安全技术

1. 加密技术

一个密码系统，通常简称为密码体制（Cryptosystem），由五部分组成。

（1）明文空间 M，它是全体明文的集合。

（2）密文空间 C，它是全体密文的集合。

（3）密钥空间 K，它是全体密钥的集合。其中每一个密钥 K 均由加密密钥 Ke 和解密密钥 Kd 组成，即 K=< Ke，Kd>。

（4）加密算法 E，它是一组由 M 至 C 的加密变换。

（5）解密算法 D，它是一组由 C 到 M 的解密变换。

对于每一个确定的密钥，加密算法将确定一个具体的加密变换，解密算法将确定一个具体的解密变换，而且解密变换就是加密变换的逆变换。对于明文空间 M 中的每一个明文 M，加密算法 E 在密钥 Ke 的控制下将明文 M 加密成密文 C：C=E (M, Ke)。

而解密算法 D 在密钥 Kd 的控制下将密文 C 解密出同一明文 M：M=D(C, Kd) =D(E(M, Ke),Kd)。

2. 对称加密技术

对称加密的定义就是对数据的加密和解密的密钥（密码）是相同的，属于不公开密钥加密算法。其缺点是加密强度不高（因为只有一个密钥），且密钥分发困难（因为密钥还需要传输给接收方，也要考虑保密性等问题）。

常见的对称密钥加密算法如下：

（1）DES：替换+移位、56 位密钥、64 位数据块、速度快，密钥易产生。

（2）3DES：三重 DES，两个 56 位密钥 K1、K2。

加密：K1 加密->K2 解密->K1 加密。

解密：K1 解密->K2 加密->K1 解密。

（3）AES：是美国联邦政府采用的一种区块加密标准，这个标准用来替代原先的 DES。对其的要求是"至少像 3DES 一样安全"。

（4）RC-5：RSA 数据安全公司的很多产品都使用了 RC-5。

（5）IDEA：128 位密钥，64 位数据块，比 DES 的加密性好，对计算机功能要求相对低。

3．非对称加密技术

非对称加密技术就是对数据的加密和解密的密钥是不同的，是公开密钥加密算法。其缺点是加密速度慢。

非对称技术的原理是：发送者发送数据时，使用接收者的公钥作加密密钥，私钥作解密密钥，这样只有接收者才能解密密文得到明文，安全性更高，因为无需传输密钥，但无法保证完整性。如图 5-1 所示。

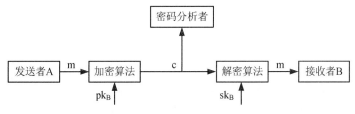

图 5-1　非对称加密技术原理

常见的非对称加密算法如下：

（1）RSA：512 位（或 1024 位）密钥，计算量极大，难破解。

（2）Elgamal、ECC（椭圆曲线算法）、背包算法、Rabin、D-H 等。

相比较可知，对称加密算法密钥一般只有 56 位，因此加密过程简单，适合加密大数据，但是加密强度不高；而非对称加密算法密钥有 1024 位，相应的解密计算量庞大，难以破解，不适合加密大数据，一般用来加密对称算法的密钥。这样将两个技术组合使用，也是数字信封的原理。

4．数字信封原理

信是对称加密的密钥，数字信封就是对此密钥进行非对称加密，具体过程为发送方将数据用对称密钥加密传输，而将对称密钥用接收方公钥加密发送给对方。接收方收到数字信封，用自己的私钥解密信封，取出对称密钥解密得原文。

数字信封运用了对称加密技术和非对称加密技术，本质是使用对称密钥加密数据，非对称密钥加密对称密钥，解决了对称密钥的传输问题。

5．信息摘要

所谓信息摘要，就是一段数据的特征信息，当数据发生了改变，信息摘要也会发生改变，发送方会将数据和信息摘要一起传给接收方，接收方会根据接收到的数据重新生成一个信息摘要，若此摘要和接收到的摘要相同，则说明数据正确。**信息摘要是由哈希函数生成的。**

信息摘要的特点：不管数据多长，都会产生固定长度的信息摘要；任何不同的输入数据，都会产生不同的信息摘要；单向性，即只能由数据生成信息摘要，不能由信息摘要还原数据。

信息摘要算法：MD5（产生 128 位的输出）、SHA-1（安全散列算法，产生 160 位的输出，安全性更高）。

6. 数字签名

发送者发送数据时，使用发送者的私钥进行加密，接收者收到数据后，只能使用发送者的公钥进行解密，这样就能确定发送方的唯一性，这也是数字签名的过程。但无法保证机密性。如图 5-2 所示。

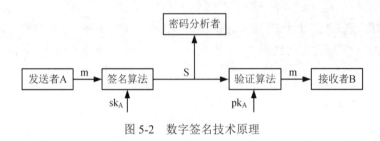

图 5-2　数字签名技术原理

7. 公钥基础设施（PKI）

PKI 以不对称密钥加密技术为基础，以数据机密性、完整性、身份认证和行为不可抵赖性为安全目的，来实施和提供安全服务的具有普适性的安全基础设施。

数字证书：一个数据结构，是一种由一个可信任的权威机构签署的信息集合。在不同的应用中有不同的证书。如 X.509 证书必须包含下列信息：①版本号；②序列号；③签名算法标识符；④认证机构；⑤有效期限；⑥主题信息；⑦认证机构的数字签名；⑧公钥信息。

公钥证书主要用于确保公钥及其与用户绑定关系的安全。这个公钥就是证书所标识的那个主体的合法的公钥。任何一个用户只要知道签证机构的公钥，就能检查对证书签名的合法性。如果检查正确，那么用户就可以相信那个证书所携带的公钥是真实的，而且这个公钥就是证书所标识的那个主体的合法公钥。例如驾照。

签证机构（CA）：负责签发、管理和撤销证书，是所有注册用户所信赖的权威机构，CA 在给用户签发证书时要加上自己的数字签名，以保证证书信息的真实性。任何机构可以用 CA 的公钥来验证该证书的合法性。

5.2.3　网络安全技术

1. 防火墙

防火墙是在内部网络和外部因特网之间增加的一道安全防护措施，分为网络级防火墙和应用级防火墙。

网络级防火墙层次低，但是效率高，因为其使用包过滤和状态监测手段，一般只检验网络包外在（起始地址、状态）属性是否异常，若异常，则过滤掉，不与内网通信，因此对应用和用户是透明的。但是如果遇到伪装的危险数据包就没办法过滤。此时，就要依靠**应用级防火墙**，层次高，效率低，因为应用级防火墙会将网络包拆开，具体检查里面的数据是否有问题，会消耗大量时间，造成效率低下，但是安全强度高。

2. 入侵检测系统（IDS）

防火墙技术主要是分隔来自外网的威胁，却对来自内网的直接攻击无能为力，此时就要用到入侵检测技术，位于防火墙之后的第二道屏障，作为防火墙技术的补充。

原理：监控当前系统或用户行为，使用入侵检测分析引擎进行分析，这里包含一个知识库系统，囊括了历史行为、特定行为模式等操作，将当前行为和知识库进行匹配，就能检测出当前行为是否是入侵行为，如果是入侵，则记录证据并上报给系统和防火墙，交由它们处理。

不同于防火墙，IDS 是一个监听设备，没有跨接在任何链路上，无须网络流量流经它便可以工作。因此，对 IDS 的部署，唯一的要求是 IDS 应当挂接在所有所关注流量都必须流经的链路上。因此，IDS 在交换式网络中的位置一般选择：①尽可能靠近攻击源；②尽可能靠近受保护资源。

3. 入侵防御系统（IPS）

IDS 和防火墙技术都是在入侵行为已经发生后所做的检测和分析，而 IPS 是能够提前发现入侵行为，在其还没有进入安全网络之前就防御。串联接入网络，因此可以自动切换网络。

在安全网络之前的链路上挂载入侵防御系统（IPS），可以实时检测入侵行为，并直接进行阻断，这是与 IDS 的区别。

4. 杀毒软件

用于检测和解决计算机病毒，与防火墙和 IDS 要区分开，计算机病毒要靠杀毒软件，防火墙是处理网络上的非法攻击。

5. 蜜罐系统

伪造一个蜜罐网络引诱黑客攻击，蜜罐网络被攻击不影响安全网络，并且可以借此了解黑客攻击的手段和原理，从而对安全系统进行升级和优化。

6. 网络攻击和威胁

网络攻击和威胁见表 5-1。

表 5-1　网络攻击和威胁

攻击类型	攻击名称	描述
被动攻击	窃听（网络监听）	用各种可能的合法或非法的手段窃取系统中的信息资源和敏感信息
	业务流分析	通过对系统进行长期监听，利用统计分析方法对诸如通信频度、通信的信息流向、通信总量的变化等参数进行研究，从而发现有价值的信息和规律
	非法登录	有些资料将这种方式归为被动攻击方式

续表

攻击类型	攻击名称	描述
主动攻击	假冒身份	通过欺骗通信系统（或用户）达到非法用户冒充成为合法用户，或者特权小的用户冒充成为特权大的用户的目的。黑客大多是来用假冒进行攻击
	抵赖	这是一种来自用户的攻击，比如：否认自己曾经发布过的某条消息、伪造一份对方来信等
	旁路控制	攻击者利用系统的安全缺陷或安全性上的脆弱之处获得非授权的权利或特权
	重放攻击	所截获的某次合法的通信数据拷贝，出于非法的目的而被重新发送
	拒绝服务（DoS）	对信息或其他资源的合法访问被无条件地阻止

7. 计算机病毒和木马

病毒：编制或者在计算机程序中插入的破坏计算机功能或者破坏数据，影响计算机使用并且能够自我复制的一组计算机指令或程序代码。

病毒具有传染性、隐蔽性、潜伏性、破坏性、针对性、衍生性、寄生性、未知性。

木马：是一种后门程序，常被黑客用作控制远程计算机的工具，隐藏在被控制电脑上的一个小程序中，监控电脑一切操作并盗取信息。

代表性病毒实例包括以下几种。

蠕虫病毒（感染 exe 文件）：熊猫烧香、罗密欧与朱丽叶、恶鹰、尼姆达、冲击波、欢乐时光。

木马：QQ 消息尾巴木马、特洛伊木马、X 卧底。

宏病毒（感染 Word、Excel 等文件中的宏变量）：美丽沙、台湾 1 号。

CIH 病毒：史上唯一破坏硬件的病毒。

红色代码：蠕虫病毒+木马。

5.2.4 网络安全协议

物理层主要使用物理手段，隔离、屏蔽物理设备等，其他层都是靠协议来保证传输的安全，具体安全协议如下。

（1）SSL 协议：安全套接字协议，被设计为加强 Web 安全传输（HTTP/HTTPS/）的协议，安全性高，和 HTTP 结合之后，形成 HTTPS 安全协议，端口号为 443。

（2）SSH 协议：安全外壳协议，被设计为加强 Telnet/FTP 安全的传输协议。

（3）SET 协议：安全电子交易协议主要应用于 B2C 模式（电子商务）中保障支付信息的安全性。SET 协议本身比较复杂，设计比较严格，安全性高，它能保证信息传输的机密性、真实性、完整性和不可否认性。SET 协议是 PKI 框架下的一个典型实现，同时也在不断升级和完善，如 SET 2.0 将支持借记卡电子交易。

（4）Kerberos 协议：是一种网络身份认证协议，该协议的基础是基于信任第三方，它提供了在开放型网络中进行身份认证的方法，认证实体可以是用户也可以是用户服务。这种认证不依赖宿主机的操作系统或计算机的 IP 地址，不需要保证网络上所有计算机的物理安全性，并且假定数据包在传输中可被随机窃取和篡改。

（5）PGP 协议（安全电子邮件协议）：使用 RSA 公钥证书进行身份认证，使用 IDEA（128 位密钥）进行数据加密，使用 MD5 进行数据完整性验证。

5.3　课后演练

- 　(1)　协议在终端设备与远程站点之间建立安全连接。

　　（1）A．ARP　　　　　　　B．Telnet　　　　　　C．SSH　　　　　　　D．WEP

- 安全需求可划分为物理线路安全、网络安全、系统安全和应用安全。下面的安全需求中属于系统安全的是　(2)　，属于应用安全的是　(3)　。

　　（2）A．机房安全　　　B．入侵安全　　　　C．漏洞补丁管理　　D．数据库安全

　　（3）A．机房安全　　　B．入侵安全　　　　C．漏洞补丁管理　　D．数据库安全

- 　(4)　不属于主动攻击。

　　（4）A．流量分析　　　B．重放　　　　　　C．IP 地址欺骗　　　D．拒绝服务

- 防火墙不具备　(5)　功能。

　　（5）A．记录访问过程　B．查毒　　　　　　C．包过滤　　　　　D．代理

- 传输经过 SSL 加密的网页所采用的协议是　(6)　。

　　（6）A．HTTP　　　　　B．HTTPS　　　　　C．S-HTTP　　　　　D．HTTP-S

- 为了攻击远程主机，通常利用　(7)　技术检测远程主机状态。

　　（7）A．病毒查杀　　　B．端口扫描　　　　C．QQ 聊天　　　　　D．身份认证

- 可用于数字签名的算法是　(8)　。

　　（8）A．RSA　　　　　　B．IDEA　　　　　　C．RC4　　　　　　　D．MD5

- 　(9)　不是数字签名的作用。

　　（9）A．接收者可验证消息来源的真实性　　　B．发送者无法否认发送过该消息

　　　　C．接收者无法伪造或篡改消息　　　　　D．可验证接收者合法性

- 以下加密算法中适合对大量的明文消息进行加密传输的是　(10)　。

　　（10）A．RSA　　　　　B．SHA-1　　　　　C．MD5　　　　　　　D．RC5

- 假定用户 A、B 分别在 I1 和 I2 两个 CA 处取得了各自的证书，下面　(11)　是 A、B 互信的必要条件。

　　（11）A．A、B 互换私钥　　　　　　　　B．A、B 互换公钥

　　　　C．I1、I2 互换私钥　　　　　　　　D．I1、I2 互换公钥

5.4 课后演练答案解析

（1）**答案**：C

解析：涉及远程连接的概念，应该想到远程连接协议 Telnet，然而这个题目有一个陷阱，强调安全连接，实际上考的是加强 Telnet/FTP 安全的传输协议，即 SSH。

（2）（3）**答案**：C D

解析：从各级安全需求字面上也可以理解，物理线路就是物理设备、物理环境；网络指网络上的攻击、入侵；系统指的是操作系统漏洞、补丁等；应用就是上层的应用软件，包括数据库软件。

（4）**答案**：A

解析：很明显，流量分析不属于一种攻击手段，更不是主动攻击，是合法分析。

（5）**答案**：B

解析：防火墙是在内网和外网之间建立一道防御，用于记录访问过程并过滤无效包，但不具备查毒功能，与杀毒软件不同。

（6）**答案**：B

解析：http 是网页采用的超文本传输协议，https 是 http+ssl，其中 ssl 协议是用来保证安全传输的。

（7）**答案**：B

解析：根据题意，是在攻击之前如何检测，很明显 A、C、D 项错误，攻击之前一般会对远程主机端口进行扫描，看看有无开放的端口可以利用，之前的比特币勒索病毒就是利用端口攻击。

（8）**答案**：A

解析：数字签名的原理是使用私钥加密，公钥解密，是一种非对称加密算法。

（9）**答案**：D

解析：由于数字签名使用发送者独有的私钥加密，则必然能唯一标识该发送者的身份，可以验证消息来源，发送者无法否认，接收者也无法伪造，但不能验证接收者。

（10）**答案**：D

解析：对大量数据加密，则必然是对称加密算法，RSA 是非对称加密算法，MD5 和 SHA-1 是哈希算法，只有 RC5 是对称加密算法。

（11）**答案**：D

解析：A、B 互信是查看对方的数字证书是否合法，而数字证书是由 I1 和 I2 颁发的。数字证书是由颁发机构对其进行数字签名，因此合法的证书应该由 I1 和 I2 分别用各自私钥对其进行数字签名，要验证二者是否合法，就必须使用二者的公钥来验证签名的正确性，因此 I1 和 I2 要互换公钥。

第6章

软件工程基础知识

6.1 备考指南

系统开发基础主要考查的是软件工程基础、软件开发方法、系统分析、设计、测试及运行和维护等相关知识，按软件开发生命周期来展开相关内容，在软件设计师的考试中在选择题里考查，约占8分，属于最重点章节之一。

6.2 考点梳理及精讲

6.2.1 软件工程基础

1. 软件工程基本原理

用分阶段的生命周期计划严格管理、坚持进行阶段评审、实现严格的产品控制、采用现代程序设计技术、结果应能清楚地审查、开发小组的人员应少而精、承认不断改进软件工程实践的必要性。

2. 软件工程的基本要素

方法、工具、过程。

3. 信息系统五阶段生命周期

（1）系统规划阶段：任务是对组织的环境、目标及现行系统的状况进行初步调查，根据组织目标和发展战略确定信息系统的发展战略，对建设新系统的需求做出分析和预测，同时考虑建设新系统所受的各种约束，研究建设新系统的必要性和可能性。根据需要与可能，给出拟建系统的备选方案。

输出：可行性研究报告、系统设计任务书。

（2）系统分析阶段：任务是根据系统设计任务书所确定的范围，对现行系统进行详细调查，描述现行系统的业务流程，指出现行系统的局限性和不足之处，确定新系统的基本目标和逻辑功能要求，即提出新系统的逻辑模型。系统分析阶段又称为逻辑设计阶段。这个阶段是整个系统建设的关键阶段，也是信息系统建设与一般工程项目的重要区别所在。

输出：系统说明书。

（3）系统设计阶段：系统分析阶段的任务是回答系统"做什么"的问题，而系统设计阶段要回答的问题是"怎么做"。该阶段的任务是根据系统说明书中规定的功能要求，具体设计实现逻辑模型的技术方案，也就是设计新系统的物理模型。这个阶段又称为物理设计阶段，可分为总体设计（概要设计）和详细设计两个子阶段。

输出：系统设计说明书（概要设计、详细设计说明书）。

（4）系统实施阶段：是将设计的系统付诸实施的阶段。这一阶段的任务包括计算机等设备的购置、安装和调试、程序的编写和调试、人员培训、数据文件转换、系统调试与转换等。这个阶段的特点是几个互相联系、互相制约的任务同时展开，必须精心安排、合理组织。系统实施是按实施计划分阶段完成的，每个阶段应写出实施进展报告。系统测试之后写出系统测试分析报告。

输出：实施进展报告、系统测试分析报告。

（5）系统运行和维护阶段：系统投入运行后，需要经常进行维护和评价，记录系统运行的情况，根据一定的规则对系统进行必要的修改，评价系统的工作质量和经济效益。

4．软件生存周期

可行性分析与项目开发计划、需求分析、概要设计（选择系统解决方案，规划子系统）、详细设计（设计子系统内部具体实现）、编码、测试、维护。

5．能力成熟度模型（Capability Maturity Model，CMM）

对软件组织化阶段的描述，随着软件组织定义、实施、测量、控制和改进其软件过程，软件组织的能力经过这些阶段逐步提高。针对软件研制和测试阶段。分为表6-1所示的五个级别。

表6-1　CMM级别

能力等级	特点	关键过程区域
初始级（Initial）	软件过程的特点是杂乱无章，有时甚至很混乱，几乎没有明确定义的步骤，项目的成功完全依赖个人的努力和英雄式核心人物的作用	
可重复级（Repeatable）	建立了基本的项目管理过程和实践来跟踪项目费用、进度和功能特性，有必要的过程准则来重复以前在同类项目中的成功	软件配置管理、软件质量保证、软件子合同管理、软件项目跟踪与监督、软件项目策划、软件需求管理
已定义级（Defined）	管理和工程两方面的软件过程已经文档化、标准化，并综合成整个软件开发组织的标准软件过程。所有项目都采用根据实际情况修改后得到的标准软件过程来开发和维护软件	同行评审、组间协调、软件产品工程、集成软件管理、培训大纲、组织过程定义、组织过程集点
已管理级（Managed）	制定了软件过程和产品质量的详细度量标准。对软件过程和产品质量有定量的理解和控制	软件质量管理和定量过程管理
优化级（Optimized）	加强了定量分析，通过来自过程质量反馈和来自新观念、新技术的反馈使过程能不断持续地改进	过程更改管理、技术改革管理和缺陷预防

6. 能力成熟度模型集成（Capability Maturity Model Integration，CMMI）

CMMI 是若干过程模型的综合和改进，不仅仅是软件，而是支持多个工程学科和领域的、系统的、一致的过程改进框架，能适应现代工程的特点和需要，能提高过程的质量和工作效率。

CMMI 有两种表示方法：

（1）阶段式模型：类似于 CMM，它关注组织的成熟度，五个成熟度级别见表 6-2。

表 6-2　CMMI 阶段式模型成熟度级别

能力等级	特点	关键过程区域
初始级	过程不可预测且缺乏控制	
已管理级	过程为项目服务	需求管理、项目计划、配置管理、项目监督与控制、供应商合同管理、度量和分析、过程和产品质量保证
已定义级	过程为组织服务	需求开发、技术解决方案、产品集成、验证、确认组织级过程焦点、组织级过程定义、组织级培训、集成项目管理、风险管理、集成化的团队、决策分析和解决方案、组织级集成环境
定量管理	过程已度量和控制	组织过程性能、定量项目管理
优化级	集中于过程改进和优化	组织级改革与实施、因果分析和解决方案

（2）连续式模型：关注每个过程域的能力，一个组织对不同的过程域可以达到不同的过程域能力等级。

7. 软件过程模型

瀑布模型（SDLC）：结构化方法中的模型，是结构化的开发，开发流程如同瀑布一般，一步一步地走下去，直到最后完成项目开发，只适用于需求明确或者二次开发（需求稳定），当需求不明确时，最终开发的项目会产生错误，有很大的缺陷。

原型模型：与瀑布模型相反，原型针对的就是需求不明确的情况，首先快速构造一个功能模型，演示给用户看，并按用户要求及时修改，中间再通过不断地演示与用户沟通，最终设计出项目，就不会出现与用户要求不符合的情况，采用的是迭代的思想。不适合超大项目开发。

增量模型：首先开发核心模块功能，而后与用户确认，之后再开发次核心模块的功能，即每次开发一部分功能，并与用户需求确认，最终完成项目开发，优先级最高的服务最先交付，但由于并不是从系统整体角度规划各个模块，因此不利于模块划分。难点在于如何将客户需求划分为多个增量。与原型不用的是，增量模型的每一次增量版本都可作为独立可操作的作品，而原型的构造一般是为了演示。

螺旋模型：是多种模型的混合，针对需求不明确的项目，与原型类似，但是增加了风险分析，这也是其最大的特点。适合大型项目开发。

V 模型：特点是增加了很多轮测试，并且这些测试贯穿于软件开发的各个阶段，不像其他都是软件开发完再测试，很大程度上保证了项目的准确性。V 模型开发和测试级别对应如图 6-1 所示。

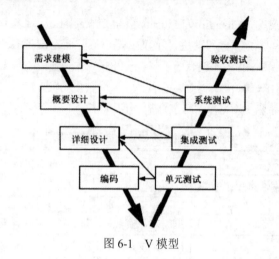

图 6-1　V 模型

喷泉模型：特点是面向对象的模型，而上述其他的模型都是结构化的模型，使用了迭代思想和无间隙开发。

基于构件的开发模型 CBSD：特点是增强了复用性，在系统开发过程中，会构建一个构件库，供其他系统复用，因此可以提高可靠性，节省时间和成本。

形式化方法模型：建立在严格数学基础上的一种软件开发方法，主要活动是生成计算机软件形式化的数学规格说明。

8．软件开发方法

上述的软件过程模型基本都可归属于以下开发方法中，注意每种软件开发方法的特点。

（1）结构化方法。

结构是指系统内各个组成要素之间的相互联系、相互作用的框架。结构化方法也称为生命周期法，是一种传统的信息系统开发方法，由结构化分析（Structured Analysis，SA）、结构化设计（Structured Design，SD）和结构化程序设计（Structured Programming，SP）三部分有机组合而成，其精髓是自顶向下、逐步求精和模块化设计。

1）结构化方法的主要特点。

①开发目标清晰化。结构化方法的系统开发遵循"用户第一"的原则。

②开发工作阶段化。每个阶段工作完成后，要根据阶段工作目标和要求进行审查，这使各阶段工作有条不紊地进行，便于项目管理与控制。

③开发文档规范化。结构化方法每个阶段工作完成后，要按照要求完成相应的文档，以保证各个工作阶段的衔接与系统维护工作的遍历。

④设计方法结构化。在系统分析与设计时，从整体和全局考虑，自顶向下地分解；在系统实现时，根据设计的要求，先编写各个具体的功能模块，然后自底向上逐步实现整个系统。

2）结构化方法的不足和局限。

①开发周期长：按顺序经历各个阶段，直到实施阶段结束后，用户才能使用系统。

②难以适应需求变化：不适用于需求不明确或经常变更的项目。

③很少考虑数据结构：结构化方法是一种面向数据流的开发方法，很少考虑数据结构。

3）结构化方法常用工具。

结构化方法一般利用图形表达用户需求，常用工具有数据流图、数据字典、结构化语言、判定表以及判定树等。

（2）面向对象方法。

面向对象（Object-Oriented，OO）方法认为，客观世界是由各种对象组成的，任何事物都是对象，每一个对象都有自己的运动规律和内部状态，都属于某个对象类，是该对象类的一个元素。复杂的对象可由相对简单的各种对象以某种方式而构成，不同对象的组合及相互作用就构成了系统。

1）面向对象方法的特点。

使用 OO 方法构造的系统具有更好的复用性，其关键在于建立一个全面、合理、统一的模型（用例模型和分析模型）。

OO 方法也划分阶段，但其中的系统分析、系统设计和系统实现三个阶段之间已经没有"缝隙"。也就是说，这三个阶段的界限变得不明确，某项工作既可以在前一个阶段完成，也可以在后一个阶段完成；前一个阶段工作做得不够细，在后一个阶段可以补充。

面向对象方法可以普遍适用于各类信息系统的开发。

2）面向对象方法的不足之处。

必须依靠一定的面向对象技术支持，在大型项目的开发上具有一定的局限性，不能涉足系统分析以前的开发环节。

当前，一些大型信息系统的开发，通常是将结构化方法和 OO 方法结合起来。首先，使用结构化方法进行自顶向下的整体划分，然后，自底向上地采用 OO 方法进行开发。因此，结构化方法和 OO 方法仍是两种在系统开发领域中相互依存的、不可替代的方法。

（3）原型化方法。

原型化方法也称为快速原型法，或者简称为原型法。它是一种根据用户初步需求，利用系统开发工具，快速地建立一个系统模型展示给用户，在此基础上与用户交流，最终实现用户需求的信息系统快速开发的方法。

1）原型化方法的分类。

①按是否实现功能分类。水平原型（行为原型，功能的导航）、垂直原型（结构化原型，实现了部分功能）。

②按最终结果分类。抛弃式原型、演化式原型。

2）原型法的特点。

原型法可以使系统开发的周期缩短、成本和风险降低、速度加快，获得较高的综合开发效益。

原型法是以用户为中心来开发系统的，用户参与的程度大大提高，开发的系统符合用户的需求，因而增加了用户的满意度，提高了系统开发的成功率。

由于用户参与了系统开发的全过程，对系统的功能和结构容易理解和接受，有利于系统的移交，有利于系统的运行与维护。

3）原型法的不足之处。

开发的环境要求高，管理水平要求高。

由以上的分析可以看出，原型法的优点主要在于能更有效地确认用户需求。从直观上来看，原型法适用于那些需求不明确的系统开发。事实上，对于分析层面难度大、技术层面难度不大的系统，适合于原型法开发。

从严格意义上来说，目前的原型法不是一种独立的系统开发方法，而只是一种开发思想，它只支持在系统开发早期阶段快速生成系统的原型，没有规定在原型构建过程中必须使用哪种方法。因此，它不是完整意义上的方法论体系。这就注定了原型法必须与其他信息系统开发方法结合使用。

（4）面向服务的方法。

面向服务（Service-Oriented，SO）的方法进一步将接口的定义与实现进行解耦，则催生了服务和面向服务的开发方法。

从应用的角度来看，组织内部、组织之间各种应用系统的互相通信和互操作性直接影响着组织对信息的掌握程度和处理速度。如何使信息系统快速响应需求与环境变化，提高系统可复用性、信息资源共享和系统之间的互操作性，成为影响信息化建设效率的关键问题，而 SO 的思维方式恰好满足了这种需求。

（5）Jackson 方法：面向数据结构的开发方法，适合于小规模的项目。

（6）敏捷开发。针对中小型项目，主要是为了给程序员减负，去掉一些不必要的会议和文档。指代一组模型（极限编程、自适应开发、水晶方法等），这些模型都具有相同的原则和价值观，具体如图 6-2 所示。

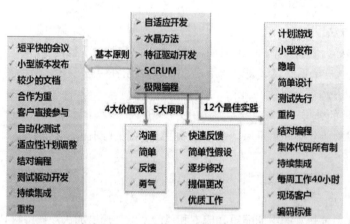

图 6-2 敏捷开发总体结构

开发宣言：个体和交互胜过过程和工具；可以工作的软件胜过面面俱到的文档；客户合作胜过合同谈判；响应变化胜过遵循计划。

敏捷开发的重要概念有以下 6 个。

1）结对编程：一个程序员开发，另一个程序员在一旁审查代码，能够有效地提高代码质量，在开发的同时对代码进行初步审查，共同对代码负责。

2）自适应开发：强调开发方法的适应性（Adaptive）。不像其他方法那样有很多具体的实践做法，它更侧重为软件的重要性提供最根本的基础，并从更高的组织和管理层次来阐述开发方法为什么要具备适应性。

3）水晶方法：每一个不同的项目都需要一套不同的策略、约定和方法论。

4）特性驱动开发：是一套针对中小型软件开发项目的开发模式。是一个模型驱动的快速迭代开发过程，它强调的是简化、实用、易于被开发团队接受，适用于需求经常变动的项目。

5）极限编程（XP）：核心是沟通、简明、反馈和勇气。因为知道计划永远赶不上变化，XP 无需开发人员在软件开始初期做出很多的文档。XP 提倡测试先行，为了将以后出现 bug 的几率降到最低。

6）并列争球法（SCRUM）：是一种迭代的增量化过程，把每段时间（30 天）一次的迭代称为一个"冲刺"，并按需求的优先级别来实现产品，多个自组织和自治的小组并行地递增实现产品。

（7）统一过程（Rational Unified Process，RUP）。

RUP 提供了在开发组织中分派任务和责任的纪律化方法。它的目标是在可预见的日程和预算前提下，确保满足最终用户需求的高质量产品。

1）3 个显著特点：用例驱动、以架构为中心、迭代和增量。

2）4 个流程：初始阶段、细化阶段、构建阶段和交付阶段。每个阶段结束时都要安排一次技术评审，以确定这个阶段的目标是否已经达到。

适用于一个通用过程框架，可以用于种类广泛的软件系统、不同的应用领域、不同的组织类型、不同的性能水平和不同的项目规模。

6.2.2　需求工程

1. 软件需求

软件需求是指用户对系统在功能、行为、性能、设计约束等方面的期望，是指用户解决问题或达到目标所需的条件或能力，是系统或系统部件要满足合同、标准、规范或其他正式规定文档所需具有的条件或能力，以及反映这些条件或能力的文档说明。

软件需求分为需求开发和需求管理两大过程，其中，需求开发包括：需求获取、需求分析、需求定义、需求验证四个阶段。需求管理包括：变更控制、版本控制、需求跟踪、需求状态跟踪四个方面。

需求的层次分为业务需求、用户需求、系统需求。

（1）业务需求：反映企业或客户对系统高层次的目标要求，通常来自项目投资人、客户、市场营销部门或产品策划部门。通过业务需求可以确定项目视图和范围。

（2）用户需求：描述的是用户的具体目标，或用户要求系统必须能完成的任务。即描述了用户能使用系统来做什么。通常采取用户访谈和问卷调查等方式，对用户使用的场景进行整理，从而建立用户需求。

（3）系统需求：从系统的角度来说明软件的需求，包括功能需求、非功能需求和设计约束等。

1）功能需求：也称为行为需求，规定了开发人员必须在系统中实现的软件功能，用户利用这些功能来完成任务，满足业务需要。

2）非功能需求：指系统必须具备的属性或品质，又可以细分为软件质量属性（如可维护性、可靠性、效率等）和其他非功能需求。

3）设计约束：也称为限制条件或补充规约，通常是对系统的一些约束说明，例如必须采用国有自主知识产权的数据库系统，必须运行在 UNIX 操作系统之下等。

质量功能部署（Quality Function Deployment，QFD）是一种将用户要求转化成软件需求的技术，其目的是最大限度地提升软件工程过程中用户的满意度。为了达到这个目标，QFD 将软件需求分为三类，分别是常规需求、期望需求和意外需求。

（1）常规需求：用户认为系统应该做到的功能或性能，实现越多用户会越满意。

（2）期望需求：用户想当然认为系统应具备的功能或性能，但并不能正确描述自己想要得到的这些功能或性能需求。如果期望需求没有得到实现，会让用户感到不满意。

（3）意外需求：意外需求也称为兴奋需求，是用户要求范围外的功能或性能（但通常是软件开发人员很乐意赋予系统的技术特性），实现这些需求用户会更高兴，但不实现也不影响其购买的决策。

2．需求获取

需求获取是一个确定和理解不同的项目干系人的需求和约束的过程。

常见的需求获取法包括 6 个方面。

（1）用户访谈：1 对 1~3，有代表性的用户。其形式包括结构化和非结构化两种。

（2）问卷调查：用户多，无法一一访谈。

（3）采样：从种群中系统地选出有代表性的样本集的过程。样本数量=0.25×(可信度因子/错误率)^2。

（4）情节串联板：一系列图片，通过这些图片来讲故事。

（5）联合需求计划（JRP）：联合各个关键用户代表、系统分析师、开发团队代表一起，通过有组织的会议来讨论需求。

（6）需求记录技术：任务卡片、场景说明、用户故事、Volere 白卡。

3．需求分析

一个好的需求应该具有无二义性、完整性、一致性、可测试性、确定性、可跟踪性、正确性、必要性等特性，因此，需要分析人员把杂乱无章的用户要求和期望转化为用户需求，这就是需求分析的工作。

（1）需求分析的任务。

1）绘制系统上下文范围关系图。

2）创建用户界面原型。

3）分析需求的可行性。

4）确定需求的优先级。

5）为需求建立模型。

6）创建数据字典。

7）使用 QFD。

（2）结构化的需求分析。

1）结构化特点：自顶向下，逐步分解，面向数据。

2）三大模型：功能模型（数据流图）、行为模型（状态转换图）、数据模型（E-R 图）以及数据字典，如图 6-3 所示。

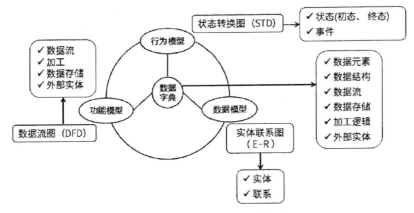

图 6-3　结构化分析三大模型

4. 需求定义

软件需求规格说明书（Software Requirement Specification，SRS）是需求开发活动的产物，编制该文档的目的是使项目干系人与开发团队对系统的初始规定有一个共同的理解，使之成为整个开发工作的基础。SRS 是软件开发过程中最重要的文档之一，对于任何规模和性质的软件项目都不应该缺少。

需求定义有 2 种方法。

（1）严格定义也称为预先定义，需求的严格定义建立在以下的基本假设之上：所有需求都能够被预先定义。开发人员与用户之间能够准确而清晰地交流。采用图形（或文字）可以充分体现最终系统。

（2）原型方法，迭代的循环型开发方式。需要注意的问题：并非所有的需求都能在系统开发前被准确地说明。项目干系人之间通常都存在交流上的困难，原型提供了克服该困难的一个手段。特点：需要实际的、可供用户参与的系统模型。有合适的系统开发环境。反复是完全需要和值得提倡的，需求一旦确定，就应遵从严格的方法。

5. 需求验证

需求验证也称为需求确认，目的是与用户一起确认需求无误，对需求规格说明书 SRS 进行评审和测试，包括两个步骤。

需求评审：正式评审和非正式评审。

需求测试：设计概念测试用例。

需求验证通过后，要请用户签字确认，作为验收标准之一，此时，这个需求规格说明书就是需求基线，不可以再随意更新，如果需要更改必须走需求变更流程。

6. 需求管理

定义需求基线：通过了评审的需求说明书就是需求基线，下次如果需要变更需求，就需要按照流程来一步步进行。需求的流程及状态如图 6-4 所示。

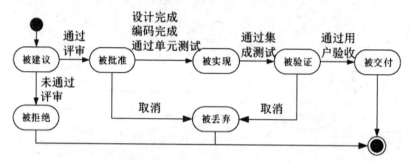

图 6-4 需求的流程及状态

7. 需求变更和风险

主要关心需求变更过程中的需求风险管理，带有风险的做法有无足够用户参与、忽略了用户分类、用户需求的不断增加、模棱两可的需求、不必要的特性、过于精简的 SRS、不准确的估算。

变更产生的原因：外部环境的变化、需求和设计做得不够完整、新技术的出现、公司机构重组造成业务流程的变化。

变更控制委员会（CCB）：也称为配置控制委员会，其任务是对建议的配置项变更做出评价、审批，以及监督已经批准变更的实施。

8. 需求跟踪

双向跟踪，分为正常跟踪和反向跟踪两个层次，如图 6-5 所示。

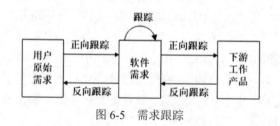

图 6-5 需求跟踪

正向跟踪表示用户原始需求是否都实现了，反向跟踪表示软件实现的是否都是用户要求的，不多不少，可以用原始需求和用例表格（需求跟踪矩阵）来表示。

若原始需求和用例有对应，则在对应栏打对号，若某行都没有对号，表明原始需求未实现，正向跟踪发现问题；若某列都没有对号，表明有多余功能用例，软件实现了多余功能，反向跟踪发现问题。

6.2.3 系统设计

1. 系统设计概述

系统设计主要目的：为系统制定蓝图，在各种技术和实施方法中权衡利弊，精心设计，合理地使用各种资源，最终勾画出新系统的详细设计方法。

系统设计方法：结构化设计方法，面向对象设计方法。

系统设计的主要内容：概要设计、详细设计。

概要设计基本任务：又称为系统总体结构设计，是将系统的功能需求分配给软件模块，确定每个模块的功能和调用关系，形成软件的模块结构图，即系统结构图。

详细设计的基本任务：模块内详细算法设计、模块内数据结构设计、数据库的物理设计、其他设计（代码、输入/输出格式、用户界面）、编写详细设计说明书、评审。

系统设计基本原理：

（1）抽象化。

（2）自顶而下，逐步求精。

（3）信息隐蔽。

（4）模块独立（高内聚，低耦合）。

（5）系统设计原则。

（6）保持模块的大小适中。

（7）尽可能减少调用的深度。

（8）多扇入，少扇出。

（9）单入口，单出口。

（10）模块的作用域应该在模块之内。

（11）功能应该是可预测的。

2. 人机界面设计

人机界面设计的三大原则：置于用户控制之下、减少用户的记忆负担、保持界面的一致性。

（1）置于用户的控制之下。

1）以不强迫用户进入不必要的或不希望的动作的方式来定义交互。

2）提供灵活的交互。

3）允许用户交互可以被中断和取消。

4）当技能级别增加时可以使交互流水化并允许定制交互。

5）使用户隔离内部技术细节。

6）设计应允许用户和出现在屏幕上的对象直接交互。

（2）减少用户的记忆负担。

1）减少对短期记忆的要求。

2）建立有意义的缺省。

3）定义直觉性的捷径。

4）界面的视觉布局应该基于真实世界的隐喻。

5）以不断进展的方式揭示信息。

（3）保持界面的一致性。

1）允许用户将当前任务放入有意义的语境。

2）在应用系列内保持一致性。

3）如过去的交互模型已建立起了用户期望，除非有迫不得已的理由，不要去改变它。

6.2.4　测试基础知识

1. 测试基础

（1）测试原则。

1）应尽早并不断地进行测试。

2）测试工作应该避免由原开发软件的人或小组承担。

3）在设计测试方案时，不仅要确定输入数据，而且要根据系统功能确定预期的输出结果。

4）既包含有效、合理的测试用例，也包含不合理、失效的用例。

5）检验程序是否做了该做的事，且是否做了不该做的事。

6）严格按照测试计划进行。

7）妥善保存测试计划和测试用例。

8）测试用例可以重复使用或追加测试。

（2）测试类型。

按照是否在计算机上运行程序，可以分为两大类。

1）动态测试：程序运行时测试。

黑盒测试法：功能性测试，不了解软件代码结构，根据功能设计用例，测试软件功能。

白盒测试法：结构性测试，明确代码流程，根据代码逻辑设计用例，进行用例覆盖。

灰盒测试法：即既有黑盒，也有白盒。

2）静态测试：程序静止时，即对代码进行人工审查。

桌前检查：程序员检查自己编写的程序，在程序编译后，单元测试前。

代码审查：由若干个程序员和测试人员组成评审小组，通过召开程序评审会来进行审查。

代码走查：也是采用开会来对代码进行审查，但并非简单的检查代码，而是由测试人员提供测试用例，让程序员扮演计算机的角色，手动运行测试用例，检查代码逻辑。

（3）测试策略。

1）自底向上：从最底层模块开始测试，需要编写驱动程序，而后开始逐一合并模块，最终完成整个系统的测试。优点是较早地验证了底层模块。

2）自顶向下：先测试整个系统，需要编写桩程序，而后逐步向下直至最后测试最底层模块。优点是较早地验证了系统的主要控制和判断点。

3）三明治：既有自底向上也有自顶向下的测试方法，二者都包括。兼有二者的优点，缺点是测试工作量大。

2．测试阶段

（1）单元测试：也称为模块测试，测试的对象是可独立编译或汇编的程序模块、软件构件或 OO 软件中的类（统称为模块），测试依据是软件详细设计说明书。

（2）集成测试：目的是检查模块之间，以及模块和已集成的软件之间的接口关系，并验证已集成的软件是否符合设计要求。测试依据是软件概要设计文档。

（3）确认测试：主要用于验证软件的功能、性能和其他特性是否与用户需求一致。根据用户的参与程度，通常包括以下类型。

内部确认测试：主要由软件开发组织内部按照 SRS 进行测试。

Alpha 测试：用户在开发环境下进行测试。

Beta 测试：用户在实际使用环境下进行测试，通过该测试后，产品才能交付用户。

验收测试：针对 SRS，在交付前以用户为主进行的测试。其测试对象为完整的、集成的计算机系统。验收测试的目的是，在真实的用户工作环境下，检验软件系统是否满足开发技术合同或 SRS。验收测试的结论是用户确定是否接收该软件的主要依据。除应满足一般测试的准入条件外，在进行验收测试之前，应确认被测软件系统已通过系统测试。

（4）系统测试：测试对象是完整的、集成的计算机系统；测试的目的是在真实系统工作环境下，验证完成的软件配置项能否和系统正确连接，并满足系统或子系统设计文档和软件开发合同规定的要求。测试依据是用户需求或开发合同。

主要内容包括功能测试、健壮性测试、性能测试、用户界面测试、安全性测试、安装与反安装测试等，其中，最重要的工作是进行功能测试与性能测试。功能测试主要采用黑盒测试方法；性能测试主要指标有响应时间、吞吐量、并发用户数和资源利用率等。

（5）配置项测试：测试对象是软件配置项，测试目的是检验软件配置项与 SRS 的一致性。测试的依据是 SRS。在此之间，应确认被测软件配置项已通过单元测试和集成测试。

（6）回归测试：测试目的是测试软件变更之后，变更部分的正确性和对变更需求的符合性，以及软件原有的、正确的功能、性能和其他规定的要求的不损害性。

3．测试用例设计

黑盒测试用例：将程序看做一个黑盒子，只知道输入输出，不知道内部代码，由此设计出测试用例，分为下面几类。

（1）等价类划分：把所有的数据按照某种特性进行归类，而后在每类的数据里选取一个即可。

等价类测试用例的设计原则：设计一个新的测试用例，使其尽可能多地覆盖尚未被覆盖的有效等价类，重复这一步，直到所有的有效等价类都被覆盖为止；设计一个新的测试用例，使其**仅覆盖一个尚未被覆盖的无效等价类**，重复这一步，直到所有的无效等价类都被覆盖为止。

（2）边界值划分：将每类的边界值作为测试用例，边界值一般为范围的两端值以及在此范围之外的与此范围间隔最小的两个值，如年龄范围为 0～150，边界值为 0、150、–1、151 四个值。

（3）错误推测：没有固定的方法，凭经验而言，来推测有可能产生问题的地方，作为测试用例进行测试。

（4）因果图：由一个结果来反推原因的方法，具体结果具体分析，没有固定方法。

白盒测试用例：知道程序的代码逻辑，按照程序的代码语句，来设计覆盖代码分支的测试用例，覆盖级别从低至高分为下面几种。

（1）语句覆盖（SC）：逻辑代码中的所有语句都要被执行一遍，覆盖层级最低，因为执行了所有的语句，不代表执行了所有的条件判断。

（2）判定覆盖（DC）：逻辑代码中的所有判断语句的条件的真假分支都要覆盖一次。

（3）条件覆盖（CC）：针对每一个判断条件内的每一个独立条件都要执行一遍真和假。

（4）条件判定组合覆盖（CDC）：同时满足判定覆盖和条件覆盖。

（5）路径覆盖：逻辑代码中的所有可行路径都覆盖了，覆盖层级最高。

具体示例如图 6-6 所示。

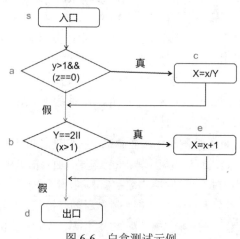

图 6-6　白盒测试示例

语句覆盖：

X=4，Y=2，Z=0，sacbed

判定覆盖又称为分支覆盖，根据图 6-6，要完成其覆盖需要下面两个测试用例。

X=1，Y=3，Z=0　sacbd

X=3，Y=2，Z=1　sabed

条件覆盖：

X=1，Y=2，Z=0　sacbed

X=2，Y=1，Z=1　sabed

条件判定覆盖：

X=4，Y=2，Z=0　sacbed

X=1，Y=1，Z=1　sabd

条件组合覆盖：根据图 6-6，每个判定里有两个条件，完成每个判定的两个条件的组合有 2^2=4 种，这里一共有两个判定，要注意的是，两个判定的条件组合可以共用，只需要四个测试用例即可，如下所示：

两个条件，4 种组合等

X=4，Y=2，Z=0　sacbed

X=1，Y=2，Z=1　sabed

X=2，Y=1，Z=0　sabed

X=1，Y=1，Z=1　sabd

路径覆盖：

X=1，Y=1，Z=1　sabd

X=3，Y=2，Z=0　sacbed

X=3，Y=3，Z=0　sacbd

X=1，Y=2，Z=1　sabed

4．调试

（1）测试与调试的区别。

测试是发现错误，调试是找出错误的代码和原因。

调试需要确定错误的准确位置；确定问题的原因并设法改正；改正后要进行回归测试。

（2）调试的方法。

蛮力法：又称为穷举法或枚举法，穷举出所有可能的方法再一一尝试。

回溯法：又称为试探法，按选优条件向前搜索，以达到目标，当发现原先选择并不优或达不到目标，就退回一步重新选择，这种走不通就退回再走的技术称为回溯法。

演绎法：是由一般到特殊的推理方法，与"归纳法"相反，从一般性的前提出发。得出具体陈述或个别结论的过程。

归纳法：是由特殊到一般的推理方法，从测试所暴露的问题出发，收集所有正确或不正确的数据，分析它们之间的关系，提出假想的错误原因，用这些数据来证明或反驳，从而查出错误所在。

5．软件度量

软件的两种属性：外部属性指面向管理者和用户的属性，可直接测量，一般为性能指标。内部属性指软件产品本身的的属性，如可靠性等，只能间接测量。

McCabe 度量法：又称为环路复杂度，假设有向图中有向边数为 m，节点数为 n，则此有向图的环路复杂度为 m–n+2。

注意： m 和 n 代表的含义不能混淆，可以用一个最简单的环路来做特殊值记忆此公式，另外，针对一个程序流程图，每一个分支边（连线）就是一条有向边，每一条语句（语句框）就是一个顶点。

6.2.5 系统运行与维护

1. 系统转换

遗留系统是指基本上不能进行修改和演化以满足新的业务需求的信息系统，通常具有以下特点。

（1）系统虽然能完成企业中许多重要的业务管理工作，但仍然不能完全满足要求。一般实现业务处理电子化及部分企业管理功能，很少涉及经营决策。

（2）系统在性能上已经落后，采用的技术已经过时。例如，多采用主机/终端形式或小型机系统，软件使用汇编语言或第三代程序设计语言的早期版本开发，使用文件系统而不是数据库。

（3）通常是大型的软件系统，已经融入企业的业务运作和决策管理机制之中，维护工作十分困难。

（4）没有使用现代信息系统建设方法进行管理和开发，现在基本上已经没有文档，很难理解。

针对遗留系统，有如图 6-7 所示的四种处理方法。

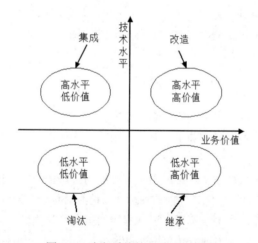

图 6-7　遗留系统的四种处理方法

系统转换是指新系统开发完毕，投入运行，取代现有系统的过程，需要考虑多方面的问题，以实现与老系统的交接，有以下三种转换计划。

（1）直接转换：现有系统被新系统直接取代，风险很大，适用于新系统不复杂，或者现有系统已经不能使用的情况。优点是节省成本。

（2）并行转换：新系统和老系统并行工作一段时间，新系统经过试运行后再取代，若新系统在试运行过程中有问题，也不影响现有系统的运行，风险极小，在试运行过程中还可以比较新老系统的性能，适用于大型系统。缺点是耗费人力和时间资源，难以控制两个系统间的数据转换。

（3）分段转换：分期分批逐步转换，是直接和并行转换的集合，将大型系统分为多个子系统，依次试运行每个子系统，成熟一个子系统，就转换一个子系统。同样适用于大型项目，只是更耗时，而且现有系统和新系统间混合使用，需要协调好接口等问题。

数据转换与迁移：将数据从旧数据库迁移到新数据库中。要在新系统中尽可能地保存旧系统中合理的数据结构，才能降低迁移的难度。也有三种方法：系统切换前通过工具迁移、系统切换前采用手工录入、系统切换后通过新系统生成。

2. 系统维护概述

系统的可维护性可以定义为维护人员理解、改正、改动和改进这个软件的难易程度，其评价指标如下。

（1）易分析性。软件产品诊断软件中的缺陷或失效原因或识别待修改部分的能力。

（2）易改变性。软件产品具有使指定的修改可以被实现的能力，实现包括编码、设计和文档的更改。

（3）稳定性。软件产品避免由于软件修改而造成意外结果的能力。

（4）易测试性。软件产品使已修改软件能被确认的能力。

（5）维护性的依从性。软件产品遵循与维护性相关的标准或约定的能力。

系统维护包括硬件维护、软件维护和数据维护，其中软件维护类型如下。

（1）正确性维护：发现了 bug 而进行的修改。

（2）适应性维护：由于外部环境发生了改变，被动进行的对软件的修改和升级。

（3）完善性维护：基于用户主动对软件提出更多的需求，修改软件，增加更多的功能，使其比之前的软件功能、性能更高，更加完善。

（4）预防性维护：对未来可能发生的 bug 进行预防性的修改。

6.3　课后演练

- 软件工程的基本要素包括方法、工具和___(1)___。

　　（1）A．软件系统　　　　B．硬件系统　　　　　C．过程　　　　　　D．人员

- 在___(2)___设计阶段选择适当的解决方案，将系统分解为若干个子系统，建立整个系统的体系结构。

　　（2）A．概要　　　　　B．详细　　　　　　　C．结构化　　　　　D．面向对象

- 某公司计划开发一种产品，技术含量很高，与客户相关的风险也很多，则最适于采用___(3)___开发过程模型。

　　（3）A．瀑布　　　　　B．原型　　　　　　　C．增量　　　　　　D．螺旋

- 在敏捷过程的方法中___(4)___认为每一个不同的项目都需要一套不同的策略、约定和方法论。

　　（4）A．极限编程（XP）　　　　　　　　　　B．水晶法（Crystal）

      C．并列争球法（Scrum）   D．自适应软件开发（ASD）

● 自底向上的集成测试策略的优点包括__(5)__。

  （5）A．主要的设计问题可以在测试早期处理   B．不需要写驱动程序

       C．不需要写桩程序   D．不需要进行回归测试

● 以下关于软件可维护性的叙述中，不正确的是"可维护性__(6)__"。

  （6）A．是衡量软件质量的一个重要特性

       B．不受软件开发文档的影响

       C．是软件开发阶段各个时期的关键目标

       D．可以从可理解性、可靠性、可测试性、可行性、可移植性等方面进行度量

● 若用户需求不清晰且经常发生变化，但系统规模不太大且不太复杂，则最适宜采用__(7)__开发方法，对于数据处理领域的问题，若系统规模不太大且不太复杂，需求变化也不大，则最适宜采用__(8)__开发方法。

  （7）A．结构化   B．Jackson   C．原型化   D．面向对象

  （8）A．结构化   B．Jackson   C．原型化   D．面向对象

● 开发过程模型以用户需求为动力，__(9)__模型以对象为驱动，适合于面向对象的开发方法。

  （9）A．瀑布   B．原型   C．螺旋   D．喷泉

● 根据软件过程活动对软件工具进行分类，则逆向工程工具属于__(10)__工具。

  （10）A．软件开发   B．软件维护   C．软件管理   D．软件支持

● 在设计软件的模块结构时，__(11)__不能改进设计质量。

  （11）A．模块的作用范围应在其控制范围之内

        B．模块的大小适中

        C．避免或减少使用病态连接（从中部进入或访问一个模块）

        D．模块的功能越单纯越好

● 下图（a）所示为一个模块层次结构的例子，图（b）所示为对其进行集成测试的顺序，则此测试采用了__(12)__测试策略。该测试策略的优点不包括__(13)__。

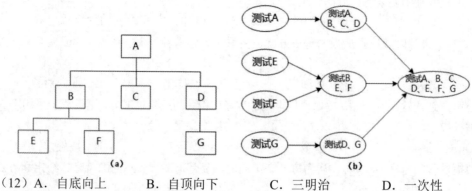

(a)   (b)

  （12）A．自底向上   B．自顶向下   C．三明治   D．一次性

（13）A．较早地验证了主要的控制和判断点　　B．较早地验证了底层模块

　　　　C．测试的并行程度较高　　　　　　　　D．较少的驱动模块和桩模块的编写工作量

● 采用 McCabe 度量法计算下图所示程序的环路复杂性为　（14）　。

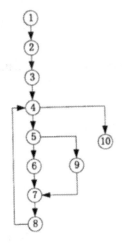

（14）A．1　　　　　　B．2　　　　　　　C．3　　　　　　D．4

6.4　课后演练答案解析

（1）答案：C

解析： 牢记软件工程三要素：方法、工具和过程。

（2）答案：A

解析： 还处于选择整体解决方案的阶段，很明显是整体概要设计，详细设计阶段是详细设计各个子系统内部的实现方式，C 项和 D 项不是设计阶段，而是开发方法。

（3）答案：D

解析： 强调风险，就是螺旋开发模型。

（4）答案：B

解析： 自适应开发：强调开发方法的适应性（Adaptive）。不像其他方法那样有很多具体的实践做法，它更侧重为软件的重要性提供最根本的基础，并从更高的组织和管理层次来阐述开发方法为什么要具备适应性。

水晶方法：每一个不同的项目都需要一套不同的策略、约定和方法论。

特性驱动开发：是一套针对中小型软件开发项目的开发模式。是一个模型驱动的快速迭代开发过程，它强调的是简化、实用、易于被开发团队接受，适用于需求经常变动的项目。

极限编程 XP：核心是沟通、简明、反馈和勇气。因为知道计划永远赶不上变化，XP 无需开发人员在软件开始初期做出很多的文档。XP 提倡测试先行，为了将以后出现 bug 的几率降到最低。

并列争球法 SCRUM：是一种迭代的增量化过程，把每段时间（30天）一次的迭代称为一个"冲刺"，并按需求的优先级别来实现产品，多个自组织和自治的小组并行地递增实现产品。

（5）答案：C

解析：自底向上的测试策略，需要编写底层驱动程序，一步步向上合并测试；而自顶向下的测试策略，需要编写桩程序，不断向下插桩，逐步测试到底层模块。

（6）答案：B

解析：可维护性包括软件开发中和软件开发完成之后的过程，因此其是受软件开发文档的影响的，要注意维护不仅仅是开发完成之后的工作。

（7）（8）答案：C　A

解析：原型法适用于需求模糊经常变化的软件开发；结构化法适用于需求明确变化不大的软件开发。

（9）答案：D

解析：注意关键字，面向对象是喷泉模型。

（10）答案：B

解析：逆向工程，是根据现有产品逆向推导出其实现技术、逻辑结构甚至程序代码的过程，因此，逆向工程是在产品开发完成后进行的，属于软件维护阶段工具。

（11）答案：D

解析：A、B、C项描述的都是常识，D项的描述有问题，应该是模块的功能越单一越好，并非单纯。

（12）（13）答案：C　D

解析：在图（b）的测试顺序中，既有自底向上也有自顶向下的测试方法，因此是三明治策略。该策略兼有二者的优点，既较早的验证了底层模块，也验证了主要的控制和判断点，但因为都包括，所以工作量肯定更多。

（14）答案：C

解析：环路复杂度公式为有向图边数–顶点数+2，该图中，顶点数已经编号，为10个，边数为11条，因此复杂度为11–10+2=3。

第7章
项目管理

7.1 备考指南

项目管理主要考查的是时间管理、范围管理、质量管理、软件配置管理等相关知识，主要在软件设计师考试中的选择题里考查，约占 3 分。

7.2 考点梳理及精讲

7.2.1 范围管理

范围管理确定在项目内包括什么工作和不包括什么工作，由此界定的项目范围在项目的全生命周期内可能因种种原因而变化，项目范围管理也要管理项目范围的这种变化。项目范围的变化也叫变更。

对项目范围的管理，是通过 5 个管理过程来实现的。

（1）规划范围管理（编制范围管理计划）。对如何定义、确认和控制项目范围的过程进行描述。

（2）定义范围。详细描述产品范围和项目范围，编制项目范围说明书，作为以后项目决策的基础。其输入包括：项目章程、项目范围管理计划、组织过程资产、批准的变更申请。

（3）创建工作分解结构。把整个项目工作分解为较小的、易于管理的组成部分，形成一个自上而下的分解结构。

（4）确认范围。正式验收已完成的可交付成果。

（5）范围控制。监督项目和产品的范围状态、管理范围基准变更。

产品范围是指产品或者服务所应该包含的功能。产品范围是否完成，要根据产品是否满足了产品描述来判断。产品范围是项目范围的基础，产品范围的定义是产品要求的描述。

项目范围是指为了能够交付产品，项目所必须做的工作。项目范围的定义是产生项目管理计划的基础。判断项目范围是否完成，要以范围基准来衡量。项目的范围基准是经过批准的项目范围说明书、WBS 和 WBS 词典。

产品范围描述是项目范围说明书的重要组成部分，因此，产品范围变更后，首先受到影响的是项目的范围。

WBS 将项目整体或者主要的可交付成果分解成容易管理、方便控制的若干个子项目或者工作包，子项目需要继续分解为工作包，持续这个过程，直到整个项目部分解为可管理的工作包，这些工作包的总和是项目的所有工作范围。

7.2.2 进度管理

进度管理就是采用科学的方法，确定进度目标，编制进度计划和资源供应计划，进行进度控制，在与质量、成本目标协调的基础上，实现工期目标。

进度管理过程具体来说，包括以下 6 个方面。

（1）活动定义：确定完成项目各项可交付成果而需要开展的具体活动。

（2）活动排序：识别和记录各项活动之间的先后关系和逻辑关系。

（3）活动资源估算：估算完成各项活动所需要的资源类型和效益。

（4）活动历时估算：估算完成各项活动所需要的具体时间。

（5）进度计划编制：分析活动顺序、活动持续时间、资源要求和进度制约因素，制订项目进度计划。

（6）进度控制：根据进度计划开展项目活动，如果发现偏差，则分析原因或进行调整。

进行活动资源估算的方法主要有专家判断法、替换方案的确定、公开的估算数据、估算软件自下而上的估算。

（1）专家判断法。专家判断法通常是由项目管理专家根据以往类似的项目经验和对本项目的判断，经过周密思考，进行合理预测，从而估算出项目资源。

（2）替换方案的确定。资源估算是为了给项目预算明确空间，为早期的资源筹备提供数据，如果某项活动存在替代方案，或提供的资源有替代支持可能，则需要明确声明。

（3）公开的估算数据。有些公司会定期地公开一些生产率或人工费率数据，其中包括很多国家和地区的劳动力交易、材料和设备信息。

（4）估算软件。依靠软件的强大功能，可以定义资源可用性、费率，以及不同的资源日历。

（5）自下而上的估算。把复杂的活动分解为更小的工作，以便于资源估算。将每项工作所需要的资源估算出来，然后汇总即是整个活动所需要的资源数量。

1. COCOMO 模型

常见的软件规模估算方法。常用的代码行分析方法作为其中一种度量估计单位，以代码行数估算出每个程序员工作量，累加得软件成本。

模型按其详细程度可以分为三级：

（1）基本 COCOMO 模型是一个静态单变量模型，它用一个已估算出来的原代码行数（LOC）为自变量的经验函数计算软件开发工作量。

（2）中间 COCOMO 模型在基本 COCOMO 模型的基础上，再用涉及产品、硬件、人员、项目等方面的影响因素调整工作量的估算。

（3）详细 COCOMO 模型包括中间 COCOMO 模型的所有特性，将软件系统模型分为系统、子系统和模块 3 个层次，更进一步考虑了软件工程中每一步骤（如分析、设计）的影响。

2．COCOMO Ⅱ 模型

COCOMO Ⅱ 模型是 COCOMO 的升级，也是以软件规模作为成本的主要因素，考虑多个成本因子。该方法包括三个阶段性模型，即应用组装模型、早期设计阶段模型和体系结构阶段模型。包含三种不同规模的估算选择：对象点、功能点和代码行。应用组装模型使用的是对象点；早期设计阶段模型使用的是功能点，功能点可以转换为代码行。

进度安排的常用图形描述方法有 Gantt 图（甘特图）和项目计划评审技术（Program Evaluation and Review Technique，PERT）图，如图 7-1 和图 7-2 所示。

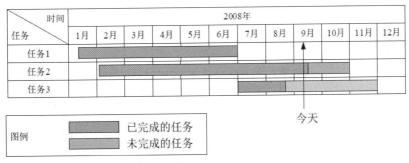

图 7-1　甘特图

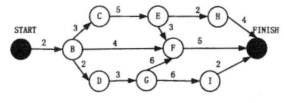

图 7-2　PERT 图

3．关键路径法

关键路径是项目的最短工期，但却是从开始到结束时间最长的路径。进度网络图中可能有多条关键路径，因为活动会变化，因此关键路径也在不断变化中。

关键活动：关键路径上的活动，最早开始时间=最迟开始时间。

通常，每个节点的活动会有如下几个时间：

（1）最早开始时间（ES）：某项活动能够开始的最早时间。

（2）最早结束时间（EF）：某项活动能够完成的最早时间。EF=ES+工期。

（3）最迟结束时间（LF）：为了使项目按时完成，某项活动必须完成的最迟时间。

（4）最迟开始时间（LS）：为了使项目按时完成，某项活动必须开始的最迟时间。LS=LF-工期。

这几个时间通常作为每个节点的组成部分。

（5）顺推：最早开始（ES）=所有前置活动最早完成（EF）的最大值；最早完成（EF）=最早开始（ES）+持续时间。

（6）逆推：最迟结束（LF）=所有后续活动最迟开始（LS）的最小值；最迟开始（LS）=最迟结束（LF）–持续事件。

关键路径推导示例如图 7-3 所示。

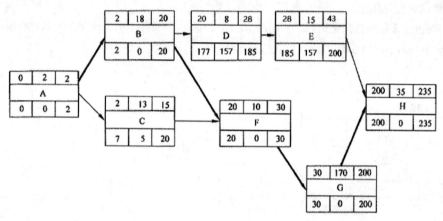

图 7-3　关键路径推导示例

（7）总浮动时间（松弛时间）：在不延误项目完工时间且不违反进度制约因素的前提下，活动可以从最早开始时间推迟或拖延的时间量，就是该活动的进度灵活性。正常情况下，关键活动的总浮动时间为零。

（8）总浮动时间=最迟开始（LS）–最早开始（ES）或最迟结束（LF）–最早结束（EF）或关键路径时长–非关键路径时长。

（9）自由浮动时间：是指在不延误任何紧后活动的最早开始时间且不违反进度制约因素的前提下，活动可以从最早开始时间推迟或拖延的时间量。

（10）自由浮动时间=紧后活动最早开始时间的最小值-本活动的最早结束时间。

7.2.3　成本管理

项目成本管理是在整个项目的实施过程中，为确保项目在批准的预算条件下尽可能保质按期完成，而对所需的各个过程进行管理与控制。

项目成本管理包括成本估算、成本预算和成本控制三个过程。

（1）成本估算是对完成项目所需成本的估计和计划，是项目计划中的一个重要的、关键的、敏感的部分；成本估算主要靠分解和类推的手段进行，基本估算方法分为三类：自顶向下的估算、自底向上的估算和差别估算法。

（2）成本预算是把估算的总成本分配到项目的各个工作包，建立成本基准计划以衡量项目绩效、应急储备和管理储备。

（3）成本控制保证各项工作在各自的预算范围内进行。

成本的类型如下所述。

（1）可变成本：随着生产量、工作量或时间而变的成本为可变成本。可变成本又称变动成本。

（2）固定成本：不随生产量、工作量或时间的变化而变化的非重复成本为固定成本。

（3）直接成本：直接可以归属于项目工作的成本为直接成本。如项目团队差旅费、工资、项目使用的物料及设备使用费等。

（4）间接成本：来自一般管理费用科目或几个项目共同担负的项目成本所分摊给本项目的费用，就形成了项目的间接成本，如税金、额外福利和保卫费用等。

（5）机会成本：是利用一定的时间或资源生产一种商品时，而失去的利用这些资源生产其他最佳替代品的机会泛指一切在做出选择后其中一个最大的损失。

（6）沉没成本：是指由于过去的决策已经发生了的，而不能由现在或将来的任何决策改变的成本。沉没成本是一种历史成本，对现有决策而言是不可控成本，会很大程度上影响人们的行为方式与决策，在投资决策时应排除沉没成本的干扰。

学习曲线：重复生成产品时，产品的单位成本会随着产量的扩大呈现规律性递减。估算成本时，也要考虑此因素。

7.2.4　软件配置管理

1. 配置管理

配置管理是为了系统地控制配置变更，在系统的整个生命周期中维持配置的完整性和可跟踪性，而标识系统在不同时间点上配置的学科。在 GB/T 11457－2006 中将"配置管理"正式定义为："应用技术的和管理的指导和监控方法以标识和说明配置项的功能和物理特征，控制这些特征的变更，记录和报告变更处理和实现状态并验证与规定的需求的遵循性。"

配置管理包括 6 个主要活动：制订配置管理计划、配置标识、配置控制、配置状态报告、配置审计、发布管理和交付。

2. 配置项

GB/T 11457－2006 对配置项的定义："为配置管理设计的硬件、软件或二者的集合，在配置管理过程中作为一个单个实体来对待"。

以下内容都可以作为配置项进行管理：外部交付的软件产品和数据、指定的内部软件工作产品和数据、指定的用于创建或支持软件产品的支持工具、供方或供应商提供的软件和客户提供的设备或软件。典型配置项包括项目计划书、需求文档、设计文档、源代码、可执行代码、测试用例、运行软件所需的各种数据，它们经评审和检查通过后进入配置管理。

每个配置项的主要属性有名称、标识符、文件状态、版本、作者、日期等。

Chapter 7

配置项可以分为基线配置项和非基线配置项两类，例如，基线配置项可能包括所有的设计文档和源程序等；非基线配置项可能包括项目的各类计划和报告等。

所有配置项的操作权限应由 CMO（配置管理员）严格管理，基本原则是基线配置项向开发人员开放读取的权限；非基线配置项向 PM、CCB 及相关人员开放。

3．配置项的状态

配置项的状态可分为"草稿""正式"和"修改"三种。配置项刚建立时，其状态为"草稿"。配置项通过评审后，其状态变为"正式"。此后若更改配置项，则其状态变为"修改"。当配置项修改完毕并重新通过评审时，其状态又变为"正式"，如图 7-4 所示。

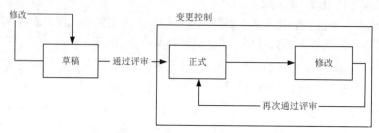

图 7-4　配置项的状态

4．配置项版本号

（1）处于"草稿"状态的配置项的版本号格式为 0.YZ，YZ 的数字范围为 01～99。随着草稿的修正，YZ 的取值应递增。YZ 的初值和增幅由用户自己把握。

（2）处于"正式"状态的配置项的版本号格式为 X.Y，X 为主版本号，取值范围为 1～9。Y 为次版本号，取值范围为 0～9。

配置项第一次成为"正式"文件时，版本号为 1.0。如果配置项升级幅度比较小，可以将变动部分制作成配置项的附件，附件版本依次为 1.0, 1.1,…。当附件的变动积累到一定程度时，配置项的 Y 值可适量增加，Y 值增加到一定程度时，X 值将适量增加。当配置项升级幅度比较大时，才允许直接增大 X 值。

（3）处于"修改"状态的配置项的版本号格式为 X.YZ。配置项正在修改时，一般只增大 Z 值，X.Y 值保持不变。当配置项修改完毕，状态成为"正式"时，将 Z 值设置为 0，增加 X.Y 值。参见上述规则（2）。

5．配置项版本管理

在项目开发过程中，绝大部分的配置项都要经过多次的修改才能最终确定下来。对配置项的任何修改都将产生新的版本。由于我们不能保证新版本一定比旧版本"好"，所以不能抛弃旧版本。版本管理的目的是按照一定的规则保存配置项的所有版本，避免发生版本丢失或混淆等现象，并且可以快速准确地查找到配置项的任何版本。

6．配置基线

配置基线（常简称为基线）由一组配置项组成，这些配置项构成一个相对稳定的逻辑实体。基线中的配置项被"冻结"了，不能再被任何人随意修改。对基线的变更必须遵循正式的变更控制程序。

基线通常对应于开发过程中的里程碑，一个产品可以有多个基线，也可以只有一个基线。交付给外部顾客的基线一般称为发行基线（Release），内部开发使用的基线一般称为构造基线（Build）。

一组拥有唯一标识号的需求、设计、源代码文卷以及相应的可执行代码、构造文卷和用户文档构成一条基线。产品的测试版本（可能包括需求分析说明书、概要设计说明书、详细设计说明书、已编译的可执行代码、测试大纲、测试用例、使用手册等）是基线的一个例子。

对于每一个基线，要定义下列内容：建立基线的时间、受控的配置项、建立和变更基线的程序、批准变更基线所需的权限。在项目实施过程中，每个基线都要纳入配置控制，对这些基线的更新只能采用正式的变更控制程序。

建立基线还可以有如下好处：

（1）基线为开发工作提供了一个定点和快照。

（2）新项目可以在基线提供的定点上建立。新项目作为一个单独分支，将与随后对原始项目（在主要分支上）所进行的变更进行隔离。

（3）当认为更新不稳定或不可信时，基线为团队提供一种取消变更的方法。

（4）可以利用基线重新建立基于某个特定发布版本的配置，以重现已报告的错误。

7. 配置库

配置库是存放配置项并记录与配置项相关的所有信息，是配置管理的有力工具。主要作用：

（1）记录与配置相关的所有信息，其中存放受控的软件配置项是很重要的内容。

（2）利用库中的信息可评价变更的后果，这对变更控制有着重要的意义。

（3）从库中可提取各种配置管理过程的管理信息。

使用配置库可以帮助配置管理员把信息系统开发过程的各种工作产品,包括半成品或阶段产品和最终产品管理得井井有条，使其不致管乱、管混、管丢。

配置库可以分为开发库、受控库、产品库 3 种类型。

（1）开发库，也称为动态库、程序员库或工作库，用于保存开发人员当前正在开发的配置实体，如：新模块、文档、数据元素或进行修改的已有元素。动态中的配置项被置于版本管理之下。动态库是开发人员的个人工作区，由开发人员自行控制。库中的信息可能有较为频繁的修改，只要开发库的使用者认为有必要，无需对其进行配置控制，因为这通常不会影响到项目的其他部分，可以任意修改。

（2）受控库，也称为主库，包含当前的基线加上对基线的变更。受控库中的配置项被置于完全的配置管理之下。在信息系统开发的某个阶段工作结束时，将当前的工作产品存入受控库。可以修改，需要走变更流程。

（3）产品库，也称为静态库、发行库、软件仓库，包含已发布使用的各种基线的存档，被置于完全的配置管理之下。在开发的信息系统产品完成系统测试之后，作为最终产品存入产品库内，等待交付用户或现场安装。一般不再修改，真要修改的话需要走变更流程。

7.2.5 质量管理

质量是软件产品特性的综合，表示软件产品满足明确（基本需求）或隐含（期望需求）要求的能力。质量管理是指确定质量方针、目标和职责，并通过质量体系中的质量计划、质量控制、质量保证和质量改进来使其实现的所有管理职能的全部活动。

质量管理主要包括以下过程：

（1）质量规划：识别项目及其产品的质量要求和标准，并书面描述项目将如何达到这些要求和标准的过程。

（2）质量保证：一般是每隔一定时间（例如，每个阶段末）进行的，主要通过系统的质量审计（软件评审）和过程分析来保证项目的质量。

（3）质量控制：实时监控项目的具体结果，以判断它们是否符合相关质量标准，制订有效方案，以消除产生质量问题的原因。

质量管理特征及子特性汇总见表 7-1。

表 7-1　质量管理特征及子特性汇总

质量管理特性及定义	质量管理子特性及定义
功能性：一组功能及其指定的性质有关的一组属性	适合性：与规定任务能否提供一组功能及这组功能的适合程度有关的软件属性
	准确性：与能否得到正确或相符的结果或效果有关的软件属性
	互用性/互操作性：与其他指定系统进行交互的能力有关的软件属性
	依从性：使软件遵循有关标准、法律、法规及类似规定的软件属性
	安全性：防止对程序及数据的非授权的故意或意外访问的能力
可靠性：在规定的一段时间和条件下，软件维持其性能水平有关的一组软件属性	成熟性：与由软件故障引起失效的频度有关的软件属性
	容错性：与在软件故障或违反指定接口情况下，维持规定的性能水平的能力有关的软件属性
	易恢复性：与在失效发生后，重新建立其性能水平、恢复直接受影响数据的能力，以及为达到此目的所需的时间和努力有关的软件属性
可用性：与使用的难易程度及规定或隐含用户对使用方式所做的评价有关的软件属性	易理解性：与用户为认识逻辑概念及其应用范围所花的努力有关的软件属性
	易学性：与用户为学习使用该软件系统所花的努力有关的软件属性
	易操作性：与用户为操作和运行控制所花努力有关的软件属性
效率：与在规定条件下，软件的性能水平和所用资源之间的关系有关的一组软件属性	时间特性：与软件执行其功能时响应和处理时间以及吞吐量有关的软件属性
	资源特性：与在软件执行其功能时，所使用的资源量及使用资源、持续时间有关的软件属性

续表

质量管理特性及定义	质量管理子特性及定义
可维护性：与进行指定的修改所需的努力有关的一组软件属性	易分析性：与为诊断缺陷或失效原因、判定待修改的部分所需努力有关的软件属性
	可修改性：与进行修改、排除错误或适应环境变化所需努力有关的软件属性
	稳定性：与修改所造成的未预料结果的风险有关的软件属性
	可测试性：与确认已修改软件所需的努力有关的软件属性
可移植性：与软件可从某一环境转移到另一环境的能力有关的一组软件属性	适应性：与软件无需采用有别于为该软件准备的活动或手段就可能适应不同的规定环境有关的软件属性
	易安装性：与在指定环境下安装软件所需努力有关的软件属性
	一致性（遵循性）：使软件遵循与可移植有关的标准或约定的软件属性
	可替换性：软件在特定环境中用来替代指定的其他软件的可能性和难易程度

McCall 质量模型，如图 **7-5** 所示。

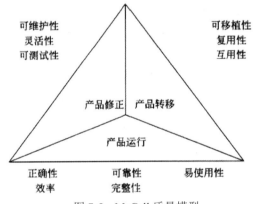

图 7-5　McCall 质量模型

软件评审： 在软件的生命周期内所实施的对软件本身的评审。

对质量进行评审涉及到两个必要条件：设计的规格说明书符合用户标准，称为设计质量。

程序按照设计规格说明书所规定的情况正确执行，称为程序质量。

软件容错技术： 容错就是软件遇到错误的处理能力，实现容错的手段主要是冗余，包括以下四种冗余技术。

结构冗余：分为静态、动态、混合冗余三种，当错误发生时对错误进行备份处理。

信息冗余：为检错和纠错在数据中加上一段额外的信息，例如校验码原理。

时间冗余：遇到错误时重复执行，例如回滚，重复执行还有错，则转入错误处理逻辑。

冗余附加技术：是指为实现结构、信息和时间冗余技术所需的资源和技术，包括程序、指令、数据、存放和调动它们的空间和通道等。

7.2.6 风险管理

风险管理就是要对项目风险进行认真地分析和科学地管理，这样，是能够避开不利条件、少受损失、取得预期的结果并实现项目目标的，能够争取避免风险的发生或尽量减小风险发生后的影响。但是，完全避开或消除风险，或者只享受权益而不承担风险是不可能的。

1. 风险管理过程

风险管理计划编制：如何安排与实施项目的风险管理，制定后续风险管理计划。

风险识别：识别出项目中已知的和可预测的风险，确定风险的来源、产生的条件、描述风险的特征以及哪些项目可以产生风险，形成一个风险列表。

风险定性分析：对已经识别的风险进行排序，确定风险可能性与影响、确定风险优先级、确定风险类型。

风险定量分析：进一步了解风险发生的可能性具体有多大，后果具体有多严重。包括灵敏度分析、期望货币价值分析、决策树分析、蒙特卡罗模拟。

风险应对计划编制：对每一个识别出来的风险来分别制定应对措施，这些措施组成的文档称为风险应对计划。包括消极风险（避免策略、转移策略、减轻策略）；积极风险（开拓、分享、强大）。

风险监控：监控风险计划的执行，检测残余风险，识别新的风险，保证风险计划的执行，及这些计划对减少风险的有效性。

项目风险：作用于项目上的不确定的事件或条件，既可能产生威胁，也可能带来机会。

通过积极和合理的规划，超过 90% 的风险都可以进行提前应对和管理。

风险应该尽早识别出来，高层次风险应记录在章程里。

应由对风险最有控制力的一方承担相应的风险。

根据承担风险程度与所得回报相匹配原则，承担的风险要有上限。

2. 风险的属性

（1）随机性：风险事件发生及其后果都具有偶然性（双重偶然），遵循一定的统计规律。

（2）相对性：风险是相对项目活动主体而言的。承受力不同，影响不同。风险承受力影响因素：收益大小（收益越大，越愿意承担风险）；投入大小（投入越大，承受能力越小）；主体的地位和资源（级别高的人能承担较大的风险）。

（3）风险的可变性：条件变化，会引起风险变化。包括性质、后果的变化，以及出现新风险。

3. 风险的分类

（1）按照后果的不同，风险可划分为纯粹风险（无任何收益）和投机风险（可能带来收益）。

（2）按风险来源划分，可分为自然风险（天灾）和人为风险（人的活动，又分为行为风险、经济风险、技术风险、政治和组织风险等）。

（3）按是否可管理划分，可分为可管理（如内部多数风险）和不可管理（如外部政策），也要看主体管理水平。

（4）按影响范围划分，可分为局部风险（非关键路径活动延误）和总体风险（关键路径活动延误）。

（5）按后果承担者划分，可分为业主、政府、承包商、投资方、设计单位、监理单位、保险公司等。

（6）按可预测性划分，可分为已知风险（已知的进度风险）、可预测风险（可能服务器故障）、不可预测风险（地震、洪水、政策变化等）。

在信息系统项目中，从宏观上来看，风险可以分为项目风险、技术风险和商业风险。

（1）项目风险是指潜在的预算、进度、个人（包括人员和组织）、资源、用户和需求方面的问题，以及它们对项目的影响。项目复杂性、规模和结构的不确定性也构成项目的（估算）风险因素。项目风险威胁到项目计划，一旦项目风险成为现实，可能会拖延项目进度，增加项目的成本。

（2）技术风险是指潜在的设计、实现、接口、测试和维护方面的问题。此外，规格说明的多义性、技术上的不确定性、技术陈旧、最新技术（不成熟）也是风险因素。技术风险威胁到待开发系统的质量和预定的交付时间。如果技术风险成为现实，开发工作可能会变得很困难或根本不可能。

（3）商业风险威胁到待开发系统的生存能力，主要有以下 5 种不同的商业风险。

1）市场风险。开发的系统虽然很优秀但不是市场真正所想要的。

2）策略风险。开发的系统不再符合企业的信息系统战略。

3）销售风险。开发了销售部门不清楚如何推销的系统。

4）管理风险。由于重点转移或人员变动而失去上级管理部门的支持。

5）预算风险。开发过程没有得到预算或人员的保证。

7.2.7　组织结构

1. 组织结构模式

组织结构模式包括项目型（项目经理绝对领导）、职能型（部门领导为主）、矩阵型（二者结合，既有项目经理也有部门领导，但权利分割不同）。

2. 程序设计小组的组织方式

（1）主程序员制小组（主程序员全权负责，后援工程师必要时能替代主程序员，适合大规模项目）。

（2）民主制小组（也即无主程序员小组，成员之间地位平等，任何决策都是全员参与投票，适合于项目规模小，开发人员少，采用新技术和确定性较小的项目）。

（3）层次式小组（两个层次，一名组长领导若干个高级程序员，每个高级程序员领导若干个程序员）。

7.3 课后演练

● 风险的优先级通常是根据__(1)__设定。

(1) A. 风险影响（Risk Impact）　　　　B. 风险概率（Risk Probability）

　　C. 风险暴露（Risk Exposure）　　　　D. 风险控制（Risk Control）

● 软件配置管理的内容不包括__(2)__。

(2) A. 版本控制　　　B. 变更控制　　　C. 过程支持　　　D. 质量控制

● 某软件项目的活动图如下图所示，其中顶点表示项目里程碑，连接顶点的边表示活动，边上的数字表示该活动所需的天数，则完成该项目的最少时间为__(3)__天。活动 BD 最多可以晚__(4)__天开始而不会影响整个项目的进度。

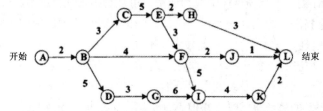

(3) A. 9　　　　　　　B. 15　　　　　　　C. 22　　　　　　　D. 24

(4) A. 2　　　　　　　B. 3　　　　　　　C. 5　　　　　　　D. 9

● 以下关于软件项目管理中人员管理的叙述，正确的是__(5)__。

(5) A. 项目组成员的工作风格也应该作为组织团队时要考虑的一个要素

　　B. 鼓励团队的每个成员充分地参与开发过程的所有阶段

　　C. 仅根据开发人员的能力来组织开发团队

　　D. 若项目进度滞后于计划，则增加开发人员一定可以加快开发进度

● 在 ISO/IEC 软件质量模型中，易使用性的子特性不包括__(6)__。

(6) A. 易理解性　　　B. 易学性　　　C. 易操作性　　　D. 易分析性

● 某软件项目的活动图如下图所示，其中顶点表示项目里程碑，连接顶点的边表示包含的活动，边上的数字表示相应活动的持续时间（天），则完成该项目的最少时间为__(7)__天。活动 BC 和 BF 最多可以晚开始__(8)__天而不会影响整个项目的进度。

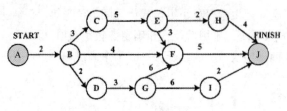

(7) A. 11　　　　　　　B. 15　　　　　　　C. 16　　　　　　　D. 18

（8）A. 0 和 7　　　　B. 0 和 11　　　　C. 2 和 11　　　　D. 2 和 11

- 成本估算时，__(9)__ 方法以规模作为成本的主要因素，考虑多个成本驱动因子。该方法包括三个阶段性模型，即应用组装模型、早期设计阶段模型和体系结构阶段模型。

（9）A. 专家估算　　　B. Wolverton　　　C. COCOMO　　　D. COCOMO Ⅱ

- __(10)__ 不属于软件质量特性中的可移植性。

（10）A. 适应性　　　B. 易安装性　　　C. 易替换性　　　D. 易理解性

7.4　课后演练答案解析

（1）**答案：** C

解析： 风险暴露，即风险曝光度，是风险发生的概率×损失，用来衡量风险优先级。

（2）**答案：** D

解析： 配置管理是软件版本、变更、过程等相关内容，质量控制是质量管理。

（3）（4）**答案：** D　A

解析： 涉及项目活动图完成时间的都是关键路径，不要被题目中最少时间迷惑，实际是求从 A 到 L 的最长路径，为 ABCEFIKL，长度为 24；BD 的可以晚开始时间，就是 BD 的最晚开始时间 – 最早开始时间，实际是求其自由时差。

（5）**答案：** A

解析： B 选项所有阶段不可能，C 选项开发人员除了能力还有人际关系等，D 选项要具体原因具体分析，增加开发人员有时反而会产生反效果。

（6）**答案：** D

解析： 易使用性从字面理解，是软件容易理解、好用、操作方便。

（7）（8）**答案：** D　A

解析： 凡是涉及项目完成周期的时间计算，一律都是关键路径，不要被题目中的最少时间迷惑，实际求得是从 A 到 J 的最长路径，为 ABCEFJ 或 ABDGFJ，长度为 18。第二问实际求得是 BC 和 BF 的最晚开始时间 – 最早开始时间，就是可以延迟的时间，BC 在关键路径上，不能延迟，为 0；针对 BF 按照公式求出其最晚开始时间和最早开始时间相减即可，在视频课程有详细讲解。

（9）**答案：** D

解析： COCOMO 和 COCOMO Ⅱ 都是以软件规模来估算成本，只不过 COCOMO 主要是以代码行数作为因子。而 COCOMO Ⅱ 则考虑多个成本因子，且有三个阶段性模型。

（10）**答案：** D

解析： 要牢记软件质量特性和子特性，易理解性属于可维护性。从字面理解，移植就是切换平台，要求软件能适应不同平台，易安装、易替换，而在不同平台上具有一致性。

第**8**章
结构化开发方法

8.1 备考指南

结构化开发方法主要考查的是系统分析与设计阶段，使用结构化方法建立逻辑模型，会用到一个很重要的工具——数据流图，本章节在软件设计师的考试中，在选择题里会考查 3 分左右，同时也会在案例分析里固定考查一个大题（15 分），一般是第一题，主要考查数据流图知识。

8.2 考点梳理及精讲

8.2.1 系统分析与设计概述

1. 系统分析

主要任务：是对现行系统进一步详细调查，将调查中所得到的文档资料集中，对组织内部整体管理状况和信息处理过程进行分析，为系统开发提供所需的资料，并提交系统方案说明书。系统分析侧重于从业务全过程的角度进行分析，主要内容有业务和数据的流程是否通畅、是否合理；数据、业务过程和组织管理之间的关系；原系统管理模式改革和新系统管理方法的实现是否具有可行性等。

系统分析过程一般按图 8-1 所示的逻辑进行。

（1）认识、理解当前的现实环境，获得当前系统的"物理模型"。

（2）从当前系统的"物理模型"抽象出当前系统的"逻辑模型"。

（3）对当前系统的"逻辑模型"进行分析和优化，建立目标系统的"逻辑模型"。

（4）对目标系统的逻辑模型具体化（物理化），建立目标系统的物理模型。

　　系统开发的目的是把现有系统的物理模型转化为目标系统的物理模型，即图中实心箭头所描述的路径，而系统分析阶段的结果是得到目标系统的逻辑模型。逻辑模型反映了系统的功能和性质，而物理模型反映的是系统的某一种具体实现方案。

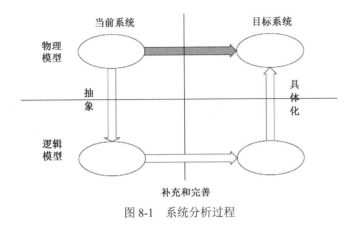

图 8-1　系统分析过程

2．系统设计

　　基本原则：抽象、模块化、信息隐蔽、模块独立。

　　模块独立是指每个模块完成一个相对独立的特定子功能，并且与其他模块之间的联系简单。衡量模块独立程度的标准有两个：耦合性和内聚性。模块的设计要求独立性高，必须高内聚、低耦合，内聚是指一个模块内部功能之间的相关性，耦合是指多个模块之间的联系，内聚程度从低到高见表 8-1。

表 8-1　内聚程度从低到高

内聚分类	定义	记忆关键字
偶然内聚	一个模块内的各处理元素之间没有任何联系	无直接关系
逻辑内聚	模块内执行若干个逻辑上相似的功能，通过参数确定该模块完成哪一个功能	逻辑相似、参数决定
时间内聚	把需要同时执行的动作组合在一起形成的模块	同时执行
过程内聚	一个模块完成多个任务，这些任务必须按指定的过程执行	指定的过程顺序
通信内聚	模块内的所有处理元素都在同一个数据结构上操作，或者各处理使用相同的输入数据或者产生相同的输出数据	相同数据结构、相同输入输出
顺序内聚	一个模块中的各个处理元素都密切相关于同一功能且必须顺序执行，前一个功能元素的输出就是下一个功能元素的输入	顺序执行、输入为输出
功能内聚	最强的内聚，模块内的所有元素共同作用完成一个功能，缺一不可	共同作用、缺一不可

耦合程度从低到高见表 8-2。

表 8-2　耦合程度从低到高

耦合分类	定义	记忆关键字
无直接耦合	两个模块之间没有直接的关系，它们分别从属于不同模块的控制与调用，不传递任何信息	无直接关系
数据耦合	两个模块之间有调用关系，传递的是简单的数据值，相当于高级语言中的值传递	传递数据值调用
标记耦合	两个模块之间传递的是数据结构	传递数据结构
控制耦合	一个模块调用另一个模块时，传递的是控制变量，被调用模块通过该控制变量的值有选择地执行模块内的某一功能	控制变量、选择执行某一功能
外部耦合	模块间通过软件之外的环境联合（如 I/O 将模块耦合到特定的设备、格式、通信协议上）时	软件外部环境
公共耦合	通过一个公共数据环境相互作用的那些模块间的耦合	公共数据结构
内容耦合	当一个模块直接使用另一个模块的内部数据，或通过非正常入口转入另一个模块内部时	模块内部关联

系统总体结构设计是要根据系统分析的要求和组织的实际情况对新系统的总体结构形式和可利用的资源进行大致设计，这是一种宏观、总体上的设计和规划。

系统结构设计原则包括以下 8 个方面。

（1）分解-协调原则。

（2）自顶向下的原则。

（3）信息隐蔽、抽象的原则。

（4）一致性原则。

（5）明确性原则。

（6）模块之间的耦合尽可能小，模块的内聚度尽可能高。

（7）模块的扇入系数和扇出系数要合理。

（8）模块的规模适当。

子系统划分的原则包括以下 6 个方面。

（1）子系统要具有相对独立性。

（2）子系统之间数据的依赖性尽量小。

（3）子系统划分的结果应使数据冗余较小。

（4）子系统的设置应考虑今后管理发展的需要。

（5）子系统的划分应便于系统分阶段实现。

（6）子系统的划分应考虑到各类资源的充分利用。

　　子系统结构设计的任务是确定划分后的子系统模块结构，并画出模块结构图。在这个过程中必须考虑以下几个问题。

　　（1）每个子系统如何划分成多个模块。

　　（2）如何确定子系统之间、模块之间传送的数据及其调用关系。

　　（3）如何评价并改进模块结构的质量。

　　（4）如何从数据流图导出模块结构图。

　　系统模块结构设计中的模块是组成系统的基本单位，它的特点是可以组合、分解和更换。系统中的任何一个处理功能都可以看成是一个模块。根据功能具体化程度的不同，模块可以分为逻辑模块和物理模块。

　　一个模块应具备以下 4 个要素。

　　（1）输入和输出。

　　（2）处理功能。指模块把输入转换成输出所做的工作。

　　（3）内部数据。指仅供该模块本身引用的数据。

　　（4）程序代码。指用来实现模块功能的程序。

　　前两个要素是模块外部特性，反映了模块的外貌。后两个要素是模块的内部特性。

　　模块结构图为了保证系统设计工作的顺利进行，结构设计应遵循以下原则。

　　（1）所划分的模块其内部的凝聚性要强，模块之间的联系要少，即模块具有较强的独立性。

　　（2）模块之间的连接只能存在上下级之间的调用关系，不能有同级之间的横向联系。

　　（3）整个系统呈树状结构，不允许网状结构或交叉调用关系出现。

　　（4）所有模块（包括后继 IPO 图）都必须严格地分类编码并建立归档文件。

　　模块结构图主要关心的是模块的外部属性，即上下级模块、同级模块之间的数据传递和调用关系，并不关心模块的内部。

8.2.2　结构化开发方法

　　结构化分析与设计方法是一种面向数据流的传统软件开发方法，它以数据流为中心构建软件的分析模型和设计模型。结构化分析（Structured Analysis，SA）、结构化设计（Structured Design，SD）和结构化程序设计（Structured Programming Design，SPD）构成了完整的结构化方法。

　　结构化方法的分析结果由以下几部分组成：一套分层的数据流图（Data Flow Diagram，DFD）、一本数据字典（Data Dictionary，DD）、一组小说明（也称加工逻辑说明）、补充材料。

　　1. 数据流图

　　基本图形元素：如图 8-2 所示，包括数据流、加工、数据存储、外部实体。

　　（1）数据流：由一组固定成分的数据组成，表示数据的流向。在 DFD 中，数据流的流向可以有以下几种：从一个加工流向另一个加工；从加工流向数据存储（写）；从数据存储流向加工（读）；从外部实体流向加工（输入）；从加工流向外部实体（输出）。

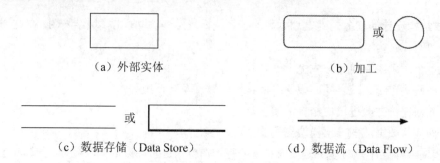

（a）外部实体　　　　　　　　　（b）加工

（c）数据存储（Data Store）　　　　（d）数据流（Data Flow）

图 8-2　基本图形元素

（2）加工：描述了输入数据流到输出数据流之间的变换，也就是输入数据流经过什么处理后变成了输出数据流。数据流图中常见的三种错误如图 8-3 所示。

加工 3.1.2 有输入但没有输出，称为"黑洞"。

加工 3.1.3 有输出但没有输入，称为"奇迹"。

加工 3.1.1 中输入不足以产生输出，称为"灰洞"。这有几种可能的原因：一个错误的命名过程；错误命名的输入或输出；不完全的事实。灰洞是最常见的错误，也是最使人为难的错误。一旦数据流图交给了程序员，到一个加工的输入数据流必须足以产生输出数据流。

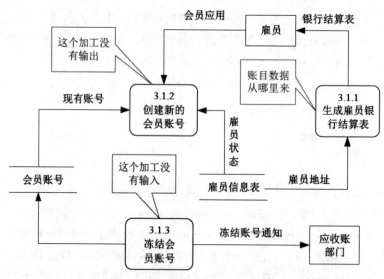

图 8-3　数据流图中常见的三种错误

（3）数据存储：用来存储数据。在软件系统中还常常要把某些信息保存下来供以后使用。

（4）外部实体（外部主体）：是指存在于软件系统之外的人员或组织，它指出系统所需数据的发源地（源）和系统所产生的数据的归宿地（宿）。

分层数据流图，如图 8-4 所示。

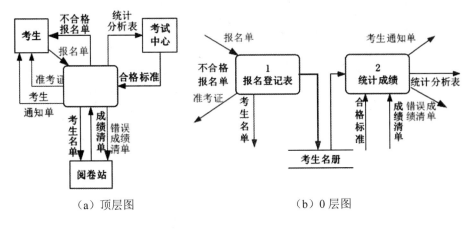

（a）顶层图　　　　　　　　　　　　　　（b）0 层图

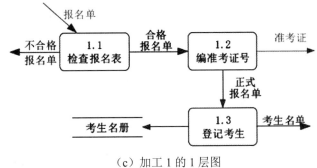

（c）加工 1 的 1 层图

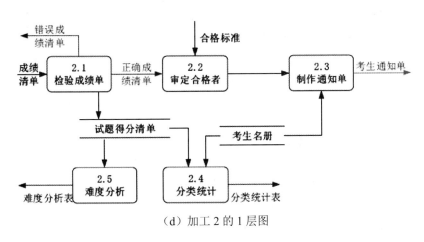

（d）加工 2 的 1 层图

图 8-4　分层数据流图

2. 数据字典

数据流图描述了系统的分解，但没有对图中各成分进行说明。数据字典就是为数据流图中的每个数据流、文件、加工，以及组成数据流或文件的数据项做出说明。见表 8-3。

表 8-3 数据字典实例

符号	含义	举例及说明
=	被定义为	
+	与	x=a+b，表示 x 由 a 和 b 组成
[···|···]	或	x=[a|b]，表示 x 由 a 或 b 组成
{······}	重复	x={a}，表示 x 由 0 个或多个 a 组成

数据字典有以下四类条目：数据流、数据项、数据存储和基本加工。

加工逻辑也称为"小说明"。常用的加工逻辑描述方法有结构化语言、判定表和判定树三种。

8.2.3 结构化设计方法

结构化设计方法是一种面向数据流的设计方法，它可以与 SA 方法衔接。结构化设计方法的基本思想是将系统设计成由相对独立、功能单一的模块组成的结构。

结构化设计方法中用结构图（Structure Chart）来描述软件系统的体系结构，指出一个软件系统由哪些模块组成，以及模块之间的调用关系。模块结构图是结构化设计的工具，由模块、调用、数据、控制和转接五种基本符号组成。

结构化设计大致可以分为两步进行，第一步是建立一个满足软件需求规约的初始结构图，第二步是对结构图进行改进。

结构化方法本质上是一种功能分解方法。在结构化设计时，可以将整个软件看作一个大的功能模块（结构图中的模块），通过功能分解将其分解成若干个较小的功能模块，每个较小的功能模块还可以进一步分解，直到得到一组不必再分解的模块（结构图中的底层模块）。当一个功能模块分解成若干个子功能模块时，该功能模块实际上就是根据业务流程调用相应的子功能模块，并根据其功能要求对子功能的结果进行处理，最终实现其功能要求。

功能模块的分解应满足自顶向下、逐步求精、信息隐蔽、高内聚低耦合等设计准则，模块的大小应适中。

结构化设计主要包括以下四个方面。

（1）体系结构设计：定义软件的主要结构元素及其关系。

（2）数据设计：基于实体联系图确定软件涉及的文件系统的结构及数据库的表结构。

（3）接口设计：描述用户界面、软件和硬件设备、其他软件系统及使用人员的外部接口，以及各种构件之间的内部接口。

（4）过程设计：确定软件各个组成部分内的算法及内部数据结构，并选定某种过程的表达形式来描述各种算法。

8.2.4 WebApp 分析与设计

WebApp 是基于 Web 的系统和应用。大多数 WebApp 采用敏捷开发过程模型进行开发。

1. WebApp 的特性

（1）网络密集性。WebApp 驻留在网络上，服务于不同客户群体的需求。网络提供开放的访问和通信（如 Internet）或者受限的访问和通信（如企业内联网）。

（2）并发性。大量用户可能同时访问 WebApp。很多情况下最终用户的使用模式存在很大的差异。

（3）无法预知的负载量。WebApp 的用户数量每天都可能有数量级的变化。例如，周一显示有 100 个用户使用系统，周四就可能会有 10000 个用户。

（4）性能。如果一位 WebApp 用户必须等待很长时间（访问、服务器端处理、客户端格式化显示），该用户就可能转向其他地方。

（5）可用性。尽管期望百分之百的可用性是不切实际的，但是对于热门的 WebApp，用户通常要求能够 24/7/365（全天候）访问。

（6）数据驱动。许多 WebApp 的主要功能是使用超媒体向最终用户提供文本、图片、音频及视频内容。除此之外，WebApp 还常被用来访问那些存储在 Web 应用环境之外的数据库中的信息。

2. WebApp 五种需求模型

（1）内容模型：给出由 WebApp 提供的全部系列内容，包括文字、图形、图像、音频和视频。包含结构元素，为 WebApp 的内容需求提供了一个重要的视图。这些结构元素包含内容对象和所有分析类，在用户与 WebApp 交互时生成并操作用户可见的实体。

内容的开发可能发生在 WebApp 实现之前、构建之中或者投入运行以后（全过程）。

内容对象：产品的文本描述、新闻文章、照片、视频等。

数据树：由多项内容对象和数据项组成的任何内容都可以生成数据树，是内容设计的基础，定义一种层级关系，并提供一种审核内容的方法，以便在开始设计前发现遗漏和不一致内容。

（2）交互模型：描述了用户与 WebApp 采用了哪种交互方式。由一种或多种元素构成，包括用例、顺序图、状态图、用户界面原型等。

用例是交互分析的主要工具，方便客户理解系统的功能。

顺序图是交互分析中描述用户与系统进行交互的方式。用户按照已定顺序使用系统，完成相应的功能，如登录流程。

状态图是交互分析中对系统进行动态的描述，如状态的变化。

用户界面原型展现用户界面布局、内容、主要导航链接、实施的交互机制及用户 WebApp 的整体美观度。

（3）功能模型：许多 WebApp 提供大量的计算和操作功能，这些功能与内容直接相关（既能使用又能生成内容，如统计报表）。这些功能常常以用户的交互活动为主要目标。

功能模型定义了将用于 WebApp 内容并描述其他处理功能的操作，这些处理功能不依赖于内容却是最终用户所必需的。

（4）导航模型：为 WebApp 定义所有导航策略。考虑了每一类用户如何从一个 WebApp 元素（如内容对象）导航到另一个元素。

（5）配置模型：描述 WebApp 所在的环境和基础设施。在必须考虑复杂配置体系结构的情况下，可以使用 UML 部署图。

3. WebApp 设计

（1）架构设计：使用多层架构来构造，包括用户界面或展示层，基于一组业务规则来指导与客户端浏览器进行信息交互的控制器，以及可以包含 WebApp 的业务规则的内容或模型层，描述将以什么方式来管理用户交互、操作内部处理任务、实现导航及展示内容。

MVC（模型-视图-控制器）结构是 WebApp 基础结构模型之一，将 WebApp 功能及信息内容分离。

（2）构件设计：WebApp 构件可定义良好的聚合功能，为最终用户处理内容、提供计算或处理数据；内容和功能的聚合包，提供最终用户所需要的功能。因此，WebApp 构件设计通常包括内容设计元素和功能设计元素。

构件级内容设计：关注内容对象，以及包装后展示给最终用户的方式，应该适合创建的 WebApp 特性。

构件级功能设计：将 WebApp 作为一系列构件加以交付，这些构件与信息体系结构并行开发，以确保一致性。

（3）内容设计：着重于内容对象的表现和导航的组织，通常采用线性结构、网格结构、层次结构、网络结构四种结构及其组合。

（4）导航设计：定义导航路径，使用户可以访问 WebApp 的内容和功能。

8.3 课后演练

- 某模块实现两个功能：向某个数据结构区域写数据和从该区域读数据。该模块的内聚类型为 ___(1)___ 内聚。

    （1）A．过程   B．时间   C．逻辑   D．通信

- 在进行子系统结构设计时，需要确定划分后的子系统模块结构，并画出模块结构图。该过程不需要考虑___(2)___。

    （2）A．每个子系统如何划分成多个模块

    B．每个子系统采用何种数据结构和核心算法

    C．如何确定子系统之间、模块之间传送的数据及其调用关系

    D．如何评价并改进模块结构的质量

- 数据流图中某个加工的一组动作依赖于多个逻辑条件的取值，则用___(3)___能够清楚地表示复杂的条件组合与应做的动作之间的对应关系。

    （3）A．流程图   B．NS 盒图

    C．形式语言   D．决策树

● 在结构化分析中，用数据流图描述 __(4)__ 。当采用数据流图对一个图书馆管理系统进行分析时， __(5)__ 是一个外部实体。

　　(4) A. 数据对象之间的关系，用于对数据建模

　　　　 B. 数据在系统中如何被传送或变换，以及如何对数据流进行变换的功能或子功能，用于对功能建模

　　　　 C. 系统对外部事件如何响应，如何动作，用于对行为建模

　　　　 D. 数据流图中的各个组成部分

　　(5) A. 读者　　　　　 B. 图书　　　　　 C. 借书证　　　　 D. 借阅

● 软件开发过程中，需求分析阶段的输出不包括 __(6)__ 。

　　(6) A. 数据流图　　 B. 实体联系图　　 C. 数据字典　　　 D. 软件体系结构图

● 如下图所示，模块 A 和模块 B 都访问相同的全局变量和数据结构，则这两个模块之间的耦合类型为 __(7)__ 耦合。

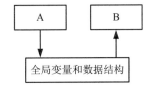

　　(7) A. 公共　　　　　 B. 控制　　　　　 C. 标记　　　　　 D. 数据

● 结构化开发方法中， __(8)__ 主要包含对数据结构和算法的设计。

　　(8) A. 体系结构设计　　　　　　　　 B. 数据设计

　　　　 C. 接口设计　　　　　　　　　　 D. 过程设计

● 在设计软件的模块结构时， __(9)__ 不能改进设计质量。

　　(9) A. 尽量减少高扇出结构　　　　　 B. 模块的大小适中

　　　　 C. 将具有相似功能的模块合并　　 D. 完善模块的功能

● 某医院预约系统的部分需求为：患者可以查看医院发布的专家特长介绍及其就诊时间，系统记录患者信息，患者预约特定时间就诊。用 DFD 对其进行功能建模时，患者是 __(10)__ ；用 ERD 对其进行数据建模时，患者是 __(11)__ 。

　　(10) A. 外部实体　　 B. 加工　　　　　 C. 数据流　　　　 D. 数据存储

　　(11) A. 实体　　　　　 B. 属性　　　　　 C. 联系　　　　　 D. 弱实体

8.4　课后演练答案解析

　　(1) 答案：D

　　解析：该模块的两个功能都是在同一个数据结构上操作，是通信内聚。

　　(2) 答案：B

解析：由题意可知，子系统结构设计阶段涉及的是概要设计，还未到具体实现，因此与数据结构和算法是无关的，主要考虑子系统的划分、连接方式。

（3）**答案**：D

解析：NS 盒图就是盒状流程图，AB 是一个东西，复杂的东西不可能用语言表示，所谓决策树，就是根据不同的逻辑条件组合产生对应的动作，描述条件组合和动作之间的对应关系。

（4）（5）**答案**：B A

解析：数据流图用来描述数据流在加工之间的传送或变换，依据数据流的走向分析出系统的功能，对功能建模。外部实体是与图书馆管理系统进行数据交互的实体，很明显应该是读者。

（6）**答案**：D

解析：需求分析阶段的输出有功能模型（数据流图）、行为模型（状态转换图）、数据模型（E-R图）以及数据字典。软件体系结构图很明显应该是设计阶段的产物。

（7）**答案**：A

解析：访问相同的公共环境，属于公共耦合；数据耦合是指传递数据值。

（8）**答案**：D

解析：结构化设计主要包括：

1）体系结构设计：定义软件的主要结构元素及其关系。

2）数据设计：基于实体联系图确定软件涉及的文件系统的结构及数据库的表结构。

3）接口设计：描述用户界面，软件和其他硬件设备、其他软件系统及使用人员的外部接口，以及各种构件之间的内部接口。

4）过程设计：确定软件各个组成部分内的算法及内部数据结构，并选定某种过程的表达形式来描述各种算法。

（9）**答案**：D

解析：改进设计质量涉及的是模块性能的问题，而非功能。

（10）（11）**答案**：A A

解析：DFD 即数据流图，由描述可知，患者作为外部实体；ERD 即 E-R 图（实体联系图），可知患者作为实体，其不依赖于任何其他实体而存在，因此不是弱实体，很容易理解。

第**9**章
面向对象技术

9.1 备考指南

面向对象技术主要考查的是面向对象基本概念、面向对象分析与设计、设计模式等相关知识，软件设计师的考试中在选择题里会考查 10 分左右，案例分析也会固定考查两个大题（30 分），一般是第三题和第五题或第六题（二选一），第三题是必做题，主要考查 UML 关系和图；第五题或第六题是二选一，主要是结合设计模式考查面向对象的程序设计（C++语言或 Java 语言）。属于非常重要的章节之一。

9.2 考点梳理及精讲

9.2.1 面向对象基础

1. 面向对象的基本概念

（1）对象：由数据及其操作所构成的封装体，是系统中用来描述客观事务的一个实体，是构成系统的一个基本单位。一个对象通常可以由对象名、属性和方法 3 个部分组成。

（2）类：现实世界中实体的形式化描述，类将该实体的属性（数据）和操作（函数）封装在一起。对象是类的实例，类是对象的模板。

类可以分为三种：实体类、接口类（边界类）和控制类。实体类的对象表示现实世界中真实的实体，如人、物等。接口类（边界类）的对象为用户提供一种与系统合作交互的方式，分为人和系统两大类，其中人的接口可以是显示屏、窗口、Web 窗体、对话框、菜单、列表框、其他显示控制、条形码、二维码或者用户与系统交互的其他方法。系统接口涉及把数据发送到其他系统，或者从其他系统接收数据。控制类的对象用来控制活动流，充当协调者。

（3）抽象：通过特定的实例抽取共同特征以后形成概念的过程。它强调主要特征，忽略次要特征。一个对象是现实世界中一个实体的抽象，一个类是一组对象的抽象，抽象是一种单一化的描述，它强调给出与应用相关的特性，抛弃不相关的特性。

（4）封装：是一种信息隐蔽技术，将相关的概念组成一个单元模块，并通过一个名称来引用。面向对象封装是将数据和基于数据的操作封装成一个整体对象，对数据的访问或修改只能通过对象对外提供的接口进行。

（5）继承：表示类之间的层次关系（父类与子类），这种关系使得某类对象可以继承另外一类对象的特征，又可分为单继承和多继承。

（6）多态：不同的对象收到同一个消息时产生完全不同的结果。包括参数多态（不同类型参数多种结构类型）、包含多态（父子类型关系）、过载多态（类似于重载，一个名字不同含义）、强制多态（强制类型转换）四种类型。多态由继承机制支持，将通用消息放在抽象层，具体不同的功能实现放在低层。

（7）接口：描述对操作规范的说明，其只说明操作应该做什么，并没有定义操作如何做。

（8）消息：体现对象间的交互，通过它向目标对象发送操作请求。

（9）覆盖：子类在原有父类接口的基础上，用适合于自己要求的实现去置换父类中的相应实现。即在子类中重新定义一个与父类同名同参数的方法。

（10）函数重载：与覆盖要区分开，函数重载与子类父类无关，且函数是同名不同参数。

（11）绑定：是一个把过程调用和响应调用所需要执行的代码加以结合的过程。在一般的程序设计语言中，绑定是在编译时进行的，叫作静态绑定。动态绑定则是在运行时进行的，因此，一个给定的过程调用和代码的结合直到调用发生时才进行。

2. 面向对象的分析

面向对象的分析是为了确定问题域，理解问题。包含五个活动：认定对象、组织对象、描述对象间的相互作用、确定对象的操作、定义对象的内部信息。

3. 面向对象的需求建模

面向对象的需求建模主要建立用例模型和分析模型，具体过程如图 9-1 所示。

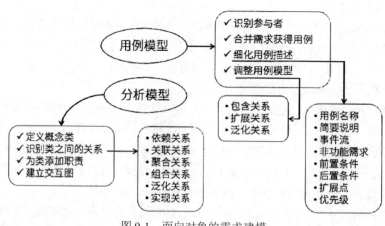

图 9-1　面向对象的需求建模

4. 面向对象的设计

面向对象的设计是设计分析模型和实现相应源代码，设计问题域的解决方案，与技术相关。OOD 同样应遵循抽象、信息隐蔽、功能独立、模块化等设计准则。

面向对象的分析模型主要由顶层架构图、用例与用例图、领域概念模型构成；设计模型则包含以包图表示的软件体系结构图、以交互图表示的用例实现图、完整精确的类图、针对复杂对象的状态图和用以描述流程化处理过程的活动图等。

面向对象的设计有以下 11 个原则。

（1）单一责任原则。就一个类而言，应该仅有一个引起它变化的原因。即，当需要修改某个类的时候原因有且只有一个，让一个类只做一种类型责任。

（2）开放-封闭原则。软件实体（类、模块、函数等）应该是可以扩展的，即开放的；但是不可修改的，即封闭的。

（3）里氏替换原则。子类型必须能够替换掉它们的基类型。即，在任何父类可以出现的地方，都可以用子类的实例来赋值给父类型的引用。

（4）依赖倒置原则。抽象不应该依赖于细节，细节应该依赖于抽象。即，高层模块不应该依赖于低层模块，二者都应该依赖于抽象。

（5）接口分离原则。不应该强迫客户依赖于它们不用的方法。接口属于客户，不属于它所在的类层次结构。即：依赖于抽象，不要依赖于具体，同时在抽象级别不应该有对于细节的依赖。这样做的好处就在于可以最大限度地应对可能的变化。

上述（1）～（5）是面向对象设计中的五大原则。除了这五大原则之外，Robert C.Martin 提出的面向对象设计原则还包括以下几个。

（6）重用发布等价原则。重用的粒度就是发布的粒度。

（7）共同封闭原则。包中的所有类对于同一类性质的变化应该是共同封闭的。一个变化若对一个包产生影响，则将对该包中的所有类产生影响，而对于其他的包不造成任何影响。

（8）共同重用原则。一个包中的所有类应该是共同重用的。如果重用了包中的一个类，那么就要重用包中的所有类。

（9）无环依赖原则。在包的依赖关系图中不允许存在环，即包之间的结构必须是一个直接的五环图形。

（10）稳定依赖原则。朝着稳定的方向进行依赖。

（11）稳定抽象原则。包的抽象程度应该和其稳定程度一致。

5. 面向对象的测试

一般来说，对面向对象软件的测试可分为下列 4 个层次进行。

（1）算法层。测试类中定义的每个方法，基本上相当于传统软件测试中的单元测试。

（2）类层。测试封装在同一个类中的所有方法与属性之间的相互作用。在面向对象软件中类是基本模块，因此可以认为这是面向对象测试中所特有的模块测试。

（3）模板层。测试一组协同工作的类之间的相互作用，大体上相当于传统软件测试中的集成测试，但是也有面向对象软件的特点（例如，对象之间通过发送消息相互作用）。

（4）系统层。把各个子系统组装成完整的面向对象软件系统，在组装过程中同时进行测试。

9.2.2 UML

1. UML（统一建模语言）

UML 是一种可视化的建模语言，而非程序设计语言，支持从需求分析开始的软件开发的全过程。

从总体上来看，UML 的结构包括构造块、公共机制和规则三个部分。

（1）构造块。UML 有三种基本的构造块，分别是事物（thing）、关系（relationship）和图（diagram）。事物是 UML 的重要组成部分，关系把事物紧密联系在一起，图是多个相互关联的事物的集合。

（2）公共机制。公共机制是指达到特定目标的公共 UML 方法。

（3）规则。规则是构造块如何放在一起的规定。

2. 事物

结构事物：模型的静态部分，如类、接口、用例、构件等。

行为事物：模型的动态部分，如交互、活动、状态机。

分组事物：模型的组织部分，如包。

注释事物：模型的解释部分，依附于一个元素或一组元素之上，对其进行约束或解释的简单符号。

3. 关系

依赖：一个事物的语义依赖于另一个事物的语义的变化而变化

关联：是一种结构关系，描述了一组链，链是对象之间的连接。分为组合和聚合，都是部分和整体的关系，其中组合事物之间关系更强。两个类之间的关联，实际上是两个类所扮演角色的关联，因此，两个类之间可以有多个由不同角色标识的关联。

泛化：一般与特殊的关系，子类和父类之间的关系。

实现：一个类元指定了另一个类元保证执行的契约。

关系 UML 图形代号如图 9-2 所示。

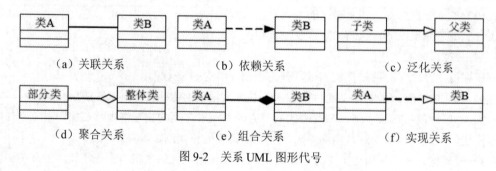

图 9-2 关系 UML 图形代号

4. 图

常考的 UML 图如下。

（1）**类图**：静态图，为系统的静态设计视图，展现一组对象、接口、协作和它们之间的关系。UML 类图如图 9-3 所示。

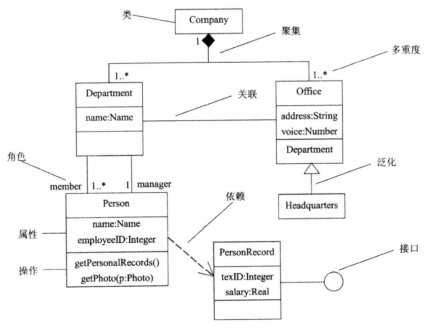

图 9-3　UML 类图

（2）**对象图**：静态图，展现某一时刻一组对象及它们之间的关系，为类图的某一快照。在没有类图的前提下，对象图就是静态设计视图，如图 9-4 所示。

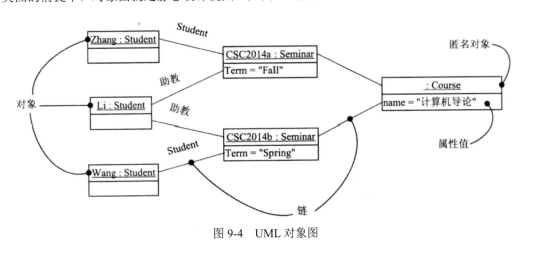

图 9-4　UML 对象图

（3）用例图：静态图，展现了一组用例、参与者以及它们之间的关系。用例图中的参与者是人、硬件或其他系统可以扮演的角色；用例是参与者完成的一系列操作，用例之间的关系有扩展、包含、泛化，如图 9-5 所示。

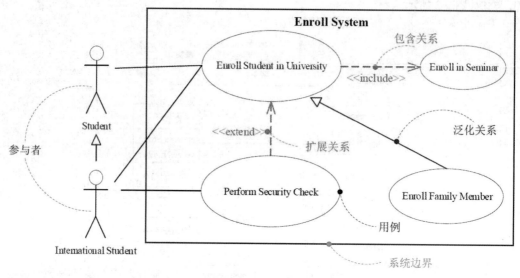

图 9-5　用例图

（4）序列图：即顺序图，动态图，是场景的图形化表示，描述了以时间顺序组织的对象之间的交互活动。有**同步消息**（进行阻塞调用，调用者中止执行，等待控制权返回，需要等待返回消息，用实心三角箭头表示），**异步消息**（发出消息后继续执行，不引起调用者阻塞，也不等待返回消息，由空心箭头表示），**返回消息**（由从右到左的虚线箭头表示）三种，如图 9-6 所示。

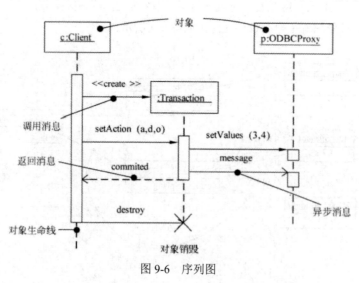

图 9-6　序列图

上方的对象对应下方箭头上的的成员和方法。

（5）**通信图**：动态图，即协作图，强调参加交互的对象的组织，如图 9-7 所示。

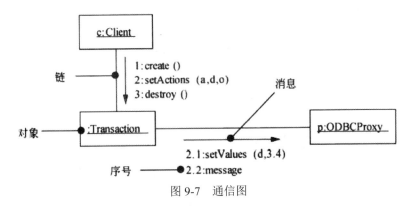

图 9-7　通信图

（6）**状态图**：动态图，展现了一个状态机，描述单个对象在多个用例中的行为，包括简单状态和组合状态。转换可以通过事件触发器触发，事件触发后相应的监护条件会进行检查。状态图中转换和状态是两个独立的概念，如图 9-8 中方框代表状态，箭头上的代表触发事件，实心圆点为起点和终点。

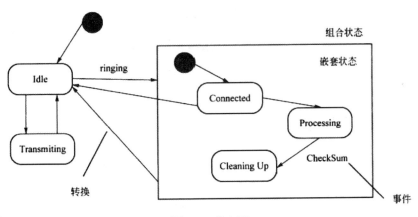

图 9-8　状态图

（7）**活动图**：动态图，是一种特殊的状态图，展现了在系统内从一个活动到另一个活动的流程。活动的分叉和汇合线是一条水平粗线。牢记并发分叉、并发汇合、监护表达式、分支、流等名词及含义。每个分叉的分支数代表了可同时运行的线程数。活动图中能够并行执行的是在一个分叉粗线下的分支上的活动，如图 9-9 所示。

（8）**构件图（组件图）**：静态图，为系统静态实现视图，展现了一组构件之间的组织和依赖，如图 9-10 所示。

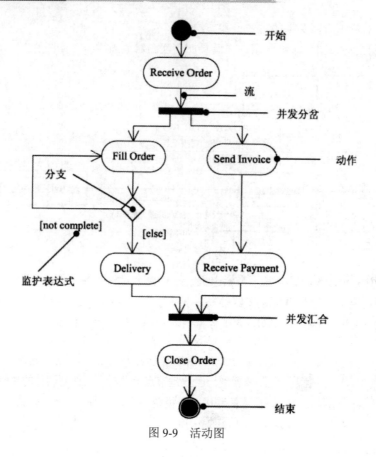

图 9-9　活动图

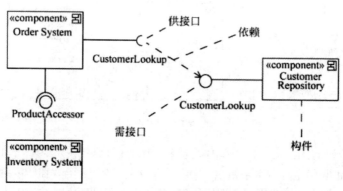

图 9-10　构件图

（9）**部署图**：静态图，为系统静态部署视图，部署图物理模块的节点分布。它与构件图相关，通常一个节点包含一个或多个构件。其依赖关系类似于包依赖，因此部署组件之间的依赖是单向的，类似于包含关系，如图 9-11 所示。

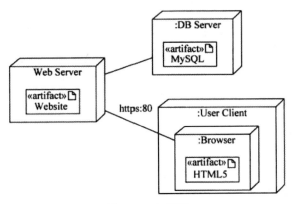

图 9-11　部署图

5.　UML 4+1 视图

（1）逻辑视图。逻辑视图也称为设计视图，它表示了设计模型中在架构方面具有重要意义的部分，即类、子系统、包和用例实现的子集。

（2）进程视图。进程视图是可执行线程和进程作为活动类的建模，它是逻辑视图的一次执行实例，描述了并发与同步结构。

（3）实现视图。实现视图对组成基于系统的物理代码的文件和构件进行建模。

（4）部署视图。部署视图把构件部署到一组物理节点上，表示软件到硬件的映射和分布结构。

（5）用例视图。用例视图是最基本的需求分析模型。

9.2.3　设计模式

1.　层次结构

架构模式：软件设计中的高层决策，例如 C/S 结构就属于架构模式，架构模式反映了开发软件系统过程中所做的基本设计决策。

设计模式：每一个设计模式描述了一个在我们周围不断重复发生的问题，以及该问题的解决方案的核心。这样，你就能一次又一次地使用该方案而不必做重复劳动。设计模式的核心在于提供了相关问题的解决方案，使得人们可以更加简单方便地复用成功的设计和体系结构。四个基本要素：模式名称、问题（应该在何时使用模式）、解决方案（设计的内容）、效果（模式应用的效果）。

惯用法：是最低层的模式，关注软件系统的设计与实现，实现时通过某种特定的程序设计语言来描述构件与构件之间的关系。每种编程语言都有它自己特定的模式，即语言的惯用法。例如引用计数就是 C++语言中的一种惯用法。

2.　具体设计模式分类

具体设计模式分为三类，创建型模式主要是处理创建对象，结构型模式主要是处理类和对象的组合，行为型模式主要是描述类或者对象的交互行为，总览图如图 9-12 所示。

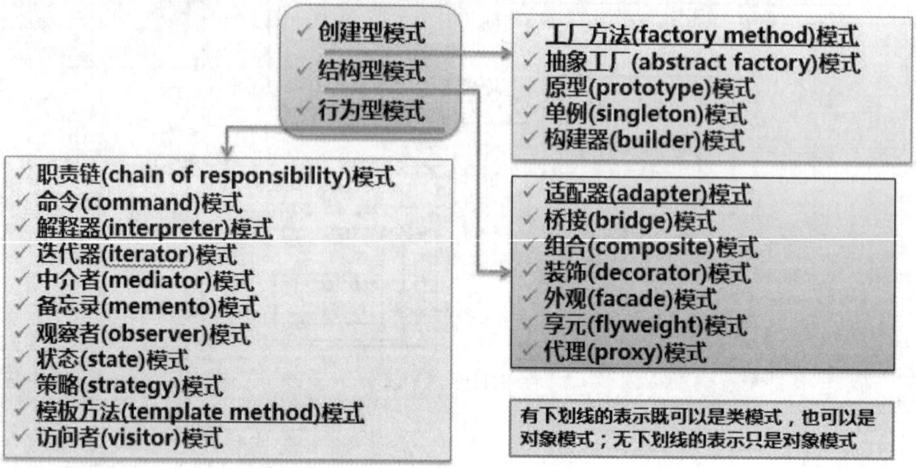

图 9-12　设计模式总图

设计模式具体内容见表 9-1 至表 9-3。

表 9-1　创建型设计模式

创建型设计模式	定义	记忆关键字
Abstract Factory 抽象工厂模式	提供一个接口，可以创建一系列相关或相互依赖的对象，而无需指定它们具体的类	抽象接口
Builder 构建器模式	将一个复杂类的表示与其构造相分离，使得相同的构建过程能够得出不同的表示	类和构造分离
Factory Method 工厂方法模式	定义一个创建对象的接口，但由子类决定需要实例化哪一个类。使得子类实例化过程推迟	子类决定实例化
Prototype 原型模式	用原型实例指定创建对象的类型，并且通过拷贝这个原型来创建新的对象	原型实例，拷贝
Singleton 单例模式	保证一个类只有一个实例，并提供一个访问它的全局访问点	唯一实例

表 9-2　结构型设计模式

结构型设计模式	定义	记忆关键字
Adapter 适配器模式	将一个类的接口转换成用户希望得到的另一种接口。它使原本不相容的接口得以协同工作	转换，兼容接口
Bridge 桥接模式	将类的抽象部分和它的实现部分分离开来，使它们可以独立地变化	抽象和实现分离
Composite 组合模式	将对象组合成树型结构以表示"整体-部分"的层次结构，使得用户对单个对象和组合对象的使用具有一致性	整体-部分，树型结构

结构型设计模式	定义	记忆关键字
Decorator 装饰模式	动态地给一个对象添加一些额外的职责。它提供了用子类扩展功能的一个灵活的替代,比派生一个子类更加灵活	附加职责
Facade 外观模式	定义一个高层接口,为子系统中的一组接口提供一个一致的外观,从而简化了该子系统的使用	对外统一接口
Flyweight 享元模式	提供支持大量细粒度对象共享的有效方法	细粒度,共享
Proxy 代理模式	为其他对象提供一种代理以控制这个对象的访问	代理控制

表 9-3　行为型设计模式

行为型设计模式	定义	记忆关键字
Chain of Responsibility 职责链模式	通过给多个对象处理请求的机会,减少请求的发送者与接收者之间的耦合。将接收对象链接起来,在链中传递请求,直到有一个对象处理这个请求	传递请求、职责、链接
Command 命令模式	将一个请求封装为一个对象,从而可用不同的请求对客户进行参数化,将请求排队或记录请求日志,支持可撤销的操作	日志记录、可撤销
Interpreter 解释器模式	给定一种语言,定义它的文法表示,并定义一个解释器,该解释器根据文法表示来解释语言中的句子	解释器,虚拟机
Iterator 迭代器模式	提供一种方法来顺序访问一个聚合对象中的各个元素而不需要暴露该对象的内部表示	顺序访问,不暴露内部
Mediator 中介者模式	用一个中介对象来封装一系列的对象交互。它使各对象不需要显式地相互调用,从而达到低耦合,还可以独立地改变对象间的交互	不直接引用
Memento 备忘录模式	在不破坏封装性的前提下,捕获一个对象的内部状态,并在该对象之外保存这个状态,从而可以在以后将该对象恢复到原先保存的状态	保存,恢复
Observer 观察者模式	定义对象间的一种一对多的依赖关系,当一个对象的状态发生改变时,所有依赖于它的对象都得到通知并自动更新	通知、自动更新
State 状态模式	允许一个对象在其内部状态改变时改变它的行为	状态变成类
Strategy 策略模式	定义一系列算法,把它们一个个封装起来,并且使它们之间可互相替换,从而让算法可以独立于使用它的用户而变化	算法替换
Template Method 模板方法模式	定义一个操作中的算法骨架,而将一些步骤延迟到子类中,使得子类可以不改变一个算法的结构即可重新定义算法的某些特定步骤	
Visitor 访问者模式	表示一个作用于某对象结构中的各元素的操作,使得在不改变各元素的类的前提下定义作用于这些元素的新操作	数据和操作分离

9.3　课后演练

● 对象、类、继承和消息传递是面向对象的4个核心概念。其中对象是封装__(1)__的整体。

（1）A．命名空间　　　　　　　　B．要完成任务

　　　C．一组数据　　　　　　　　D．数据和行为

● 面向对象__(2)__选择合适的面向对象程序设计语言，将程序组织为相互协作的对象集合，每个对象表示某个类的实例，类通过继承等关系进行组织。

（2）A．分析　　　　B．设计　　　　C．程序设计　　　D．测试

● UML 中有 4 种关系：依赖、关联、泛化和实现。__(3)__是一种结构关系，描述了一组链，链是对象之间的连接；__(4)__是一种特殊/一般关系，使子元素共享其父元素的结构和行为。

（3）A．依赖　　　　B．关联　　　　C．泛化　　　　D．实现

（4）A．依赖　　　　B．关联　　　　C．泛化　　　　D．实现

● UML 图中，对新开发系统的需求进行建模，规划开发什么功能或测试用例，采用__(5)__最合适。而展示交付系统的软件组件和硬件之间的关系图是__(6)__。

（5）A．类图　　　　B．对象图　　　　C．用例图　　　　D．交互图

（6）A．类图　　　　B．部署图　　　　C．组件图　　　　D．网络图

● 下图所示为__(7)__设计模式，属于__(8)__设计模式，适用于__(9)__。

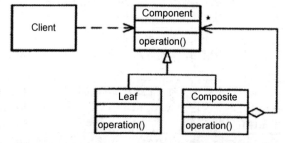

（7）A．代理（Proxy）　　　　　　　　B．生成器（Builder）

　　　C．组合（Composite）　　　　　　D．观察者（Observer）

（8）A．创建型　　　　　　　　　　　B．结构型

　　　C．行为　　　　　　　　　　　　D．结构型和行为

（9）A．表示对象的部分-整体层次结构时

　　　B．当一个对象必须通知其他对象，而它又不能假定其他对象是谁时

　　　C．当创建复杂对象的算法应该独立于该对象的组成部分及其装配方式时

　　　D．在需要比较通用和复杂的对象指针代替简单的指针时

● 在面向对象的系统中，对象是运行时实体，其组成部分不包括__(10)__；一个类定义了一组大

体相似的对象，这些对象共享 (11) 。

（10）A．消息　　　　　B．行为（操作）　　　C．对象名　　　　D．状态

（11）A．属性和状态　　B．对象名和状态　　C．行为和多重度　　D．属性和行为

● 如下所示的 UML 图中，（I）是 (12) ，（II）是 (13) ，（III）是 (14) 。

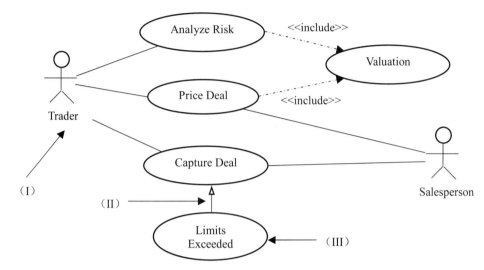

（12）A．参与者　　　　B．用例　　　　　C．泛化关系　　　　D．包含关系

（13）A．参与者　　　　B．用例　　　　　C．泛化关系　　　　D．包含关系

（14）A．参与者　　　　B．用例　　　　　C．泛化关系　　　　D．包含关系

● (15) 设计模式能够动态地给一个对象添加一些额外的职责而无需修改此对象的结构； (16) 设计模式定义一个用于创建对象的接口，让子类决定实例化哪一个类；欲使一个后端数据模型能够被多个前端用户界面连接，采用 (17) 模式最适合。

（15）A．组合（Composite）　　　　　　　B．外观（Facade）

　　　C．享元（Flyweight）　　　　　　　 D．装饰器（Decorator）

（16）A．工厂方法（Factory Method）　　 B．享元（Flyweight）

　　　C．观察者（Observer）　　　　　　 D．中介者（Mediator）

（17）A．装饰器（Decorator）　　　　　　B．享元（Flyweight）

　　　C．观察者（Observer）　　　　　　 D．中介者（Mediator）

● 在面向对象方法中， (18) 是父类和子类之间共享数据和方法的机制。子类在原有父类接口的基础上，用适合于自己要求的实现去置换父类中的相应实现称为 (19) 。

（18）A．封装　　　　　B．继承　　　　　C．覆盖　　　　　D．多态

（19）A．封装　　　　　B．继承　　　　　C．覆盖　　　　　D．多态

● 如下所示的 UML 图是 (20) ，图中（I）表示 (21) ，（II）表示 (22) 。

（20）A．序列图　　　　B．状态图　　　　C．通信图　　　　D．活动图

（21）A. 合并分叉　　　B. 分支　　　　C. 合并汇合　　　D. 流
（22）A. 分支条件　　　B. 监护表达式　　C. 动作名　　　　D. 流名称

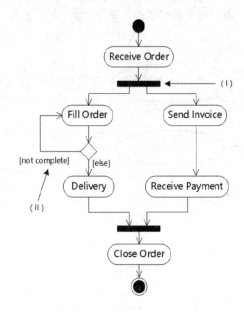

9.4　课后演练答案解析

（1）**答案**：D

解析：对象即类的实例，类中基本的就是封装了数据成员和行为方法。

（2）**答案**：C

解析：涉及程序设计语言的是面向对象程序设计，面向对象设计不涉及具体语言，只从系统逻辑结构层面设计解决方案。

（3）（4）**答案**：B　C

解析：描述对象之间的连接关系的是关联，父类和子类的关系是泛化。

（5）（6）**答案**：C　B

解析：涉及需求建模、测试用例，应该联想到用例图，描述的就是参与者和用例之间的关系；涉及硬件，明显是部署图，只有部署图和硬件部署有关。

（7）～（9）**答案**：C　B　A

解析：在该图中，空心菱形实线箭头表示的是聚合关系，也即部分-整体之间的关系，应该联想到组合设计模式；组合模式这种部分-整体的关系，描述的是类和对象之间的处理方法，属于结构型设计模式；适用于表示对象的部分-整体层次结构。

（10）（11）**答案**：A　D

解析：对象和消息是两个独立的概念，对象是类的实体，因此包括行为、属性，对象运行时必然有状态；类的对象共享类的属性和行为。

（12）～（14）**答案**：A　C　B

解析：典型的用例图，小人形状是参与者，椭圆形状是用例，连线是二者之间的关系，其中空心三角箭头+实线是泛化关系，需要牢记。

（15）～（17）**答案**：D　A　D

解析：额外职责是装饰器，子类决定实例化是工厂方法；一个后端数据模型被多个前端界面连接，那么后端数据模型不能被直接引用，需要通过中介引用。

（18）（19）**答案**：B　C

解析：涉及父类和子类，一般都是继承；置换父类的实现方法，也即使用自己的方法覆盖了父类方法，从字面定义也可理解。

（20）～（22）**答案**：D　A　B

解析：拥有这种水平粗线的是活动图，序列图有时间标识，状态图展示状态，通信图关注消息通信，只有活动图才是这种描述一个活动的走向。（Ⅰ）是一个水平粗线，在活动图中很重要，是活动的分叉和汇合的标识，具体是分叉还是汇合就要具体分析，（Ⅰ）之后活动分为两个分支，必然是分叉，即合并分叉，下面的水平粗线将两个分支汇合为一条，是合并汇合。（Ⅱ）出现在分支上，是监护表达式。

第10章
程序设计语言基础知识

10.1 备考指南

程序设计语言基础知识主要考查的是程序设计语言分类和概念，编译和解释，编译程序的基本原理，以及文法、正规式、有限自动机等。软件设计师的考试中在选择题里考查，约占 6 分。

10.2 考点梳理及精讲

10.2.1 程序设计语言基本概念

1. 程序设计语言分类

（1）低级语言：机器语言、汇编语言。

（2）高级语言：高级程序设计语言，更接近人的语言，包括：

Fortran 语言：科学计算，执行效率高。

Pascal 语言：为教学开发，表达能力强。

C 语言：指针操作能力强，可以开发系统级软件，高效。

C++语言：面向对象，高效。

Java 语言：面向对象，中间代码，跨平台。

C#语言：面向对象，中间代码，.Net 框架。

Python：一种面向对象、解释型计算机程序设计语言。

Prolog：逻辑型程序设计语言。

2．将程序设计语言转换为机器语言

汇编：将汇编语言翻译成目标程序执行。

解释和编译：将高级语言翻译成计算机硬件认可的机器语言加以执行。不同之处在于编译程序生成独立的可执行文件，直接运行，运行时无法控制源程序，效率高。而解释程序不生成可执行文件，可以逐条解释执行，用于调试模式，可以控制源程序，因为还需要控制程序，因此执行速度慢，效率低。

3．程序设计语言定义三要素

程序设计语言的三要素为语法、语义、语用。

语法是指由程序设计语言的基本符号组成程序中的各个语法成分（包括程序）的一组规则，其中由基本字符构成的符号（单词）书写规则称为词法规则，由符号构成语法成分的规则称为语法规则。程序设计语言的语法可用形式语言进行描述。

语义是程序设计语言中按语法规则构成的各个语法成分的含义，可分为静态语义和动态语义。静态语义指编译时可以确定的语法成分的含义，而运行时刻才能确定的含义是动态语义。一个程序的执行效果说明了该程序的语义，它取决于构成程序的各个组成部分的语义。

语用表示了构成语言的各个记号和使用者的关系，涉及符号的来源、使用和影响。

语言的实现则有个语境问题。语境是指理解和实现程序设计语言的环境，包括编译环境和运行环境。

4．程序设计语言的分类

（1）命令式和结构化程序设计语言，包括 Fortran、Pascal 和 C 语言。

（2）面向对象程序设计语言，包括 C++、Java 和 Smalltalk 语言。

（3）函数式程序设计语言，包括 LISP、Haskell、Scala、Scheme、APL 等。

（4）逻辑型程序设计语言，包括 Prolog。

5．程序设计语言的基本成分

数据成分：指一种程序设计语言的数据和数据类型。数据分为常量（程序运行时不可改变）、变量（程序运行时可以改变）、全局量（存储空间在静态数据区分配）、局部量（存储空间在堆栈区分配）。数据类型有整型、字符型、双精度、单精度浮点型、布尔型等。

运算成分：指明允许使用的运算符号及运算规则。包括算术运算、逻辑运算、关系运算、位运算等。

控制成分：指明语言允许表述的控制结构。包括顺序结构、选择结构、循环结构，如图 10-1 所示。

传输成分：指明语言允许的数据传输方式。如赋值处理、数据的输入输出等。

函数：C 程序由一个或多个函数组成，每个函数都有一个名字，其中有且仅有一个名字为 main 的函数作为程序运行时的起点。函数是程序模块的主要成分，它是一段具有独立功能的程序。函数的使用涉及三个概念：函数定义、函数声明和函数调用。

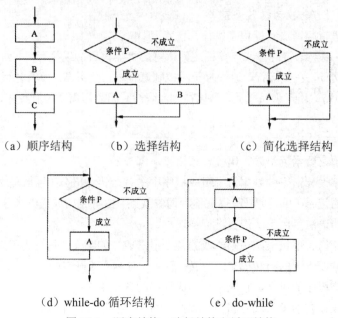

（a）顺序结构　　（b）选择结构　　（c）简化选择结构

（d）while-do 循环结构　　（e）do-while

图 10-1　顺序结构、选择结构和循环结构

6. 函数

函数的定义包括两部分：函数首部和函数体。函数的定义描述了函数做什么和怎么做。函数定义的一般形式为：

```
返回值的类型 函数名(形式参数表) //函数首部
{
函数体;
}
```

函数首部说明了函数返回值的数据类型、函数的名字和函数运行时所需的参数及类型。函数所实现的功能在函数体部分进行描述。

函数应该先声明后引用。如果程序中对一个函数的调用在该函数的定义之前进行，则应该在调用前对被调用函数进行声明。函数原型用于声明函数。函数声明的一般形式为：

```
返回值类型 函数名(参数类型表);
```

函数调用的一般形式为：

```
函数名（实参表）;
```

函数调用时实参与形参间交换信息的方法有值调用和引用调用两种。

（1）值调用（Call by Value）。若实现函数调用时将实参的值传递给相应的形参，则称为是传值调用。在这种方式下形参不能向实参传递信息。

在 C 语言中，要实现被调用函数对实参的修改，必须用指针作为参数。即调用时需要先对实参进行取地址运算，然后将实参的地址传递给指针形参。其本质上仍属于值调用。这种方式实现了间接内存访问。

（2）引用调用（Call by Reference）。引用是 C++中引入的概念，当形式参数为引用类型时，形参名实际上是实参的别名，函数中对形参的访问和修改实际上就是针对相应实参所做的访问和改变。

10.2.2　编译程序基本原理

1. 编译程序步骤

编译程序对高级语言源程序进行编译的过程中，要不断收集、记录和使用源程序中一些相关符号的类型和特征等信息，并将其存入符号表中，编译过程如下。

词法分析：是编译过程的第一个阶段。这个阶段的任务是从左到右一个字符一个字符地读入源程序，即对构成源程序的字符流进行扫描然后根据构词规则识别单词（也称单词符号或符号）。

语法分析：是编译过程的一个逻辑阶段。语法分析的任务是在词法分析的基础上将单词序列组合成各类语法短语，如"程序""语句""表达式"等，语法分析程序判断源程序在结构上是否正确.源程序的结构由上下文无关文法描述。

语义分析：是编译过程的一个逻辑阶段。语义分析的任务是对结构上正确的源程序进行上下文有关性质的审查，进行类型审查。如类型匹配、除法除数不为 0 等。又分为静态语义错误（在编译阶段能够查找出来）和动态语义错误（只能在运行时发现）。

中间代码和目标代码：中间代码是根据语义分析产生的，需要经过优化链接，最终生成可执行的目标代码.引入中间代码的目的是进行与机器无关的代码优化处理.常用的中间代码有后缀式（逆波兰式）、三元式（三地址码）、四元式和树等形式。需要考虑三个问题（一是如何生成较短的目标代码；二是如何充分利用计算机中的寄存器，减少目标代码访问存储单元的次数；三是如何充分利用计算机指令系统的特点，以提高目标代码的质量）。

整个编译过程如图 10-2 所示。

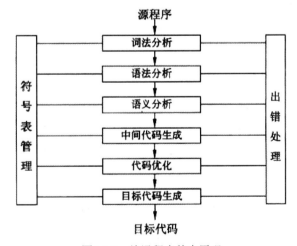

图 10-2　编译程序基本原理

2. 表达式

表达式示例如图 10-3 所示。

前缀表达式：+ab。

中缀表达式：a+b。

后缀表达式：ab+。

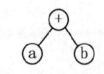

图 10-3　表达式示例图

主要掌握上述三种表达式即可，其实就是树的三种遍历，一般**正常的表达式是中序遍历**，即中缀表达式，根据其构造出树，再按题目要求求出前缀或后缀式。

简单求法：后缀表达式是从左到右开始，先把表达式加上括号，再依次把运算符加到本层次的括号后面。

10.2.3　文法定义

文法 G 是一个四元组，可表示为 G=(V, T, P, S)。

V：非终结符，不是语言组成部分，不是最终结果，可以推导出其他元素。

T：终结符，是语言的组成部分，是最终结果，不能再推导其他元素。

P：产生式，用终结符代替非终结符的规则，例如 a->b。

S：起始符，是语言的开始符号。

乔姆斯基（Chomsky）把文法分成 4 种类型，即 0 型、1 型、2 型和 3 型。

0 型文法也称为短语文法，其功能相当于图灵机，任何 0 型语言都是递归可枚举的；反之，递归可枚举集也必定是一个 0 型语言。

1 型文法也称为上下文有关文法，这种文法意味着对非终结符的替换必须考虑上下文，并且一般不允许替换成 ε 串。例如，若 αAβ→αγβ 是 1 型文法的产生式，α 和 β 不全为空，则非终结符 A 只有在左边是 α，右边是 β 的上下文中才能替换成 γ。

2 型文法就是上下文无关文法，非终结符的替换无须考虑上下文。程序设计语言中的大部分语法都是上下文无关文法，当然语义上是相关的，要注意区分语法和语义。

3 型文法等价于正规式，因此也被称为正规文法或线性文法。

10.2.4　正规式

语言中具有独立含义的最小语法单位是符号（单词），如标识符、无符号常数与界限符等。词法分析的任务是把构成源程序的字符串转换成单词符号序列。词法规则可用 3 型文法（正规文法）或正规表达式描述，它产生的集合是语言规定的基本字符集 Σ（字母表）上的字符串的一个子集，称为正规集。

正规式和正规集：

对于字母表 Σ，其上的正规式及其表示的正规集可以递归定义如下。

（1）ε 是一个正规式，它表示集合 L(ε)={ε}。

（2）若 a 是 Σ 上的字符，则 a 是一个正规式，它所表示的正规集为 {a}。

（3）若正规式 r 和 s 分别表示正规集 L(r)和 L(s)，则：

① r|s 是正规式，表示集合 L(r)∪L(s)。

② r·s 是正规式，表示集合 L(r)L(s)。

③ r*是正规式，表示集合(L(r))*。

④ (r)是正规式，表示集合 L(r)。

仅通过有限次地使用上述 3 个步骤定义的表达式才是 Σ 上的正规式，其中，运算符"|""•""*"分别称为"或""连接"和"闭包"。在正规式的书写中，连接运算符 "•"可省略，运算的优先级从高到低顺序排列为"*""•""|"。

设 Σ={a, b}，表 10-1 列出了 Σ 上的一些正规式和相应的正规集。

表 10-1　正规式和正规集示例

正规式	正规集
ab	字符串 ab 构成的集合
a|b	字符串 a、b 构成的集合
a*	由 0 个或多个 a 构成的字符串集合
(a|b)*	所有字符 a 和 b 构成的串的集合
a(a|b)*	以 a 为首字符的 a、b 字符串的集合
(a|b)*abb	以 abb 结尾的 a、b 字符串的集合

10.2.5　有限自动机

有限自动机是一种识别装置的抽象概念，它能准确地识别正规集。有限自动机分为确定的有限自动机（Deterministic Finite Automation，DFA）和不确定的有限自动机（Nondeterministic Finite Automation，NFA）两类。

1. 确定的有限自动机（DFA）

一个确定的有限自动机是个五元组(S, Σ, f, s0, Z)，其中：

S 是一个有限集，其每个元素称为一个状态。

Σ 是一个有穷字母表，其每个元素称为一个输入字符。

f 是 S×Σ→S 上的单值部分映像。f(A, a)=Q 表示当前状态为 A、输入为 a 时，将转换到下一状态 Q。称 Q 为 A 的一个后继状态。

s0∈S，是唯一的一个开始状态。

Z 是非空的终止状态集合，Z⊆S。

状态转换图示例如图 10-4 所示。

一般考试，给出一个状态图，问能否构造出 001 这样的字符串，解决方法就是从起点 S 到终点 F 之间是否有一条路，权值为 001。本质就是有向图从起点到终点的遍历。

2. 不确定的有限自动机（NFA）

一个不确定的有限自动机也是一个五元组，它与确定的有限自动机的区别如下：

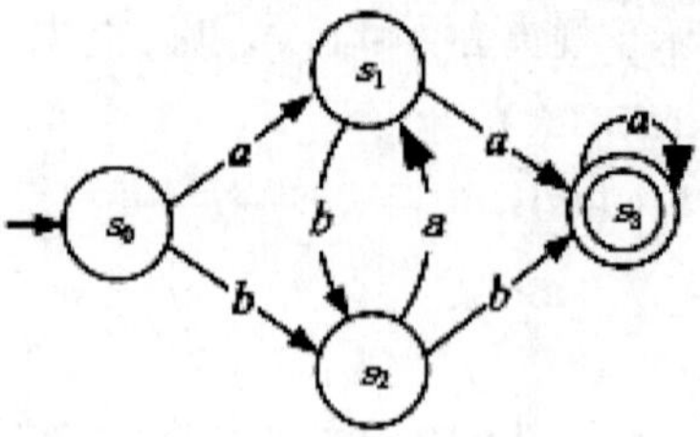

图 10-4　状态转换图示例

（1）f 是 S×Σ→2S 上的映像。对于 S 中的一个给定状态及输入符号，返回一个状态的集合。即当前状态的后继状态不一定是唯一的。

（2）有向弧上的标记可以是 ε。

3. 区分确定的有限自动机和不确定的有限自动机

输入一个字符，看是否能得出唯一的后继，若能，则是确定的，否则若得出多个后继，则是不确定的。

10.2.6　语法分析方法

自上而下语法分析：最左推导，从左至右。给定文法 G 和源程序串 r。从 G 的开始符号 S 出发，通过反复使用产生式对句型中的非终结符进行替换（推导），逐步推导出 r。

递归下降思想：原理是利用函数之间的递归调用模拟语法树自上而下的构造过程，是一种自上而下的语法分析方法。

自下而上语法分析：最右推导，从右至左。从给定的输入串 r 开始，不断寻找子串与文法 G 中某个产生式 P 的候选式进行匹配，并用 P 的左部代替（归约），逐步归约到开始符号 S。

移进-规约思想：设置一个栈，将输入符号逐个移进栈中，栈顶形成某产生式的右部时，就用左部去代替，称为归约。很明显，这个思想是通过右部来推导出左部，因此是自下而上语法分析的核心思想。

10.3　课后演练

- 以下关于程序设计语言的叙述中，错误的是　(1)　。
  - （1）A. 程序设计语言的基本成分包括数据、运算、控制和传输等
    - B. 高级程序设计语言不依赖于具体的机器硬件
    - C. 程序中局部变量的值在运行时不能改变
    - D. 程序中常量的值在运行时不能改变
- C 程序中全局变量的存储空间在　(2)　分配。
  - （2）A. 代码区　　　　B. 静态数据区　　　　C. 栈区　　　　D. 堆区

● 对高级语言源程序进行编译或解释的过程可以分为多个阶段，解释方式不包含 __(3)__ 阶段。

　（3）A．词法分析　　　　B．语法分析　　　　C．语义分析　　　　D．目标代码生成

● 某非确定的有限自动机（NFA）的状态转换图如下图所示（q_0 既是初态也是终态），与该 NFA 等价的确定的有限自动机（DFA）是 __(4)__ 。

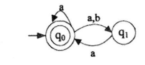

（4）A. 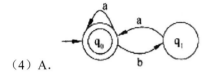 　　　B.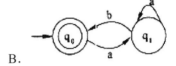

　　　C. 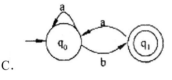 　　　D.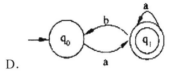

● 递归下降分析方法是一种 __(5)__ 方法。

　（5）A．自底向上的语法分析　　　　　　B．自上而下的语法分析

　　　　C．自底向上的词法分析　　　　　　D．自上而下的词法分析

● 编译器和解释器是两种基本的高级语言处理程序。编译器对高级语言源程序的处理过程可以划分为词法分析、语法分析、语义分析、中间代码生成、代码优化、目标代码生成等阶段，其中，__(6)__ 并不是每个编译器都必需的，与编译器相比，解释器 __(7)__ 。

　（6）A．词法分析和语法分析　　　　　　B．语义分析和中间代码生成

　　　　C．中间代码生成和代码优化　　　　D．代码优化和目标代码生成

　（7）A．不参与运行控制，程序执行的速度慢

　　　　B．参与运行控制，程序执行的速度慢

　　　　C．参与运行控制，程序执行的速度快

　　　　D．不参与运行控制，程序执行的速度快

● 某非确定的有限自动机（NFA）的状态转换图如下图所示（q_0 既是初态也是终态）。以下关于该 NFA 的叙述中，正确的是 __(8)__ 。

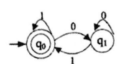

　（8）A．其可识别的 0、1 序列的长度为偶数

　　　　B．其可识别的 0、1 序列中 0 与 1 的个数相同

    C. 其可识别的非空 0、1 序列中开头和结尾字符都是 0

    D. 其可识别的非空 0、1 序列中结尾字符是 1

● 函数 t()、f() 的定义如下所示，若调用函数 t 时传递给 x 的值为 5，并且调用函数 f() 时，第一个参数采用传值（call by value）方式，第二个参数采用传引用(call by reference)方式，则函数 t 的返回值为 ___(9)___。

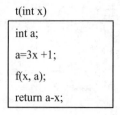

```
t(int x)

int a;
a=3x +1;
f(x, a);
return a-x;
```

```
f(int r, int &s)

int x;
x=2s+1; s = x+r;
r=x-1;
return;
```

    （9）A. 33   B. 22   C. 11   D. 负数

● 以下关于脚本语言的叙述中，正确的是 ___(10)___。

    （10）A. 脚本语言是通用的程序设计语言   B. 脚本语言更适合应用在系统级程序开发中

           C. 脚本语言主要采用解释方式实现   D. 脚本语言中不能定义函数和调用函数

10.4　课后演练答案解析

（1）**答案：C**

解析： 程序中常量的值在运行时不能改变，变量的值在运行时可以改变。

（2）**答案：B**

解析： 全局变量的存储空间在静态数据区分配，局部变量可能在堆栈区分配。

（3）**答案：D**

解析： 解释方式不生成目标代码，与编译方式有区别。

（4）**答案：A**

解析： 两个圆圈表示终态，NFA 等价的 DFA，初态和终态必须相同，因此 C 项和 D 项以 q_1 为终态，排除；而后分析题目 NFA 能识别的字符串，可知从 q_0 到 q_1 有 a,b，从 q_1 到 q_0 有 a，只有 A 项符合。

（5）**答案：B**

解析： 从字面也可以理解，已经说明了下降，肯定是自上而下才叫下降，故排除 A、C 项，递归下降分析方法是一种语法分析方法，原理是利用函数之间的递归调用模拟语法树自上而下的构造过程。

（6）（7）**答案：C　B**

解析： 编译过程可以不生成中间代码和代码优化，直接在词法、语法、语义分析后生成目标代码，编译器不参与运行控制，因此运行快；解释器参与运行控制，因此运行慢，需理解二者的区别。

（8）答案：D

解析：所谓非确定的有限自动机，就是给出一个前驱字符，可以推导出多个后继字符，由于该图中初态和终态相同，因此可识别空字符串，且指向 q_0 的都是 1，可知结束时必然最后一个字符为 1。

（9）答案：A

解析：牢记传值不改变实参，传引用改变实参即可；在 t 中调用 f(x,a)，即 f(5,16)，进入 f 中，就是 r=5，s=16，计算后 x=33，s=38，r=32，只有 s 是引用方式，返回 t 函数后会改变，因此返回 t 后，第一个参数 x=5，第二个参数 a=38，相减为 33。

（10）答案：C

解析：脚本语言不是程序设计语言，主要采用解释方式实现，能定义函数、变量等。

第**11**章
数据结构

11.1 备考指南

数据结构主要考查的是线性结构，如线性表、链表、栈和队列，数组、矩阵、广义表，树与二叉树，图，查找算法以及大量的排序算法等相关知识，在软件设计师考试中的选择题里考查，约占 7 分，案例分析也会固定考查一个大题（15 分），一般是第四题，主要结合算法分析与设计章节考查具体的 C 语言代码实现，属于非常重要的章节之一。

11.2 考点梳理及精讲

11.2.1 线性结构

1. 线性表

线性表是线性结构（每个元素最多只有一个出度和一个入度，表现为一条线状）的代表，线性表按存储方式分为顺序表和链表，存储形式如图 11-1 所示。

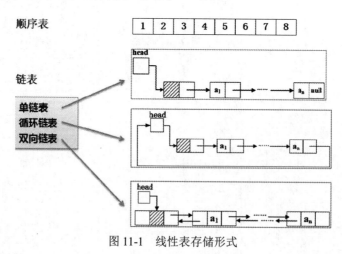

图 11-1 线性表存储形式

图 11-1 中，**顺序表**需要一段连续的内存空间来存放顺序表中的所有元素，这些元素在物理地址上是相邻的。

而**链表**中的所有元素只是逻辑上相邻，在实际物理存储时处于不同的空闲块中，元素之间通过指针域连接，又可分为单链表、循环链表、双向链表，具体逻辑上的关系都如图 11-1 所示。

顺序存储和链式存储的对比见表 11-1。

表 11-1   顺序存储和链式存储的对比

性能类别	具体项目	顺序存储	链式存储
空间性能	存储密度	=1，更优	<1
	容量分配	事先确定	动态改变，更优
时间性能	查找运算	O(n/2)	O(n/2)
	读运算	O(1)，更优	O([n+1]/2)，最好情况为 1，最坏情况为 n
	插入运算	O(n/2)，最好情况为 0，最坏情况为 n	O(1)，更优
	删除运算	O([n–1]/2)	O(1)，更优

在空间方面，因为链表还需要存储指针，因此有空间浪费存在。

在时间方面，由顺序表和链表的存储方式可知，当需要对元素进行**破坏性操作（插入、删除）时**，链表效率更高，因为其只需要修改指针指向即可，而顺序表因为地址是连续的，当删除或插入一个元素后，后面的其他节点位置都需要变动。

而当需要对元素进行**不改变结构操作时（读取、查找）**，顺序表效率更高，因为其物理地址是连续的，如同数组一般，只需按索引号就可快速定位，而链表需要从头节点开始，一个个地查找下去。

2. 栈和队列

栈、队列结构如图 11-2 所示，**队列是先进先出**，分队头和队尾。

栈是先进后出，只有栈顶能进出。

3. 循环队列

设循环队列 Q 的容量为 MAXSIZE，初始时队列为空，且 Q.rear 和 Q.front 都等于 0。

元素入队时修改队尾指针，即令 Q.rear=(Q.rear+1)%MAXSIZE。

元素出队时修改队头指针，即令 Q.front=(Q.front+1)%MAXSIZE。

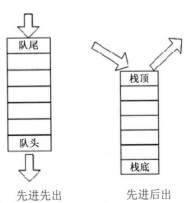

先进先出   先进后出

图 11-2   栈和队列

根据队列操作的定义，当出队操作导致队列变为空时，有 Q.rear==Q.front。

若入队操作导致队列满时，则 Q.rear==Q.front。

在队列空和队列满的情况下，循环队列的队头、队尾指针指向的位置是相同的，此时仅仅根据 Q.rear 和 Q.front 之间的关系无法断定队列的状态。为了区别队空和队满的情况，可采用两种处理方式。其一是设置一个标志，以区别头、尾指针的值相同时队列是空还是满；其二是牺牲一个存储单元，**约定以"队列的尾指针所指位置的下一个位置是队头指针时"表示队列满**，如图 11-3 所示，**而头、尾指针的值相同时表示队列为空**。

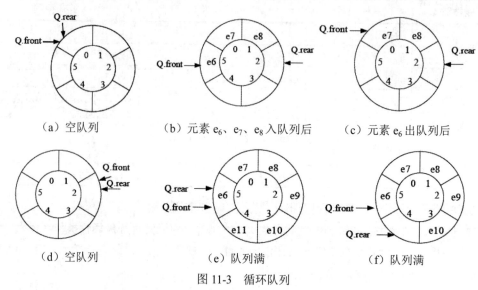

图 11-3 循环队列

4. 串

字符串是一种特殊的线性表，其数据元素都为字符。

空串：长度为 0 的字符串，没有任何字符。

空格串：由一个或多个空格组成的串，空格是空白字符，占一个字符长度。

子串：串中任意长度的连续字符构成的序列称为子串。含有子串的串称为主串，空串是任意串的子串。

串的模式匹配：子串的定位操作，用于查找子串在主串中第一次出现的位置的算法。

5. 模式匹配算法

朴素的模式匹配算法：也称为布鲁特-福斯算法，其基本思想是从主串的第 1 个字符起与模式串的第 1 个字符比较，若相等，则继续逐个字符进行后续的比较；否则从主串中的第 2 个字符起与模式串的第 1 个字符重新比较，直至模式串中每个字符依次和主串中的一个连续的字符序列相等时为止，此时称为匹配成功，否则称为匹配失败。

KMP 算法：对基本模式匹配算法的改进，其改进之处在于每当匹配过程中出现相比较的字符不相等时，不需要回溯主串的字符位置指针，而是利用已经得到的"部分匹配"结果将模式串向右

"滑动"尽可能远的距离，再继续进行比较。

当模式串中的字符 pj 与主串中相应的字符 Si 不相等时，因其前 j 个字符（"p0···pj–1"）已经获得了成功的匹配，所以若模式串中"p0···pk–1"与"pj–k···pj–1"相同，这时可令 pk 与 Si 进行比较，从而使 i 无须回退。

在 KMP 算法中，依据模式串的 next 函数值实现子串的滑动。若令 next[j]=k，则 next[j]表示当模式串中的 pj 与主串中相应字符不相等时，令模式串的 pnext[j]与主串的相应字符进行比较。next 函数的定义如下。

$$next[j] = \begin{cases} -1 & \text{当j = 0时} \\ \max & \{k|0<k<j且"p0...pk -1"="pj - k...pj - 1"\} \\ 0 & \text{其他情况} \end{cases}$$

11.2.2 数组、矩阵和广义表

1. 数组

主要掌握数组存储地址的计算，特别是二维数组，要注意理解，假设每个数组元素占用存储长度为 len，起始地址为 a，存储地址计算见表 11-2。

表 11-2 数组存储地址计算（下标从 0 开始编号）

数组类型	存储地址计算
一维数组 a[n]	a[i]的存储地址为：a+i*len
二维数组 a[m][n]	a[i][j]的存储地址（按行存储）为：a+(i*n+j)*len
	a[i][j]的存储地址（按列存储）为：a+(j*m+i)*len

由二维数组公式可知，若 i=j，则无论按行存储还是按列存储，存储在 a[i,j]之前的元素个数相同，实际答题时可构造一个简单的二维数组，取特殊值验证。

另外，注意，若题目没有特别说明（注意审题），数组元素一般都是从 0 开始计数的，因此表 11-2 中的公式都是无需–1 的。要注意区分二维数组行列计算。

2. 稀疏矩阵

稀疏矩阵就是一个矩阵中大部分数据都是 0 的矩阵，此时，只需要存储少部分不为 0 的有效数据即可节省大量空间，因此有表 11-3 所示的稀疏矩阵。

表 11-3 稀疏矩阵

矩阵	特点	存储数组 B[k]与矩阵元素 a_{ij} 对应公式或示意图
对称矩阵	矩阵 An×n 中的元素特点为 $a_{ij}=a_{ji}(1<=i,j<=n)$	$k = \begin{cases} \dfrac{i(i-1)}{2} + j & \text{当i} \geq \text{j} \\ \dfrac{j(j-1)}{2} + i & \text{当i} < \text{j} \end{cases}$

续表

矩阵	特点	存储数组 B[k]与矩阵元素 a_{ij} 对应公式或示意图
对角矩阵	矩阵中的非零元素都集中在以主对角线为中心的带状区域	三对角矩阵示意图：$$A_{n\times n} = \begin{bmatrix} a_{1,1} & a_{1,2} & & & & & \\ a_{2,1} & a_{2,2} & a_{2,3} & & & 0 & \\ & a_{3,2} & a_{3,3} & a_{3,4} & & & \\ & & & \vdots & \vdots & \vdots & \\ & & a_{i,i-1} & a_{i,i} & a_{i,i+1} & \\ & & & \vdots & \vdots & \vdots & \\ & & & & & a_{n,n-1} & a_{n,n} \end{bmatrix}$$
三角矩阵	矩阵中主对角线上方都为非零元素，下方都为零元素（或相反）	上三角矩阵示意图

它们和一维数组之间的对应关系如表 11-3 所示，但在实际考试中，因为都是选择题，可以使用**代入法**（特殊值法）进行排除。

3. 广义表

广义表是线性表的推广，是由 0 个或多个单元素或子表组成的有限序列。

广义表与线性表的区别：线性表的元素都是结构上不可分的单元素，而广义表的元素既可以是单元素，也可以是有结构的表。

广义表一般记为：LS = (a1, a2, ···, an)。

其中 LS 是表名，ai 是表元素，它可以是表（称为子表），也可以是数据元素（称为原子）。其中 n 是广义表的**长度**（也就是最外层包含的元素个数），n=0 的广义表为空表；而递归定义的重数就是广义表的**深度**，即定义中所含括号的重数（单边括号的个数，原子的深度为 0，空表的深度为 1）。

head()和 tail()：**取表头**（广义表第一个表元素，可以是子表也可以是单元素）和**取表尾**（广义表中，除了第一个表元素之外的其他所有表元素构成的表，非空广义表的表尾必定是一个表，即使表尾是单元素）操作。

11.2.3 树与二叉树

1. 树的相关概念

树结构是一种非线性结构，树中的每一个数据元素可以有两个或两个以上的直接后继元素，用来描述层次结构关系，如图 11-4 所示。

树是 n 个节点的有限集合（n≥0），当 n=0 时称为空树，在任一棵非空树中，有且仅有一个根节点。其余节点可分为 m（m≥0）个互不相交的有限子集 T1, T2, ···, Tm，其中，每个 Ti 又都是一棵树，并且称为根节点的子树。

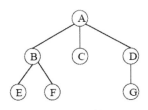

图 11-4　树

树的基本概念如下。

（1）双亲、孩子和兄弟。节点的子树的根称为该节点的孩子；相应地，该节点称为其子节点的双亲。具有相同双亲的节点互为兄弟。

（2）节点的度。一个节点的子树的个数记为该节点的度。例如 A 的度为 3，B 的度为 2，C的度为 0，D 的度为 1。

（3）叶子节点。叶子节点也称为终端节点，指度为 0 的节点。例如，E、F、C、G 都是叶子节点。

（4）内部节点。度不为 0 的节点，也称为分支节点或非终端节点。除根节点以外，分支节点也称为内部节点。例如，B、D 都是内部节点。

（5）节点的层次。根为第 1 层，根的孩子为第 2 层，以此类推，若某节点在第 i 层，则其孩子节点在第 i+1 层。例如，A 在第 1 层，B、C、D 在第 2 层，E、F 和 G 在第 3 层。

（6）树的高度。一棵树的最大层数记为树的高度（或深度）。例如，图 11-4 中所示树的高度为 3。

（7）有序（无序）树。若将树中节点的各子树看成是从左到右具有次序的，即不能交换，则称该树为有序树，否则称为无序树。

2．二叉树的特性

二叉树是 n 个节点的有限集合，它或者是空树，或者是由一个根节点及两棵互不相交的且分别称为左、右子树的二叉树所组成。与树的区别在于每个根节点最多只有两个孩子节点，如图 11-5所示。

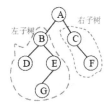
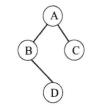
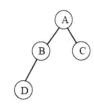

（a）二叉树　　　（b）二叉树中节点 B　　（c）二叉树中节点 B　　（d）普通树中节点 B
　　　　　　　　　　　的左子树为空　　　　　的右子树为空　　　　　有一棵子树

图 11-5　二叉树的不同表现形式

二叉树的性质如下，要求掌握，在实际考试中可以用**特殊值法**验证。

（1）二叉树第 i 层（i≥1）上至多有 2^{i-1} 个节点。

（2）深度为 k 的二叉树至多有 2^k-1 个节点（k≥1）。

（3）对任何一棵二叉树，若其终端节点数为 n_0，度为 2 的节点数为 n_2，则 $n_0=n_2+1$。

此公式可以画一个简单的二叉树使用特殊值法快速验证，也可以证明如下：设一棵二叉树上叶节点数为 n_0，单分支节点数为 n_1，双分支节点数为 n_2，则总节点数=$n_0+n_1+n_2$。在一棵二叉树中，所有节点的分支数（即度数）应等于单分支节点数加上双分支节点数的 2 倍，即总的分支数=n_1+2n_2。由于二叉树中除根节点以外，每个节点都有唯一的一个分支指向它，因此二叉树中：总的分支数=总节点数–1。

（4）具有 n 个节点的完全二叉树的深度为 $\lfloor \log_2 n \rfloor + 1$。

三种特殊的二叉树如图 11-6 所示。

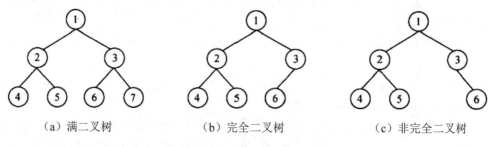

（a）满二叉树　　　　　（b）完全二叉树　　　　　（c）非完全二叉树

图 11-6　特殊二叉树

可知，**满二叉树**每层都是满的。

完全二叉树的 k–1 层是满的，第 k 层节点从左到右是满的。

3．二叉树的存储结构

（1）二叉树的顺序存储结构。

顺序存储，就是用一组连续的存储单元存储二叉树中的节点，按照从上到下，从左到右的顺序依次存储每个节点。

对于深度为 k 的完全二叉树，除第 k 层外，其余每层中节点数都是上一层的两倍，由此，从一个节点的编号可推知其双亲、左孩子、右孩子节点的编号。假设有编号为 i 的节点，则有：

若 i=1，则该节点为根节点，无双亲；若 i>1，则该节点的双亲节点为 $\lfloor i/2 \rfloor$。

若 2i≤n，则该节点的左孩子编号为 2i，否则无左孩子。

若 2i+1≤n，则该节点的右孩子编号为 2i+1，否则无右孩子。

显然，顺序存储结构对完全二叉树而言既简单又节省空间，而对于一般二叉树则不适用。因为在顺序存储结构中，以节点在存储单元中的位置来表示节点之间的关系，那么对于一般的二叉树来说，也必须按照完全二叉树的形式存储，也就是要添上一些实际并不存在的"虚节点"，这将造成空间的浪费。

（2）二叉树的链式存储结构。

由于二叉树中节点包含数据元素、左子树根、右子树根及双亲等信息，因此可以用三叉链表或二叉链表（即一个节点含有三个指针或两个指针）来存储二叉树，链表的头指针指向二叉树的根节点，如图 11-7 所示。

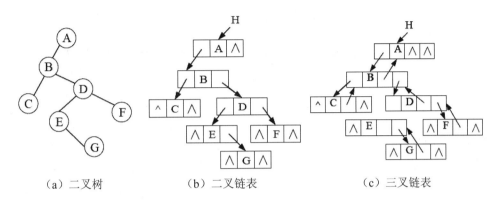

（a）二叉树　　　　（b）二叉链表　　　　（c）三叉链表

图 11-7　二叉树的链式存储结构

4．二叉树的遍历

一棵非空的二叉树由根节点、左子树、右子树三部分组成，遍历这三部分，也就遍历了整棵二叉树。这三部分遍历的基本顺序是先左子树后右子树，但根节点顺序可变，以**根节点访问的顺序**为准有下列四种遍历方式：

先序（前序）遍历：根左右。

中序遍历：左根右。

后序遍历：左右根。

层次遍历：按层次，从上到下，从左到右。

反向构造二叉树：仅仅有前序和后序是无法构造二叉树的，必须要是和中序遍历的集合才能反向构造出二叉树。构造时，前序和后序遍历可以确定根节点，中序遍历用来确定根节点的左子树节点和右子树节点，而后按此方法进行递归，直至得出结果。

5．线索二叉树

引入线索二叉树是为了保存二叉树遍历时某节点的前驱节点和后继节点的信息，二叉树的链式存储只能获取到某节点的左孩子和右孩子节点，无法获取其遍历时的前驱和后继节点，因此可以在链式存储中再增加两个指针域，使其分别指向前驱和后继节点，但这样太浪费存储空间，所以考虑下述实现方法。

若 n 个节点的二叉树使用二叉链表存储，则必然有 n+1 个空指针域，利用这些空指针域来存放节点的前驱和后继节点信息，为此，需要增加两个标志，以区分指针域存放的到底是孩子节点还是遍历节点，如图 11-8 所示。

若二叉树的二叉链表采用上述结构，则称为线索链表，其中指向前驱、后继节点的指针称为线索，加上线索的二叉树称为线索二叉树。

6. 最优二叉树（哈夫曼树）

最优二叉树又称为哈夫曼树，是一类带权路径长度最短的树，相关概念如下。

树的路径长度：根节点到达叶子节点的层次距离（或者说经过的分支数）。

ltag	lchild	data	rchild	rtag

$$ltag = \begin{cases} 0 & lchild\ 域指示节点的左孩子 \\ 1 & lchild\ 域指示节点的直接前驱 \end{cases}$$

$$rtag = \begin{cases} 0 & rchild\ 域指示节点的右孩子 \\ 1 & rchild\ 域指示节点的直接后继 \end{cases}$$

图 11-8　线索二叉树表示形式

权：叶子节点代表的值。

带权路径长度：叶子节点的路径长度乘以该叶子节点的值。

树的带权路径长度（树的代价）：树的所有叶子节点的带权路径长度之和。

哈夫曼树的求法：给出一组权值，将其中两个最小的权值作为叶子节点，其和作为父节点，组成二叉树，而后删除这两个叶子节点权值，并将父节点的值添加到该组权值中。重复进行上述步骤，直至所有权值都被使用完。

构造出的哈夫曼树中，所有初始给出的权值都作为了叶子节点，此时，求出每个叶子节点的带权路径长度，而后相加，就是树的带权路径长度，这个长度是最小的。

若需要**构造哈夫曼编码**（要保证左节点值小于右节点的值，才是标准的哈夫曼树），将标准哈夫曼树的**左分支设为 0，右分支设为 1**，写出每个叶子节点的编码会发现，哈夫曼编码前缀不同，因此不会混淆，同时也是最优编码。

构造过程如图 11-9 所示。

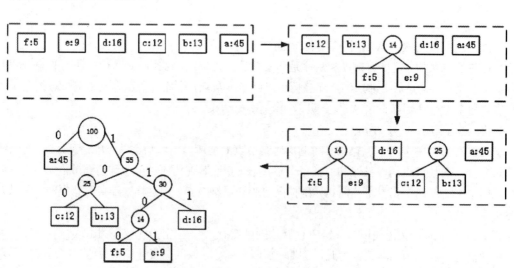

图 11-9　哈夫曼树构造过程

7. 树和森林

（1）树的存储结构。

双亲表示法：用一组连续的地址单元存储树的节点，并在每个节点中附带一个指示器，指出其双亲节点所在数组元素的下标。

孩子表示法：在存储结构中用指针指示出节点的每个孩子，为树中每个节点的孩子建立一个链表。

孩子兄弟表示法：又称为二叉链表表示法，为每个存储节点设置两个指针域，分别指向该节点的第一个孩子和下一个兄弟节点。

（2）树和森林的遍历。

由于树中每个节点可能有多个子树，因此遍历树的方法有两种。

（1）树的先根遍历。树的先根遍历是先访问树的根节点，然后依次先根遍历根的各棵子树。对树的先根遍历等同于对转换所得的二叉树进行先序遍历。

（2）树的后根遍历。树的后根遍历是先依次后根遍历树根的各棵子树，然后访问树根节点。树的后根遍历等同于对转换所得的二叉树进行中序遍历。

按照森林和树的相互递归定义，可以得出森林的两种遍历方法。

（1）先序遍历森林。若森林非空，首先访问森林中第一棵树的根节点，然后先序遍历第一棵树根节点的子树森林，最后先序遍历除第一棵树之外剩余的树所构成的森林。

（2）中序遍历森林。若森林非空，首先中序遍历森林中第一棵树的子树森林，然后访问第一棵树的根节点，最后中序遍历除第一棵树之外剩余的树所构成的森林。

（3）树、森林和二叉树的转换。

规则：树的最左边节点作为二叉树的左子树，树的其他兄弟节点作为二叉树的右子树节点。

示例如图 11-10 所示：采用连线法，将最左边节点和其兄弟节点都连接起来，而原来的父节点和兄弟节点的连线则断开，这种方法最简单，要求掌握。

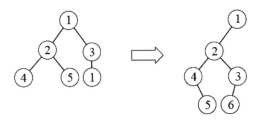

图 11-10　树转换为二叉树

由于树根没有兄弟，所以树转换为二叉树后，二叉树的根一定没有右子树。这样，将一个森林转换为一棵二叉树的方法如图 11-11 所示，先将森林中的每一棵树转换为二叉树，再将第一棵树的根作为转换后的二叉树的根，第一棵树的左子树作为转换后二叉树根的左子树，第二棵树作为转换后二叉树的右子树，第三棵树作为转换后二叉树根的右子树的右子树，以此类推，森林就可以转换为一棵二叉树。

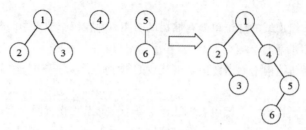

图 11-11　森林转换为二叉树

8. 查找（排序）二叉树

查找二叉树上的每个节点都存储一个值，且每个节点的所有左孩子节点值都小于父节点值，而所有右孩子节点值都大于父节点值，是一个有规律排列的二叉树，这种数据结构可以方便查找、插入等数据操作。

因为二叉排序树的左子树上所有节点的关键字均小于根节点的关键字，右子树上所有节点的关键字均大于根节点的关键字，所以在二叉排序树上进行查找的过程为：二叉排序树非空时，将给定值与根节点的关键字值相比较，若相等，则查找成功；若不相等，则当根节点的关键字值大于给定值时，下一步到根的左子树中进行查找，否则到根的右子树中进行查找。若查找成功，则查找过程是走了一条从树根到所找到节点的路径；否则，查找过程终止于一棵空的子树。

二叉排序树的**查找效率**取决于二叉排序树的深度，二叉树深度越深，则效率越差，对于节点个数相同的二叉排序树，其深度排序为：满二叉树<完全二叉树<平衡二叉树<单枝树，因此效率最低的是最深的单枝树。

9. 平衡二叉树

平衡二叉树又称为 AVL 树，它或者是一棵空树，或者是具有下列性质的二叉树。它的左子树和右子树都是平衡二叉树，且左子树和右子树的高度之差的绝对值不超过 1。若将二叉树节点的平衡因子（Balance Factor，BF）定义为该节点左子树的高度减去其右子树的高度，则平衡二叉树上所有节点的平衡因子只可能是–1、0 和 1。只要树上有一个节点的平衡因子的绝对值大于 1，则该二叉树就是不平衡的。

分析二叉排序树的查找过程可知，只有在树的形态比较均匀的情况下，查找效率才能达到最佳。因此，希望在构造二叉排序树的过程中，保持其为一棵平衡二叉树。

11.2.4　图

1. 图的基本概念

图也是一种非线性结构，图中任意两个节点间都可能有直接关系。相关定义如下：

无向图：图的节点之间连接线是没有箭头的，不分方向。

有向图：图的节点之间连接线是箭头，区分 A 到 B，和 B 到 A 是两条线。

完全图：无向完全图中，节点两两之间都有连线，n 个节点的连线数为(n–1)+(n–2)+…+1=n×(n–1)/2；有向完全图中，节点两两之间都有互通的两个箭头，n 个节点的连线数为 n×(n–1)。

度、出度和入度：顶点的度是关联与该顶点的边的数目。在有向图中，顶点的度为出度和入度之和。出度是以该顶点为起点的有向边的数目。入度是以该顶点为终点的有向边的数目。

路径：存在一条通路，可以从一个顶点到达另一个顶点，有向图的路径也是有方向的。

子图：若有两个图 G=(V, E)和 G'=(V', E')，如果 V'⊆V 且 E'⊆E，则称 G'为 G 的子图。

连通图和连通分量：针对无向图。若从顶点 v 到顶点 u 之间是有路径的，则说明 v 和 u 之间是连通的，若无向图中任意两个顶点之间都是连通的，则称为连通图。无向图 G 的极大连通子图称为其连通分量。

强连通图和强连通分量：针对有向图。若有向图任意两个顶点间都互相存在路径，即存在 v 到 u，也存在 u 到 v 的路径，则称为强连通图。有向图中的极大连通子图称为其强连通分量。

网：边带权值的图称为网。

有向树：如果一个有向图恰有一个顶点的入度为 0，其余顶点的入度均为 1，则是一棵有向树。

2. **图的存储**

邻接矩阵：假设一个图中有 n 个节点，则使用 n 阶矩阵来存储这个图中各节点的关系，规则是若节点 i 到节点 j 有连线，则矩阵 $R_{ij}=1$，否则为 0，邻接矩阵存储示例如图 11-12 所示。

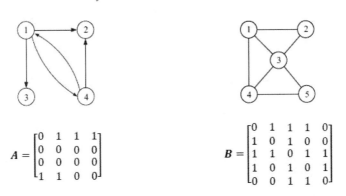

图 11-12　邻接矩阵存储

由图 11-12 可知，如果是一个无向图，肯定是沿对角线对称的，只需要存储上三角或者下三角就可以了，而有向图则不一定对称。

邻接链表：用到了两个数据结构，先用一个一维数组将图中所有顶点存储起来，而后，对此一维数组的每个顶点元素，使用链表挂上其出度到达的节点的编号和权值，邻接链表存储示例如图 11-13 所示。

存储特点：图中的顶点数决定了邻接矩阵的阶和邻接链表中的单链表数目，无论是对有向图还是无向图，边数的多少决定了单链表中的节点数，而不影响邻接矩阵的规模，因此采用何种存储方式与有向图、无向图没有区别，要看图的边数和顶点数，完全图适合采用邻接矩阵存储。

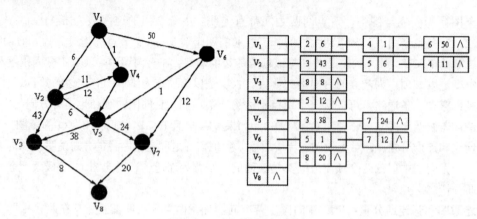

图 11-13 邻接链表存储

3. 图的遍历

图的遍历是指从图的任意节点出发，沿着某条搜索路径对图中所有节点进行访问且只访问一次，如图 11-14 所示，分为以下两种方式。

（1）深度优先遍历：从任一顶点出发，遍历到底，直至返回，再选取任一其他节点出发，重复这个过程直至遍历完整个图。

（2）广度优先遍历：先访问完一个顶点的所有邻接顶点，而后再依次访问其邻接顶点的所有邻接顶点，类似于层次遍历。

在实际应用中，一般给出邻接表或者邻接矩阵，来求遍历，这时，可以先画出图，再求最保险，当然简单的结构也可以利用存储结构特点来求。

遍历方法	说明	示例	图例
深度优先	1. 首先访问出发顶点 V； 2. 依次从 V 出发搜索 V 的任意一个邻接点 W； 3. 若 W 未访问过，则从该点出发继续深度优先遍历； 它类似于树的先序遍历	V_1，V_2，V_4，V_8，V_5，V_3，V_6，V_7	(见图)
广度优先	1. 首先访问出发顶点 V； 2. 然后访问与顶点 V 邻接的全部未访问顶点 W、X、Y…； 3. 然后再依次访问 W、X、Y…邻接的未访问的顶点	V_1，V_2，V_3，V_4，V_5，V_6，V_7，V_8	

图 11-14 图的遍历

4. 图的最小生成树

假设有 n 个节点，那么这个图的最小生成树有 n–1 条边（不会形成环路，是树非图），这 n-1 条边应该会将所有顶点都连接成一棵树，并且**这些边的权值之和最小**，因此称为最小生成树。

因此，本质就是找出图中权值最小的 n–1 条边，使图中所有节点连接成一棵树，共有下列两种算法：

普里姆算法：如图 11-15 所示，从任意顶点出发，找出与其邻接的边权值最小的，此时此边的另外一个顶点自动加入树集合中，而后再从这个树集合的所有顶点中找出与其邻接的边权值最小的，同样此边的另外一个顶点加入树集合中，依次递归，直至图中所有顶点都加入树集合中，此时此树就是该图的最小生成树。普里姆算法的时间复杂度为 $O(n^2)$，与图中的边数无关，因此该算法适合于求边稠密的网的最小生成树。

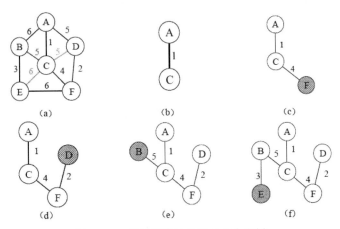

图 11-15   普里姆算法求解最小生成树

克鲁斯卡尔算法（推荐）：如图 11-16 所示。这个算法是从边出发的，因为本质是选取权值最小的 n–1 条边，因此，就将边按权值大小排序，依次选取权值最小的边，直至囊括所有节点，要注意，每次选边后要检查不能形成环路。克鲁斯卡尔算法的时间复杂度为 O(eloge)，与图中的顶点数无关，因此该算法适合于求边稀疏的网的最小生成树。

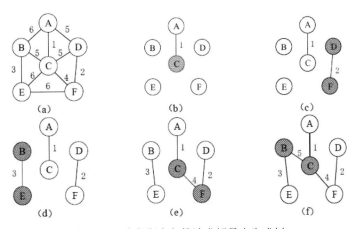

图 11-16   克鲁斯卡尔算法求解最小生成树

5. 拓扑序列

将有向图的有向边作为活动开始的顺序，若图中一个节点入度为 0，则应该最先执行此活动，而后删除掉此节点和其关联的有向边，再去找图中其他没有入度的节点，执行活动，依次进行，示例如图 11-17 所示（有点类似于进程的前趋图原理）。

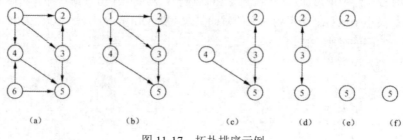

图 11-17　拓扑排序示例

11.2.5　查找算法

1. 顺序查找

顺序查找的思想：将待查找的关键字为 key 的元素从头到尾与表中元素进行比较，如果中间存在关键字为 key 的元素，则返回成功；否则，则查找失败。

平均查找长度为：

$$ASL_{ss} = \sum_{i=1}^{n} P_i C_i = \frac{1}{n}\sum_{i=1}^{n}(n - i + 1) = \frac{n+1}{2}$$

时间复杂度为 O(n)。

2. 二分（折半）查找

只适用于待查找序列中的元素是**有序排列**的情况，因为是通过确定中间节点的值和待查找的元素值间的比较，来确定待查找的元素值是在中间节点的左边还是右边，类似于查找二叉树，因此必须是有序排列才适用。

设查找表的元素存储在一维数组 r[1..n]中，在表中元素已经按照关键字递增方式排序的情况下，进行**折半查找的方法**有以下 4 个步骤。

（1）首先将待查元素的关键字（key）值与表 r 中间位置上（下标为 mid）记录的关键字进行比较，若相等，则查找成功。

（2）若 key>r[mid].key，则说明待查记录只可能在后半个子表 r[mid+1..n]中，下一步应在后半个子表中查找。

（3）若 key<r[mid].key，说明待查记录只可能在前半个子表 r[1..mid–1]中，下一步应在 r 的前半个子表中查找。

（4）重复上述步骤，逐步缩小范围，直到查找成功或子表为空失败时为止。

要注意两点：**中间值位置求出若为小数，应该向下取整，即 4.5=4，非四舍五入；中间值已经**

比较过不相等，在划分下一次比较区间时，无需将中间值位置再纳入下一次比较区间。

折半查找的时间复杂度为 $O(\log_2 n)$。

当查找的数据越多时，二分查找的效率越高。

3. 分块查找

分块查找又称索引顺序查找，是对顺序查找方法的一种改进，其效率介于顺序查找与折半查找之间。

在分块查找过程中，首先将表分成若干块，每一块的关键字不一定有序，但块之间是有序的，即后一块中所有记录的关键字均大于前一个块中最大的关键字。此外，还建立了一个"索引表"，索引表按关键字有序排列，如图 11-18 所示。

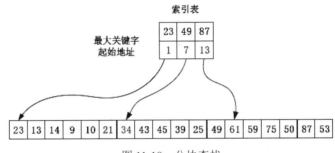

图 11-18　分块查找

4. 散列（哈希）表

前面的查找方法，由于记录在存储结构中的相对位置是随机的，所以查找时都要通过一系列与关键字的比较才能确定被查记录在表中的位置。也就是说，这类查找都是以关键字的比较为基础的，而哈希表则通过一个以记录的关键字为自变量的函数（称为哈希函数）得到该记录的存储地址，所以在哈希表中进行查找操作时，需要用同一哈希函数计算得到待查记录的存储地址，然后到相应的存储单元去获得有关信息再判定查找是否成功。

散列（哈希）表：根据设定的哈希函数 H(key)和处理冲突的方法，将一组关键字映射到一个有限的连续的地址集上，并以关键字在地址集中的"像"作为记录在表中的存储位置。

示例如下：

例如，设关键码序列为"47，34，13，12，52，38，33，27，3"，哈希表表长为 11，哈希函数为 Hash(key)=key mod 11，则

Hash(47)= 47 MOD 11 =3，Hash(34)= 34 MOD 11=1，

Hash(13)= 13 MOD 11 =2，Hash(12)= 12 MOD 11=1，

Hash(52)= 52 MOD 11 =8，Hash(38)= 38 MOD 11=5，

Hash(33)= 33 MOD 11 =0，Hash(27)= 27 MOD 11=5，

Hash(3)= 3 MOD 11 = 3。

使用线性探测法解决冲突构造的哈希表如下：

哈希地址	0	1	2	3	4	5	6	7	8	9	10
关键字	33	34	13	47	12	38	27	3	52		

在上图中，很明显，哈希函数产生了冲突，使用的是线性探测法解决冲突，还有如下其他方法。

（1）开放定址法：$H_i=(H(key)+d_i) \% m$　$i=1,2,\cdots,k(k \leq m-1)$

其中，$H(key)$ 为哈希函数；m 为哈希表表长；d_i 为增量序列。

常见的增量序列有以下 3 种。

1）$d_i=1,2,3,\cdots,m-1$，称为线性探测再散列。

2）$d_i=1^2,-1^2,2^2,-2^2,3^2,\cdots,\pm k^2 (k \leq \dfrac{m}{2})$，称为二次探测再散列。

3）$d_i=$ 伪随机数序列，称为随机探测再散列。

（2）链地址法。如图 11-19 所示，链地址法（或拉链法）是一种经常使用且很有效的方法。它在查找表的每一个记录中增加一个链域，链域中存放下一个具有相同哈希函数值的记录的存储地址。利用链域，把若干个发生冲突的记录链接在一个链表内。当链域的值为 NULL 时，表示已没有后继记录了。因此，对于发生冲突时的查找和插入操作就跟线性表一样了。

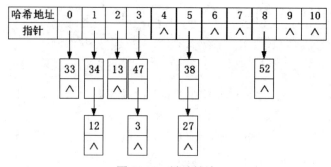

图 11-19　链地址法

（3）再哈希法：在同义词发生地址冲突时计算另一个哈希函数地址，直到冲突不再发生。这种方法不易产生聚集现象，但增加了计算时间。

（4）建立一个公共溢出区。无论由哈希函数得到的哈希地址是什么，一旦发生冲突，都填入到公共溢出区中。

11.2.6　排序算法

1. 概念和方法分类

排序分为稳定排序与不稳定排序，依据是**两个相同的值**在一个待排序序列中的顺序和排序后的顺序应该是**相对不变**的，即开始时 21 在 21*前，那排序结束后，若该 21 还在 21*前，则为稳定排序，**不改变相同值的相对顺序**。

另外，依据排序是在内存中进行的还是在外部进行的，又可以分为内排序和外排序。

排序的算法有很多，大致可以分如下几类：

（1）插入类排序：直接插入排序、希尔排序。

（2）交换类排序：冒泡排序、快速排序。

（3）选择类排序：简单选择排序、堆排序。

（4）归并排序。

（5）基数排序。

下面分别介绍各个排序的算法。

2. 直接插入排序

要注意的是，前提条件是前 i–1 个元素是有序的，第 i 个元素依次从第 i-1 个元素往前比较，直到找到一个比第 i 个元素值小的元素，而后插入，插入位置及其后的元素依次向后移动，本质是插入排序。

当给出一队无序的元素时，首先，应该将第 1 个元素看做是一个有序的队列，而后从第 2 个元素起，按插入排序规则，依次与前面的元素进行比较，直到找到一个小于第 1 个元素的值，才插入。示例如图 11-20 所示：59 依次向前比较，先和 68 比较，再和 57 比较，发现 57 比 59 小，才插入。

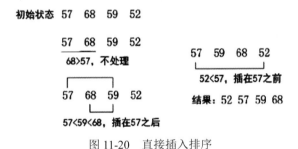

图 11-20　直接插入排序

3. 希尔（shell）排序

希尔排序又称"缩小增量排序"，是对直接插入排序方法的改进。

希尔排序的基本思想：先将整个待排记录序列分割成若干子序列，然后分别进行直接插入排序，待整个序列中的记录基本有序时，再对全体记录进行一次直接插入排序。具体做法是先取一个小于 n 的整数 d1 作为第一个增量，把文件的全部记录分成 d1 个组，将所有距离为 d1 倍数的记录放在同一个组中，在各组内进行直接插入排序；然后取第二个增量 d2(d2＜d1)，重复上述分组和排序工作，以此类推，直至所取的增量 di=1(di＜di–1＜…＜d2＜d1)，即所有记录放在同一组进行直接插入排序为止。

按上述，希尔排序实际是为了解决大数据的排序问题，当待排序的数据很多时，使用直接插入排序效率很低，因此，采取分组的方法，使问题细化，可以提高效率，适用于多数据。示例如图 11-21 所示。

当增量序列为"5，3，1"时，希尔插入排序过程如下。

```
[初始关键字]:  48  37  64  96  75  12  26  4̄8̄  54  03
              48                      12
              37                          26
              64                              4̄8̄
              96                                  54
              75                                      03
第一趟排序结果:  12  26  4̄8̄  54  03  48  37  64  96  75
              12          54          37          75
              26              03              64
              4̄8̄                  48                  96
第二趟排序结果:  12  03  4̄8̄  37  26  48  54  64  96  75
第三趟排序结果:  03  12  26  37  4̄8̄  48  54  64  75  96
```

图 11-21　希尔排序

4. 简单选择排序

n 个记录进行简单选择排序的基本方法：通过 n–i（1≤i≤n）在次关键字之间的比较，从 n–i+1 个记录中选出关键字最小的记录，并和第 i 个记录进行交换，当 i 等于 n 时所有记录有序排列。

上述方法的本质就是每次选择出最小的元素进行交换，主要是选择过程，交换过程只有一次。示例如图 11-22 所示。

```
初始状态  57  68  59  52

最小值为52，与第一个交换    52 ⌉ 68  59  57

最小值为57，与第二个交换    52  57 ⌉ 59  68

59就是最小值，无需交换，完成  52  57  59  68
```

图 11-22　简单选择排序

因为在选择最小的元素时是无规律的，因此，当最小的元素值有两个时，可能选择任何一个与第一个交换，所以是不稳定的。

5. 堆排序

对于 n 个元素的关键字序列 $\{K_1, K_2, \cdots, K_n\}$，当且仅当满足下列关系时称其为堆，其中 2i 和 2i+1 需不大于 n。

$$\begin{cases} K_i \leqslant K_{2i} \\ K_i \leqslant K_{2i+1} \end{cases} \quad \text{或} \quad \begin{cases} K_i \geqslant K_{2i} \\ K_i \geqslant K_{2i+1} \end{cases}$$

堆排序的基本思想是：对一组待排序记录的关键字，首先按堆的定义排成一个序列（即建立初始堆），从而可以输出堆顶的最大关键字（对于大根堆而言），然后将剩余的关键字再调整成新堆，便得到次大的关键字，如此反复，直到全部关键字排成有序序列为止。

初始堆的建立方法是：将待排序的关键字分放到一棵完全二叉树的各个节点中（此时完全二叉树并不一定具备堆的特性），显然，所有 $i > \left\lfloor \dfrac{n}{2} \right\rfloor$ 的节点 K_i 都没有子节点，以这样的 K_i 为根的子树已经是堆，因此初始建堆可从完全二叉树的第 $i\left(i = \left\lfloor \dfrac{n}{2} \right\rfloor\right)$ 个节点 K_i 开始，通过调整，逐步使以 $K_{\left\lfloor \frac{n}{2} \right\rfloor}$、$K_{\left\lfloor \frac{n}{2} \right\rfloor - 1}$、$K_{\left\lfloor \frac{n}{2} \right\rfloor - 2}$、$\cdots$、$K_2$、$K_1$ 为根的子树满足堆的定义。

为序列（55,60,40,10,80,65,15,5,75）建立初始大根堆的过程如图 11-23 所示，调整为新堆的过程如图 11-24 所示。

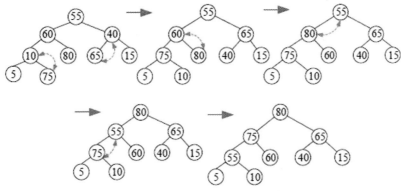

图 11-23　初始大根堆建立过程

由图 11-23 可知，首先将给出的数组按完全二叉树规则建立，而后，找到此完全二叉树的最后一个非叶子节点（也即最后一棵子树），比较此非叶子节点和其两个孩子节点的大小，若小，则与其孩子节点中最大的节点进行交换；依据此规则再去找倒数第二个非叶子节点；这是只有一层的情况，当涉及多层次时，又打破了之前的堆，因此，又要进行变换。

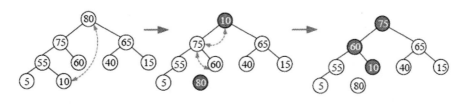

图 11-24　调整为新堆过程

由图 11-24 可知，取走堆顶元素后，将堆中最后一个元素移入堆顶，而后，按照初始建堆中的方法与其孩子节点比较大小，依次向下判断交换成为一个新的堆，再取走堆顶元素，重复此过程。

堆排序适用于在多个元素中找出前几名的方案设计，因为堆排序是选择排序，而且选择出前几名的效率很高。

6. 冒泡排序

n 个记录进行冒泡排序的方法是：首先将第一个记录的关键字和第二个记录的关键字进行比较，若为逆序，则交换这两个记录的值，然后比较第二个记录和第三个记录的关键字，以此类推，直至第 n–1 个记录和第 n 个记录的关键字比较过为止。上述过程称为一趟冒泡排序，其结果是关键字最大的记录被交换到第 n 个记录的位置上。然后进行第二趟冒泡排序，对前 n–1 个记录进行同样的操作，其结果是关键字次大的记录被交换到第 n–1 个记录的位置上。最多进行 n–1 趟，所有记录有序排列。若在某趟冒泡排序过程没有进行相邻位置的元素交换处理，则可结束排序过程。

本质是从最后两个元素开始进行比较，将较小的元素交换到前面去，依次进行比较交换。比较是为了交换，交换次数很多。示例如图 11-25 所示。注意区分冒泡排序和简单选择排序。

7. 快速排序

快速排序的基本思想是将 n 个记录分成两块，再递归，实际分成两块的方法如图 11-26 所示。设定一个基准为 57，设定两个指针 high=1，low=n，从 low 指向的第 n 个元素开始，与基准值进行比较，若小于基准值，则与基准进行交换 low—，此时，转而从 high 指向的第 1 个元素开始和基准值进行比较，若大于基准值，则和基准值进行交换，此时，又转而从 low—指向的值和基准进行比较，重复上述过程。

要注意的是，每次都是和基准值进行比较，因此最终是以基准值为中间，将队列分成两块。只有当和基准值发生了交换，才变换 high 和 low 指针的计数，否则，会一直 low—下去。

如图 11-26 所示，最终以 57 为界，左边都是小于 57 的元素，右边都是大于 57 的元素，完成一次快速排序，接着对两块再分别进行递归即可。

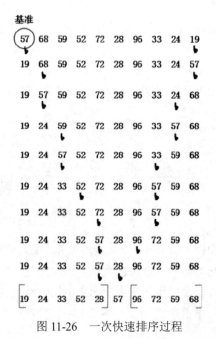

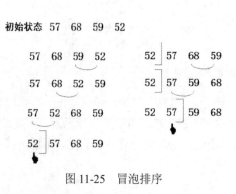

图 11-25　冒泡排序　　　　　图 11-26　一次快速排序过程

8. 归并排序

所谓"归并"，是将两个或两个以上的有序文件合并成为一个新的有序文件。归并排序的一种实现方法是把一个有 n 个记录的无序文件看成是由 n 个长度为 1 的有序子文件组成的文件，然后进行两两归并，得到⌈n/2⌉个长度为 2 或 1 的有序文件，再两两归并，如此重复，直至最后形成包含 n 个记录的有序文件为止。这种反复将两个有序文件归并成一个有序文件的排序方法称为两路归并排序。

要仔细理解上述过程，一般归并排序都是用来合并多个线性表的，对单列数据，二路归并排序可以对元素进行两两合并，示例如图 11-27 所示。

对第三次归并，将 52 与 28 比较，28 小，放入新表头，52 再与 33 比较，33 放入新表，52 再与 72 比较，52 放入新表，57 再与 72 比较，57 放入新表……

```
57 68 59 52 72 28 96 33
57 68  52 59  28 72  33 96
52 57 59 68  28 33 72 96
28 33 52 57 59 68 72 96
```
图 11-27　归并排序过程

9. 基数排序

基数排序是一种借助多关键字排序思想对单逻辑关键字进行排序的方法。基数排序不是基于关键字比较的排序方法，它适合于元素很多而关键字较少的序列。基数的选择和关键字的分解是根据关键字的类型来决定的，例如关键字是十进制数，则按个位、十位来分解。基数排序是基于多个关键字来进行多轮排序的，本质也是将问题细分，如图 11-28 所示，分别按个位、十位、百位的大小作为关键字进行了三轮排序，最终得出结果。

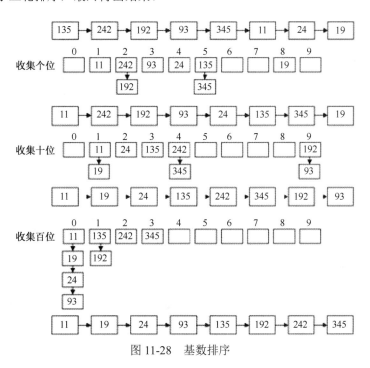

图 11-28　基数排序

10. 内部排序算法总结

上述内部排序的总体状态见表 11-4，**要求记忆**。

表 11-4　各种排序算法总结

类别	排序方法	时间复杂度			空间复杂度	稳定性
		平均情况	最好情况	最坏情况	辅助存储	
插入排序	直接插入	$O(n^2)$	$O(n)$	$O(n^2)$	$O(1)$	稳定
	希尔排序	$O(n^{1.3})$	$O(n)$	$O(n^2)$	$O(1)$	不稳定
选择排序	直接选择	$O(n^2)$	$O(n^2)$	$O(n^2)$	$O(1)$	不稳定
	堆排序	$O(n\log_2 n)$	$O(n\log_2 n)$	$O(n\log_2 n)$	$O(1)$	不稳定
交换排序	冒泡排序	$O(n^2)$	$O(n)$	$O(n^2)$	$O(1)$	稳定
	快速排序	$O(n\log_2 n)$	$O(n\log_2 n)$	$O(n^2)$	$O(n\log_2 n)$	不稳定
归并排序		$O(n\log_2 n)$	$O(n\log_2 n)$	$O(n\log_2 n)$	$O(1)$	稳定
基数排序		$O(d(r+n))$	$O(d(n+rd))$	$O(d(r+n))$	$O(rd+n)$	稳定

注：基数排序的复杂度中，r 代表关键字的基数，d 代表长度，n 代表关键字的个数。

前面已经介绍过，稳定性就是相等的两个元素的相对位置在排序前后保持不变。

空间复杂度中，大部分排序都是比较交换，无需多余空间，快速排序则是需要存储每次的基准值，归并排序需要一个新表，基数排序需要新表，还需要存储关键字的空间。

时间复杂度中，与堆、树、二分有关的算法都是 n×logn，直接的算法都是 n×n，分析算法原理都可以轻易得出上述结论。

依据这些因素，可以得到以下几点结论。

（1）若待排序的记录数目 n 较小，可采用直接插入排序和简单选择排序。由于直接插入排序所需的记录移动操作较简单选择排序多，因此当记录本身信息量较大时，用简单选择排序方法较好。

（2）若待排序记录按关键字基本有序，则宜采用直接插入排序或冒泡排序。

（3）当 n 很大且关键字的位数较少时，采用链式基数排序较好。

（4）若 n 较大，则应采用时间复杂度为 O(nlogn) 的排序方法，例如快速排序、堆排序或归并排序。

11.3　课后演练

- 设某循环队列 Q 的定义中有 front 和 rear 两个域变量，其中 front 指示队头元素的位置，rear 指示队尾元素之后的位置，如下图所示。若该队列的容量为 M，则其长度为 ___(1)___ 。

（1）A.（Q.rear–Q.front+1）   B.（Q.rear–Q.front+M）

  C.（Q.rear–Q.front+1）%M   D.（Q.rear–Q.front+M）%M

● 设栈 S 和队列 Q 的初始状态为空，元素 a、b、c、d、e、f、g 依次进入栈 S。要求每个元素出
  栈后立即进入队列 Q，若 7 个元素出队列的顺序为 bdfecag，则栈 S 的容量最小应该是 （2） 。

（2）A. 5   B. 4   C. 3   D. 2

● 某二叉树的先序遍历列为 c a b f e d g，中序遍历序列为 a b c d e f g，则二叉树是 （3） 。

（3）A. 完全二叉树   B. 最优二叉树   C. 平衡二叉树   D. 满二叉树

● 对某有序顺序表进行折半查找时， （4） 不可能构成查找过程中关键字的比较序列。

（4）A. 45,10,30,18,25   B. 45,30,18,25,10

  C. 10,45,18,30,25   D. 10,18,25,30,45

● 用某排序方法对一元素序列进行非递减排序时，若该方法可保证在排序前后排序码相同者的相
  对位置不变，则称该排序方法是稳定的。简单选择排序法的排序方法是不稳定的， （5） 可
  以说明这个性质。

（5）A. 21 48 21* 63 17   B. 17 21 21* 48 63

  C. 63 21 48 21* 17   D. 21* 17 48 63 21

● 优先队列通常采用 （6） 数据结构实现，向优先队列中插入一个元素的时间复杂度为 （7） 。

（6）A. 堆   B. 栈   C. 队列   D. 线性表

（7）A. O(n)   B. O(1)   C. O(lgn)   D. O(n²)

● 对于一个长度为 n(n>1)且元素互异的序列，将其所有元素依次通过一个初始为空的栈后，再通
  过一个初始为空的队列。假设队列和栈的容量都足够大，且只要栈非空就可以进行出栈操作，
  只要队列非空就可以进行出队操作，那么以下叙述中，正确的是 （8） 。

（8）A. 出队序列和出栈序列一定互为逆序   B. 出队序列和出栈序列一定相同

  C. 入栈序列与入队序列一定相同   D. 入栈序列与入队序列一定互为逆序

● 设某 n 阶三对角矩阵 $A_{n \times n}$ 的示意图如下图所示。若将该三对角矩阵的非零元素按行存储在一
  维数组 B[k]（1≤k≤3n–2）中，则 k 与 i、j 的对应关系是 （9） 。

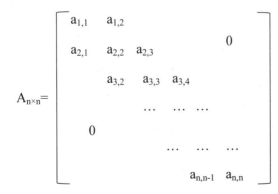

（9）A．k=2i+j–2   B．k=2i–j+2

      C．k=3i+j–1   D．k=3i–j+2

● 对于非空的二叉树，设 D 代表根节点，L 代表根节点的左子树，R 代表根节点的右子树。若对下图所示的二叉树进行遍历后的节点序列为 7 6 5 4 3 2 1，则遍历方式是 ＿＿（10）＿＿。

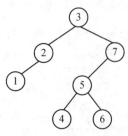

  （10）A．LRD   B．DRL   C．RLD   D．RDL

● 在 55 个互异元素构成的有序表 A[1...55]中进行折半查找（或二分查找，向下取整）。若需要找的元素等于 A[19]，则在查找过程中参与比较的元素依次为＿＿（11）＿＿、A[19]。

  （11）A．A[28]、A[30]、A[15]、A[20]   B．A[28]、A[14]、A[21]、A[17]

      C．A[28]、A[15]、A[22]、A[18]   D．A[28]、A[18]、A[22]、A[20]

● 设一个包含 n 个顶点、e 条弧的简单有向图采用邻接矩阵存储结构（即矩阵元素 A[i][j]等于 1 或 0，分别表示顶点 i 与顶点 j 之间有弧或无弧），则该矩阵的非零元素数目为＿＿（12）＿＿。

  （12）A．e   B．2e   C．n–e   D．n+e

● 拓扑序列是有向无环图中所有顶点的一个线性序列，若有向图中存在弧<v, w>或存在从顶点 v 到 w 的路径，则在该有向图的任一拓扑序列中，v 一定在 w 之前。下面有向图的拓扑序列是＿＿（13）＿＿。

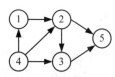

  （13）A．41235   B．43125   C．42135   D．41325

● 设有一个包含 n 个元素的有序线性表。在等概率情况下删除其中的一个元素，若采用顺序存储结构，则平均需要移动＿＿（14）＿＿个元素；若采用单链表存储，则平均需要移动＿＿（15）＿＿个元素。

  （14）A．1   B．(n–1)/2   C．logn   D．N

  （15）A．0   B．1   B．(n–1)/2   D．n/2

● 具有 3 个节点的二叉树有＿＿（16）＿＿种形态。

  （16）A．2   B．3   C．5   D．7

● 以下关于二叉排序树（或二叉查找树、二叉搜索树）的叙述中，正确的是＿＿（17）＿＿。

  （17）A．对二叉排序树进行先序、中序和后序遍历，都得到节点关键字的有序序列

      B．含有 N 个节点的二叉排序树高度为[$\log_2 n$]+1

C．从根到任意二个叶子节点的路径上，节点的关键字呈现有序排列的特点

D．从左到右排列同层次的节点，其关键字呈现有序排列的特点

● 下表为某文件中字符的出现频率，采用哈夫曼编码对下列字符编码，则字符序列"bee"的编码为 （18） ；编码"110001001101"对应的字符序列为 （19） 。

字符	a	b	c	d	e	f
频率（%）	45	13	12	16	9	5

（18）A．10111011101   B．10111001100

     C．001100100   D．110011011

（19）A．bad   B．bee   C．face   D．bace

● 以下关于字符串的叙述中，正确的是 （20） 。

（20）A．包含任意个空格字符的字符串称为空串

     B．字符串不是线性数据结构

     C．字符串的长度是指串中所含字符的个数

     D．字符串的长度是指串中所含非空格字符的个数

● 已知栈 S 初始为空，用 I 表示入栈、O 表示出栈，若入栈序列为 a1a2a3a4a5，则通过栈 S 得到出栈序列 a2a4a5a3a1 的合法操作序列为 （21） 。

（21）A．IIOIIOIOOO   B．IOIOIOIOIO

     C．IOOIIOIOIO   D．IIOOIOIOOO

11.4 课后演练答案解析

（1）答案：D

解析：rear 指示队尾元素之后的位置，因此只需将 Q.rear–Q.front 得到循环队列长度，但是考虑到是循环队列，必须进行取余数运算，因此是(Q.rear–Q.front)%M，但是没有这个选项，其实不然，这题目是一个障眼法，仔细分析 D 选项可知(Q.rear–Q.front+M)%M=(Q.rear–Q.front)%M+M%M，而 M%M=0，因此 D 选项转化后实际上就是(Q.rear–Q.front)%M，里面的+M 是有迷惑性质的，因为 M 除以 M 的余数必然是 0，其实是没有意义的。

（2）答案：B

解析：凡是先栈后队列的顺序，队列都是个摆设，出栈的顺序就是入队列和出队列的顺序，因此出栈顺序就是 b d f e c a g，这个顺序中，有 f e c a 四个顺序相反的连续出栈，说明必然四个是同时顺序入栈，因此容量最小为 4。

（3）答案：C

解析：依据先序遍历和中序遍历可以逆向构造出这棵二叉树，构造时，先序遍历可以确定根节点，中序遍历用来确定根节点的左子树节点和右子树节点，如下图：

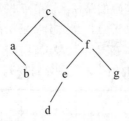

由该树可知，肯定不是 A、D 项，没有权值，也无关最优，只能是平衡二叉树，因为其任意左右子树深度相减绝对值都≤1。

（4）答案：B

解析： 有序表的折半查找，逐步缩小范围，不可能跳出这个范围，例如 B 选项，先比较 45，而后 30，说明区间≤44，30 后是 18，区间变为≤30，18 之后是 25，区间变为≥19，下一个关键字必然在 19～30 之间，不可能是 10，以此原则类推分析。

（5）答案：A

解析： 由题意清楚知道应该找到 21 和 21*做简单选择排序后位置交换的选项，如果排序后 21 和 21*的相对顺序发生了改变，就证明了不稳定性，对四个选项依次进行简单选择排序（选出值最小的元素和第一个元素交换，以此类推），其中 B、C 项中 21 都在第二位，位置不会变，D 项中第一次交换后 21 也在第二位，位置也不会变，只有 A 项在第二次选取 21 和 48 交换时，可能选取任意一个 21，会导致相对位置改变。

（6）（7）答案：A C

解析： 在优先队列中，每个元素被赋予优先级。当访问元素时，具有最高优先级的元素最先删除。因此其不是按照进入队列的顺序来决定的，不适用栈、队列结构，而是使用堆来存储，因为堆排序是针对关键字值排序的，向优先队列插入一个元素，实际是向堆排序中插入一个元素，时间复杂度为 $O(\log_2 n)$，在计算机中，默认以 2 为底，因此是(lgn)。

（8）答案：B

解析： 栈是先进后出的线性结构，队列是先进先出的线性结构，由题意，后续的队列实际上是一个摆设，因为队列的先进先出属性，对于出栈后的元素的顺序不会做任何改变，因此以出栈后的元素顺序为准，与入队列和出队列的顺序一定相同。

（9）答案：A

解析： 这种题目用特殊值代入法最快，如取 a_{11}，可知 i=1，j=1，k=1，代入选项公式，可知只有 A 项公式满足，很快得出答案。

（10）答案：D

解析： 根据遍历序列第一个为 7，尝试四个选项，A 选项遍历后第一个应该是 1，B 选项遍历后第一个应该是 3，C 选项遍历后第一个应该是 6，只有 D 选项遍历后第一个是 7，就可以得出答案是 D 选项。

其他解析无问题。

（11）答案：B

解析：根据二分查找算法原理，第一个为(1+55)/2=28，区间换为 A[1...27]；第二个为 (1+27)/2=14，由四个选项可知，只有 B 项第二个为 A[14]。

（12）答案：A

解析：理解题意，两个顶点间有连线，则矩阵元素非零，可知，一条连线代表一个非零元素，共 e 条弧，也就有 e 个非零元素。

（13）答案：A

解析：拓扑序列的求法：找到图中一个节点入度为 0，最先执行此活动，而后删除掉此节点和其关联的有向边，再去找图中其他入度为 0 的节点，重复执行并删除。

（14）（15）答案：B A

解析：顺序线性表由于数据物理存储相邻，依据删除元素位置不同，其移动次数分别可能为 $0,1,2,3,\cdots,n-1$，因此总移动次数就是 $(0+n-1)\times n/2$，平均移动次数则除以 n，为 $(n-1)/2$。单链表只是逻辑上相邻，物理上并不连续，因此删除元素只需改变指针，元素无需任何移动，为 0。

（16）答案：C

解析：注意是二叉树，3 个节点一一列举，可得为 5 种形态。

（17）答案：D

解析：排序二叉树的特点是所有左孩子节点值都小于根节点值，所有右孩子节点值都大于根节点值，即左<根<右，先序遍历是根左右，中序遍历是左根右，后续遍历是左右根，因此只有中序遍历能得到有序序列；对于同层次的节点，从左到右必然是从小到大的有序序列。

（18）（19）答案：A C

解析：首先要构造哈夫曼树，要注意的就是左节点小于右节点，左分支编码 0，右分支编码 1，如下图。

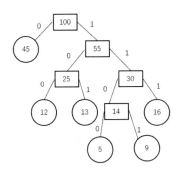

（20）答案：C

解析：字符串是线性结构，空串不含任意字符，空格也是字符。

（21）答案：A

解析：栈是一种先进后出的线性结构，了解这个属性后，可以将四个选项依次代入得到出栈序列，看看是否与题目出栈序列匹配即可。类似这种题目，使用代入法可以很快确定答案。

第**12**章
算法分析与设计

12.1 备考指南

算法分析与设计主要考查的是算法的时间复杂度、空间复杂度分析，算法的设计方法，软件设计师的考试中在选择题里考查 3 分左右，案例分析也会固定考查一个大题（15 分），一般是第四题，主要是结合数据结构章节一起考查算法的 C 语言代码实现，属于非常重要的章节之一。

12.2 考点梳理及精讲

12.2.1 算法分析

1. 算法的特性

算法（Algorithm）是对特定问题求解步骤的一种描述，它是指令的有限序列，其中每一条指令表示一个或多个操作。此外，一个算法还具有下列 5 个重要特性。

（1）有穷性。一个算法必须总是（对任何合法的输入值）在执行有穷步之后结束，且每一步都可在有穷时间内完成。

（2）确定性。算法中的每一条指令必须有确切的含义，理解时不会产生二义性。在任何条件下，算法只有唯一的一条执行路径，即对于相同的输入只能得出相同的输出。

（3）可行性。一个算法是可行的，即算法中描述的操作都可以通过已经实现的基本运算执行有限次来实现。

（4）输入。一个算法有零个或多个输入，这些输入取自于某个特定的对象的集合。

（5）输出。一个算法有一个或多个输出，这些输出是同输入有着某些特定关系的量。

2. 算法的复杂度

算法的时间复杂度分析：主要是分析算法的运行时间，即算法执行所需要的基本操作数。不同规模的输入所需要的基本操作数是不相同的，例如用同一个排序算法排序 100 个数和排序 10000 个数所需要的基本操作数是不相同的，因此考虑特定输入规模的算法的具体操作数既是不现实的，也是不必要的。在算法分析中，可以建立以输入规模 n 为自变量的函数 T(n)来表示算法的时间复杂度。

即使对于相同的输入规模，数据分布不相同也影响了算法执行路径的不同，因此所需要的执行时间也不同。根据不同的输入，将算法的时间复杂度分析分为 3 种情况：最佳情况、最坏情况、平均情况。

3. 渐进符号

以输入规模 n 为自变量建立的时间复杂度实际上还是较复杂的，例如 an^2+bn+c，不仅与输入规模有关，还与系数 a、b 和 c 有关。此时可以对该函数做进一步的抽象，仅考虑运行时间的增长率或称为增长的量级，如忽略上式中的低阶项和高阶项的系数，仅考虑 n^2。当输入规模大到只有与运行时间的增长量级有关时，就是在研究算法的渐进效率。也就是说，从极限角度看，只关心算法运行时间如何随着输入规模的无限增长而增长。

需要注意的是，时间复杂度是一个大概的规模表示，一般以循环次数表示（因为程序运行时间与软硬件环境相关，不能以绝对运行时间衡量），O(n)说明执行时间是 n 的正比，另外，log 对数的时间复杂度一般在查找二叉树的算法中出现。渐进符号 O 表示一个渐进变化程度，实际变化必须小于等于 O 括号内的渐进变化程度。

12.2.2　算法设计

1. 递归

递归是指子程序（或函数）直接调用自己或通过一系列调用语句间接调用自己，是一种描述问题和解决问题的常用方法。递归有两个基本要素：边界条件，即确定递归到何时终止，也称为递归出口；递归模式，即大问题是如何分解为小问题的，也称为递归体。

阶乘函数可递归地定义为：

$$n! = \begin{cases} 1, & n = 0 \\ n(n-1)!, & n > 0 \end{cases}$$

阶乘函数的自变量 n 的定义域是非负整数。递归式的第一式给出了这个函数的一个初始值，是递归的边界条件。递归式的第二式是用较小自变量的函数值来表示较大自变量的函数值的方式来定义 n 的阶乘，是递归体。n!可以递归地计算如下：

```
int Factorial(int num){
    if(num==0)
        return1;
    if(num>0)
        return num * Factorial(num - 1);
}
```

递归算法的时间复杂度分析方法：将递归式中等式右边的项根据递归式进行替换，称为展开。

展开后的项被再次展开，如此下去，直到得到一个求和表达式，得到结果。

2. 分治法

分治法的设计思想是将一个难以直接解决的大问题分解成一些规模较小的相同问题，以便各个击破，分而治之。如果规模为 n 的问题可分解成 k 个子问题，1<k≤n，这些子问题互相独立且与原问题相同。分治法产生的子问题往往是原问题的较小模式，这就为递归技术提供了方便。

一般来说，分治算法在每一层递归上都有 3 个步骤。

（1）分解。将原问题分解成一系列子问题。

（2）求解。递归地求解各子问题。若子问题足够小则直接求解。

（3）合并。将子问题的解合并成原问题的解。

凡是涉及到分组解决的都是分治法，例如归并排序算法完全依照上述分治算法的 3 个步骤进行。

（1）分解。将 n 个元素分成各含 n/2 个元素的子序列。

（2）求解。用归并排序对两个子序列递归地排序。

（3）合并。合并两个已经排好序的子序列以得到排序结果。

3. 动态规划法

动态规划法与分治法类似，其基本思想也是将待求解问题分解成若干个子问题，先求解子问题，然后从这些子问题的解得到原问题的解。与分治法不同的是，适合用动态规划法求解的问题，经分解得到的子问题往往不是独立的。若用分治法来解这类问题，则相同的子问题会被求解多次，以至于最后解决原问题需要耗费指数级时间。然而，不同子问题的数目常常只有多项式量级。如果能够保存已解决的子问题的答案，在需要时再找出已求得的答案，这样就可以避免大量的重复计算，从而得到多项式时间的算法。为了达到这个目的，可以用一个表来记录所有已解决的子问题的答案。不管该子问题以后是否被用到，只要它被计算过，就将其结果填入表中。这就是动态规划法的基本思路。

动态规划法通常用于求解具有某种最优性质的问题。在这类问题中，可能会有许多可行解，每个解都对应于一个值，我们希望找到具有最优值（最大值或最小值）的那个解。当然，最优解可能会有多个，动态规划算法能找出其中的一个最优解。设计一个动态规划算法，通常按照以下几个步骤进行。

（1）找出最优解的性质，并刻画其结构特征。

（2）递归地定义最优解的值。

（3）以自底向上的方式计算出最优值。

（4）根据计算最优值时得到的信息，构造一个最优解。

步骤（1）～（3）是动态规划法的基本步骤。在只需要求出最优值的情形下，步骤（4）可以省略。若需要求出问题的一个最优解，则必须执行步骤（4）。

对于一个给定的问题，若其具有以下两个性质，可以考虑用动态规划法来求解。

（1）最优子结构。如果一个问题的最优解中包含了其子问题的最优解，也就是说该问题具有最优子结构。当一个问题具有最优子结构时，提示我们动态规划法可能会适用，但是此时贪心策略可能也是适用的。

（2）重叠子问题。重叠子问题指用来解原问题的递归算法可反复地解同样的子问题，而不是总在产生新的子问题。即当一个递归算法不断地调用同一个问题时，就说该问题包含重叠子问题。

典型应用：0-1 背包问题，见表 12-1。

有 n 个物品，第 i 个物品价值为 vi，重量为 wi，其中 vi 和 wi 均为非负数，背包的容量为 W，W 为非负数。现需要考虑如何选择装入背包的物品，使装入背包的物品总价值最大。

满足约束条件的任一集合(x1，x2，…，xn)是问题的一个可行解，问题的目标是要求问题的一个最优解。考虑一个实例，假设 n＝5，W＝l7，每个物品的价值和重量见表 12-1，可将物品 1、2 和 5 装入背包，背包未满，获得价值 22，此时问题解为（1,1,0,0,1）；也可以将物品 4 和 5 装入背包，背包装满，获得价值 24，此时解为（0,0,0,1,1）。

表 12-1　0-1 背包问题实例表

物品编号	1	2	3	4	5
价值 v	4	5	10	11	13
重量 w	3	4	7	8	9

（1）刻画 0-1 背包问题的最优解的结构。

可以将背包问题的求解过程看作是进行一系列的决策过程，即决定哪些物品应该放入背包，哪些物品不放入背包。如果一个问题的最优解包含了物品 n，即 $x_n=1$，那么其余 $x_1,x_2,\cdots,x_{n-1}$ 一定构成子问题 $1,2,\cdots,n-1$ 在容量为 $W-w_n$ 时的最优解。如果这个最优解不包含物品 n，即 $x_n=0$，那么其余 $x_1,x_2,\cdots,x_{n-1}$ 一定构成子问题 $1,2,\cdots,n-1$ 在容量为 W 时的最优解。

（2）递归定义最优解的值。

根据上述分析的最优解的结构递归地定义问题最优解。设 $c[i, w]$ 表示背包容量为 w 时 i 个物品导致的最优解的总价值，得到下式。显然，问题要求 $c[n, W]$。

$$c[i,w]=\begin{cases}0 & ,i=0\text{或}w=0\\ c[i-1,w] & ,w_i>w\\ \max\{c[i-1,w-w_i]+v_i,c[i-1,w]\} & ,i>0\text{且}w_i\le w\end{cases}$$

4. 贪心法

和动态规划法一样，贪心法也经常用于解决最优化问题。与动态规划法不同的是，贪心法在解决问题的策略上是仅根据当前已有的信息做出选择，而且一旦做出了选择，不管将来有什么结果，这个选择都不会改变。换而言之，贪心法并不是从整体最优考虑，它所做出的选择只是在某种意义上的局部最优。这种局部最优选择并不能保证总能获得全局最优解，但通常能得到较好的近似最优解。

贪心法问题一般具有两个重要的性质。

（1）最优子结构。当一个问题的最优解包含其子问题的最优解时，称此问题具有最优子结构。问题具有最优子结构是该问题可以采用动态规划法或者贪心法求解的关键性质。

（2）贪心选择性质。指问题的整体最优解可以通过一系列局部最优的选择，即贪心选择来得到。这是贪心法和动态规划法的主要区别。证明一个问题具有贪心选择性质也是贪心法的一个难点。

贪心法典型应用：部分背包问题，见表 12-2。

表 12-2　部分背包问题示例表

物品 i	1	2	3	4	5
w_i	30	10	20	50	40
v_i	65	20	30	60	60
v_i/w_i	2.1	2	1.5	1.2	1

部分背包问题的定义与 0-1 背包问题类似，但是每个物品可以部分装入背包，即在 0-1 背包问题中，$x_i=0$ 或者 $x_i=1$；而在背包问题中，$0 \leqslant x_i \leqslant 1$。

为了更好地分析该问题，考虑一个例子：$n=5$，$W=100$，表 12-2 给出了各个物品的重量、价值和单位重量的价值。假设物品已经按其单位重量的价值从大到小排好序。

为了得到最优解，必须把背包放满。现在用贪心策略求解，首先要选出度量的标准。

（1）按最大价值先放背包的原则。

（2）按最小重量先放背包的原则。

（3）按最大单位重量价值先放背包的原则。

其次，根据不同的标准原则使用物品将背包塞满即可，这里要注意的就是部分背包不用塞入全部物品重量。

5．回溯法

概念：有"通用的解题法"之称，可以系统地搜索一个问题的所有解或任一解。在包含问题的所有解的解空间树中，按照深度优先的策略，从根节点触发搜索解空间树。搜索至任一节点时，总是先判断该节点是否肯定不包含问题的解，如果不包含，则跳过对以该节点为根的子树的搜索，逐层向其祖先节点回溯；否则，进入该子树，继续按深度优先的策略进行搜索。

可以理解为先进行深度优先搜索，一直向下探测，当此路不通时，返回上一层探索另外的分支，重复此步骤，这就是回溯，意为先一直探测，当不成功时再返回上一层。

一般用于**解决迷宫类**的问题。

6．分支限界法

原理：在分支限界法中，每一个活节点只有一次机会成为扩展节点。活节点一旦成为扩展节点，就一次性产生其所有儿子节点。在这些儿子节点中，导致不可行解或导致非最优解的儿子节点被舍弃，其余儿子节点被加入活节点表中。此后，从活节点表中取下一节点成为当前扩展节点，并重复上述节点扩展过程。这个过程一直持续到找到所需的解或活节点表为空时为止。

与回溯法的区别:

（1）求解目标是找出满足约束条件的一个解，或是在满足约束条件的解中找出使某一目标函数值达到极大或极小的解，即在某种意义下的最优解。

（2）以广度优先或以最小耗费（最大收益）优先的方式搜索解空间树。

从活节点表中选择下一个扩展节点的类型:

队列式（FIFO）分支限界法：按照队列先进先出（FIFO）原则选取下一个节点为扩展节点。

优先队列式分支限界法：按照优先队列中规定的优先级选取优先级最高的节点成为当前扩展节点。

7. 概率算法

原理：在算法执行某些步骤时，可以随机地选择下一步该如何进行，同时允许结果以较小的概率出现错误，并以此为代价，获得算法运行时间的大幅度减少（降低算法复杂度）。

基本特征是对所求解问题的同一实例用同一概率算法求解两次，可能得到完全不同的效果。

如果一个问题没有有效的确定性算法可以在一个合理的时间内给出解，但是该问题能接受小概率错误，那么采用概率算法就可以快速找到这个问题的解。

概率算法的特征:

（1）概率算法的输入包括两部分，一部分是原问题的输入，另一部分是一个供算法进行随机选择的随机数序列。

（2）概率算法在运行过程中，包括一处或多处随机选择，根据随机值来决定算法的运行路径。

（3）概率算法的结果不能保证一定是正确的，但能限制其出错概率。

（4）概率算法在不同的运行过程中，对于相同的输入实例可以有不同的结果，因此，对于相同的输入实例，概率算法的执行时间可能不同。

概率算法大致分为四类：数值概率算法（数值问题的求解）、蒙特卡罗（Monte Carlo）算法（求问题的精确解）、拉斯维加斯（Las Vegas）算法（不会得到不正确的解）和舍伍德（Sherwood）算法（总能求得问题的一个正确解）。

（1）数值概率算法。数值概率算法常用于数值问题的求解。这类算法得到的往往是近似解。

（2）蒙特卡罗算法。蒙特卡罗算法用于求问题的精确解。用蒙特卡罗算法能求得问题的一个解，但这个解未必是正确的。

（3）拉斯维加斯算法。拉斯维加斯算法不会得到不正确的解。

（4）舍伍德算法。舍伍德算法总能求得问题的一个解，且所求得的解总是正确的。

8. 近似算法

原理：解决难解问题的一种有效策略，其基本思想是放弃求最优解，而用近似最优解代替最优解，以换取算法设计上的简化和时间复杂度的降低。

虽然它可能找不到一个最优解，但它总会给待求解的问题提供一个解。

为了具有实用性,近似算法必须能够给出算法所产生的解与最优解之间的差别或者比例的一个界限，它保证任意一个实例的近似最优解与最优解之间的相差程度。显然，这个差别越小，近似算法越具有实用性。

衡量近似算法性能的两个标准：

（1）算法的时间复杂度。近似算法的时间复杂度必须是多项式阶的，这是近似算法的基本目标。

（2）解的近似程度。近似最优解的近似程度也是设计近似算法的重要目标。近似程度与近似算法本身、问题规模，乃至不同的输入实例有关。

12.2.3 数据挖掘算法

分析爆炸式增长的各类数据的技术，以发现隐含在这些数据中的有价值的信息和知识。数据挖掘利用机器学习方法对多种数据进行分析和挖掘。其核心是算法，主要功能包括分类、回归、关联规则和聚类等。

1. 分类

分类是一种有监督的学习过程，根据历史数据预测未来数据的模型。

分类的数据对象属性：一般属性、分类属性或目标属性。

分类设计的数据：训练数据集、测试数据集、未知数据。

数据分类的两个步骤：学习模型（基于训练数据集采用分类算法建立学习模型）、应用模型（应用测试数据集的数据到学习模型中，根据输出来评估模型的好坏以及将未知数据输入到学习模型中，预测数据的类型）。

分类算法：决策树归纳（自顶向下的递归树算法）、朴素贝叶斯算法、后向传播、支持向量机。

2. 频繁模式和关联规则挖掘

挖掘海量数据中的频繁模式和关联规则可以有效地指导企业发现交叉销售机会、进行决策分析和商务管理等（沃尔玛-啤酒尿布故事）。

首先要求出数据集中的频繁模式，然后由频繁模式产生关联规则。

关联规则挖掘算法：类 Apriori 算法、基于频繁模式增长的方法如 FP-growth，使用垂直数据格式的算法，如 ECLAT。

3. 聚类

聚类是一种无监督学习过程。根据数据的特征，将相似的数据对象归为一类，不相似的数据对象归到不同的类中。物以类聚，人以群分。

典型算法：基于划分的方法、基于层次的方法、基于密度的方法、基于网格的方法、基于统计模型的方法。

4. 数据挖掘的应用

数据挖掘在多个领域已有成功的应用。在银行和金融领域，可以进行贷款偿还预测和顾客信用政策分析、针对定向促销的顾客分类与聚类、洗黑钱和其他金融犯罪侦破等；在零售和电信业，可以进行促销活动的效果分析、顾客忠诚度分析、交叉销售分析、商品推荐、欺骗分析等。

12.2.4　智能优化算法

优化技术是一种以数学为基础，用于求解各种工程问题优化解的应用技术。

1. 人工神经网络（ANN）

一个以有向图为拓扑结构的动态系统，通过对连续或断续的输入作状态响应而进行信息处理。从信息处理角度对人脑神经元网络进行抽象，建立某种简单模型，按不同的连接方式组成不同的网络。

深度学习的概念源于人工神经网络的研究，是机器学习研究中的一个新的领域。

2. 遗传算法

遗传算法源于模拟达尔文"优胜劣汰、适者生存"的进化论和孟德尔·摩根的遗传变异理论，在迭代过程中保持已有的结构，同时寻找更好的结构。其本意是在人工适应系统中设计一种基于自然的演化机制。

3. 模拟退火算法（SA）

模拟退火算法是求解全局优化算法。基本思想来源于物理退火过程，包括三个阶段：加温阶段、等温阶段、冷却阶段。

将固体加温至充分高，再让其徐徐冷却，加温时，固体内部粒子随温升变为无序状，内能增大，而徐徐冷却时粒子渐趋有序，在每个温度都达到平衡态，最后在常温时达到基态，内能减为最小。

4. 禁忌搜索算法（TS）

禁忌搜索算法是模拟人类智力过程的一种全局搜索算法，是对局部领域搜索的一种扩展。

从一个初始可行解出发，选择一系列的特定搜索方向（移动）作为试探，选择实现让特定的目标函数值变化最多的移动。为了避免陷入局部最优解，TS 搜索中采用了一种灵活的"记忆"技术，对已经进行的优化过程进行记录和选择，指导下一步的搜索方向，这就是 Tabu 表的建立。

5. 蚁群算法

蚁群算法是一种用来寻找优化路径的概率型算法。

单个蚂蚁的行为比较简单，但是蚁群整体却可以体现一些智能的行为。例如蚁群可以在不同的环境下，寻找最短到达食物源的路径。这是因为蚁群内的蚂蚁可以通过某种信息机制实现信息的传递。后又经进一步研究发现，蚂蚁会在其经过的路径上释放一种可以称之为"信息素"的物质，蚁群内的蚂蚁对"信息素"具有感知能力，它们会沿着"信息素"浓度较高路径行走，而每只路过的蚂蚁都会在路上留下"信息素"，这就形成一种类似正反馈的机制，这样经过一段时间后，整个蚁群就会沿着最短路径到达食物源了。

用蚂蚁的行走路径表示待优化问题的可行解，整个蚂蚁群体的所有路径构成待优化问题的解空间。路径较短的蚂蚁释放的信息素量较多，随着时间的推进，较短的路径上累积的信息素浓度逐渐增高，选择该路径的蚂蚁个数也愈来愈多。最终，整个蚂蚁会在正反馈的作用下集中到最佳的路径上，此时对应的便是待优化问题的最优解。

6. 粒子群优化算法（PSO）

粒子群优化算法又称为鸟群觅食算法，在鸟群觅食飞行时，在飞行过程中经常会突然改变方向、散开、聚集，其行为不可预测，但其整体总保持一致性，个体与个体间也保持着最适宜的距离。通过对类似生物群体行为的研究，发现生物群体中存在着一种信息共享机制，为群体的进化提供了一种优势，这就是基本粒子群算法形成的基础。

设想这样一个场景：一群鸟在随机搜索食物，在这个区域里只有一块食物，所有的鸟都不知道食物在哪里，但是它们知道当前的位置离食物还有多远，那么找到食物的最优策略是什么呢？最简单有效的就是搜寻目前离食物最近的鸟的周围区域。

PSO 从这种模型中得到启示并用于解决优化问题。PSO 中，每个优化问题的解都是搜索空间中的一只鸟。我们称之为"粒子"。所有的粒子都有一个由被优化的函数决定的适应值（fitness value），每个粒子还有一个速度决定它们飞翔的方向和距离。然后粒子们就追随当前的最优粒子在解空间中搜索。

PSO 初始化为一群随机粒子（随机解）。然后通过迭代找到最优解。在每一次迭代中，粒子通过跟踪两个"极值"来更新自己。第一个就是粒子本身所找到的最优解，这个解叫做个体极值 pBest。另一个极值是整个种群目前找到的最优解，这个极值是全局极值 gBest。另外也可以不用整个种群而只是用其中一部分作为粒子的邻居，那么在所有邻居中的极值就是局部极值。

12.3　课后演练

- ___(1)___ 算法采用模拟生物进化的三个基本过程"繁殖（选择）→交叉（重组）→变异（突变）"。

  （1）A．粒子群　　　　B．人工神经网络　　　C．遗传　　　　　D．蚁群

- 在 n 个数的数组中确定其第 i（1≤i≤n）小的数时，可以采用快速排序算法中的划分思想，对 n 个元素划分，先确定第 k 小的数，根据 i 和 k 的大小关系，进一步处理，最终得到第 i 小的数。划分过程中，最佳的基准元素选择的方法是选择待划分数组的 ___(2)___ 元素。此时，算法在最坏情况下的时间复杂度为（不考虑所有元素均相等的情况） ___(3)___ 。

  （2）A．第一个　　　　B．最后一个　　　　C．中位数　　　　D．随机一个

  （3）A．$O(n)$　　　　B．$O(\lg n)$　　　　C．$O(n\lg n)$　　　　D．$O(n^2)$

- 已知算法 A 的运行时间函数为 $T(n)=8T(n/2)+n^2$，其中 n 表示问题的规模，则该算法的时间复杂度为 ___(4)___ 。另已知算法 B 的运行时间函数为 $T(n)=XT(n/4)+n^2$，其中 n 表示问题的规模。对充分大的 n，若要算法 B 比算法 A 快，则 X 的最大值为 ___(5)___ 。

  （4）A．$O(n)$　　　　B．$O(n\lg n)$　　　C．$O(n^2)$　　　D．$O(n^3)$

  （5）A．15　　　　　　B．17　　　　　　C．63　　　　　　D．65

- 在某应用中，需要先排序一组大规模的记录，其关键字为整数。若这组记录的关键字基本上有序，则适宜采用 ___(6)___ 排序算法。若这组记录的关键字的取值均在 0 到 9 之间（含），则适宜采用 ___(7)___ 排序算法。

（6）A. 插入　　　　　B. 归并　　　　　C. 快速　　　　　D. 基数

（7）A. 插入　　　　　B. 归并　　　　　C. 快速　　　　　D. 基数

● 考虑一个背包问题，共有 n=5 个物品，背包容量为 W=10，物品的重量和价值分别为：w={2,2,6,5,4}，v={6,3,5,4,6}，求背包问题的最大装包价值。若此为 0-1 背包问题，分析该问题具有最优子结构，定义递归式为

$$c(i,j) = \begin{cases} 0 & 若 i = 0 或 j = 0 \\ c(i-1,j) & 若 w[i] > j \\ \max\{c(i-1,j), c(i-1,j-w(i))\} & 其他 \end{cases}$$

其中 $c(i,j)$ 表示 i 个物品、容量为 j 的 0-1 背包问题的最大装包价值，最终要求解 $c(n,W)$。采用自底向上的动态规划方法求解，得到最大装包价值为　(8)　，算法的时间复杂度为　(9)　。

若此为部分背包问题，首先采用归并排序算法，根据物品的单位重量价值从大到小排序，然后依次将物品放入背包直至所有物品放入背包中或者背包再无容量，则得到的最大装包价值为　(10)　，算法的时间复杂度为　(11)　。

（8）A. 11　　　　　　B. 14　　　　　　C. 15　　　　　　D. 16.67

（9）A. $O(nW)$　　　B. $O(n\lg n)$　　　C. $O(n^2)$　　　D. $O(n\lg nW)$

（10）A. 11　　　　　B. 14　　　　　　C. 15　　　　　　D. 16.67

（11）A. $O(nW)$　　B. $O(n\lg n)$　　　C. $O(n^2)$　　　D. $O(n\lg nW)$

● 某汽车加工工厂有两条装配线 L1 和 L2，每条装配线的工位数均为 n（S_{ij}，i=1 或 2，j= 1，2，…，n），两条装配线对应的工位完成同样的加工工作，但是所需要的时间可能不同（a_{ij}，i=1 或 2，j=1，2，…，n）。汽车底盘开始到进入两条装配线的时间(e_1, e_2)以及装配后到结束的时间(X_1, X_2)也可能不相同。从一个工位加工后流到下一个工位需要迁移时间(t_{ij}，i=1 或 2，j=2，…，n）。现在要以最快的时间完成一辆汽车的装配，求最优的装配路线。分析该问题，发现问题具有最优子结构。以 L1 为例，除了第 1 个工位之外，经过第 j 个工位的最短时间包含了经过 L1 的第 j-1 个工位的最短时间或者经过 L2 的第 j-1 个工位的最短时间，如式（1）。装配后到结束的最短时间包离开 L1 的最短时间或者离开 L2 的最短时间，如式（2）：

$$f_{1,j} = \begin{cases} e_1 + a_{1,j} & 若 j = 1 \\ \min(f_{1,j-1} + a_{1,j} + t_{1,j-1}, f_{2,j-1} + a_{1,j} + t_{2,j-1}) & 其他 \end{cases} \quad (1)$$

$$f_{min} = \min(f_{1,n} + x_1, f_{2,n} + x_2) \quad (2)$$

由于在求解经过 L1 和 L2 的第 j 个工位的最短时间均包含了经过 L1 的第 j-1 个工位的最短时间或者经过 L2 的第 j-1 个工位的最短时间，该问题具有重复子问题的性质，故采用迭代方法求解。该问题采用的算法设计策略是　(12)　，算法的时间复杂度为　(13)　。以下是一个装配调度实例，其最短的装配时间为　(14)　，装配路线为　(15)　。

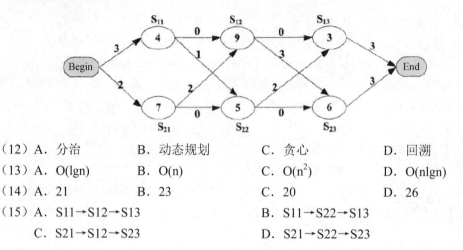

（12）A．分治 　　　　　　B．动态规划 　　　　　　C．贪心 　　　　　　D．回溯

（13）A．O(lgn) 　　　　　　B．O(n) 　　　　　　C．O(n²) 　　　　　　D．O(nlgn)

（14）A．21 　　　　　　B．23 　　　　　　C．20 　　　　　　D．26

（15）A．S11→S12→S13 　　　　　　B．S11→S22→S13

　　　 C．S21→S12→S23 　　　　　　D．S21→S22→S23

12.4　课后演练答案解析

（1）**答案**：C

解析：不提算法，就是繁殖、重组、突变也应该联想到遗传。

（2）（3）**答案**：C　D

解析：快速排序的基本思想是选择基准元素划分序列，小的放左边，大的放右边，因此最佳基准元素选择应该是从中位数选取，最坏情况下每个元素都移动了 n 次的时间复杂度为 O(n²)。

（4）（5）**答案**：D　C

解析：T(n)公式中本就有 n²，而且还是一个递归公式，递归公式中也有 n/2，可知实际有 n³ 个数量级；算法 B 比 A 快，可令 XT(n/4)+n²<8T(n/2)+n²，推导出 X<8T(n/2)/T(n/4)，将括号内分母取出，因为是 n³ 级别，取出后上述公式可转化为 X<8×(1/2)³T(n)/(1/4)³T(n)，进一步简化消除可得 X<1/(1/64)，即 X<64，X 最大值为 63。

（6）（7）**答案**：A　D

解析：基本有序，是插入排序的关键特征；依据关键字的取值范围在 0～9 之间，说明有多个关键字值，适用于基数排序。

（8）～（11）**答案**：C　A　D　B

解析：0-1 背包问题，物品是一个整体，要么放进去要么不放，部分背包问题，物品是可以拆分的，例如可以放 1/3 重量的该物体进去；前两个问题，求解 c(n,W)，即 c(5,10)，可以先求出每个物品的单位重量价值为{3,1.5,0.83,0.8,1.5}，由此可知，第 1,2,5 单位重量价值最高，其总重量为 8<10，总价值为 15，再尝试其他方法装包，可知 15 是最高价值，动态规划法时间复杂度为 O(nW)。

后两个问题考查的是部分背包问题，也即可以部分装入，那么毫无疑问从单位重量价值最高的开始装，直至装不下为止，可知选第 1,2,5 全部，背包还剩余 2，再选 3 的 1/3，背包满，总价值为 15+5×1/3=16.67，归并排序算法时间复杂度为 O(nlgn)。

（12）～（15）**答案**：B　B　A　B

解析：由题意，该问题的解决算法包括最短时间，也即最优解，而且使用迭代方法试图求出整体最短时间，而非局部最短时间，因此只能是动态规划。该算法是一种顺序迭代，无循环，时间复杂度为 O(n)。

最后两个问题本质上是考查有向图的最短路径，也即求出从 Begin 到 End 的最短路径，只不过要将连线的数字和节点的数字都相加，可以将第 15 问的路径一一代入，取最小的得出 14 问答案，代入法也是最简单的解法。

第**13**章
标准化和软件知识产权

13.1 备考指南

法律法规与标准化主要考查的是知识产权保护对象、保护期限、权利归属、侵权判定、标准化等相关知识，在软件设计师的考试中只在选择题里考查，约占 3 分，每年必考，属于易拿分章节。

13.2 考点梳理及精讲

13.2.1 知识产权基础知识

1. 知识产权概述

知识产权是指公民、法人、非法人单位对自己的创造性智力成果和其他科技成果依法享有的民事权。是智力成果的创造人依法享有的权利和在生产经营活动中标记所有人依法所享有的权利的总称。包含著作权、专利权、商标权、商业秘密权、植物新品种权、集成电路布图设计权和地理标志权等。

无体性：知识产权的对象没有具体形体，是智力创造成果，是一种抽象的财富。

专有性：指除权利人同意或法律规定外，权利人以外的任何人不得享有或使用该项权利。

地域性：指知识产权只在授予其权利的国家或确认其权利的国家产生，并且只能在该国范围内受法律保护，在其他国家则不受保护。

时间性：知识产权仅在法律规定的期限内受到保护，一旦超过期限，相关知识产品即成为整个社会的共同财富，为全人类所共同使用。

2. 知识产权保护期限

知识产权具有地域限制，保护期限各种情况见表 13-1。

表 13-1   知识产权保护期限表

客体类型	权力类型	保护期限
公民作品	署名权、修改权、保护作品完整权	没有限制
	发表权、使用权和获得报酬权	作者终生及其死亡后的 50 年（第 50 年的 12 月 31 日）
单位作品	发表权、使用权和获得报酬权	50 年（首次发表后的第 50 年的 12 月 31 日），若其间未发表，不保护
公民软件产品	署名权、修改权	没有限制
	发表权、复制权、发行权、出租权、信息网络传播权、翻译权、使用许可权、获得报酬权、转让权	作者终生及死后 50 年（第 50 年 12 月 31 日）。合作开发，以最后死亡作者为准
产品软件产品	发表权、复制权、发行权、出租权、信息网络传播权、翻译权、使用许可权、获得报酬权、转让权	50 年（首次发表后的第 50 年的 12 月 31 日），若其间未发表，不保护
注册商标		有效期 10 年（若注册人死亡或倒闭 1 年后，未转移则可注销，期满后 6 个月内必须续注）
发明专利权		保护期为 20 年（从申请日开始）
实用新型和外观设计专利权		保护期为 10 年（从申请日开始）
商业秘密		不确定，公开后公众可用

3. 知识产权人的确定

（1）职务作品的知识产权人归属见表 13-2。

表 13-2   职务作品的知识产权归属

情况说明		判断说明	归属
作品	职务作品	利用单位的物质技术条件进行创作，并由单位承担责任的	除署名权外其他著作权归单位
		有合同约定，其著作权属于单位	除署名权外其他著作权归单位
		其他	作者拥有著作权，单位有权在业务范围内优先使用
软件	职务作品	属于本职工作中明确规定的开发目标	单位享有著作权
		属于从事本职工作活动的结果	单位享有著作权
		使用了单位资金、专用设备、未公开的信息等物质、技术条件，并由单位或组织承担责任的软件	单位享有著作权
专利权	职务作品	本职工作中作出的发明创造	单位享有专利
		履行本单位交付的本职工作之外的任务所作出的发明创造	单位享有专利
		离职、退休或调动工作后 1 年内，与原单位工作相关	单位享有专利

（2）委托作品。单位和委托的区别在于，当合同中未规定著作权的归属时，著作权默认归于单位，而委托创作中，著作权默认归属于创作方个人，具体见表13-3。

表 13-3　委托作品的知识产权人确定

情况说明		判断说明	归属
作品软件	委托创作	有合同约定，著作权归委托方	委托方
		合同中未约定著作权归属	创作方
	合作开发	只进行组织、提供咨询意见、物质条件或者进行其他辅助工作	不享有著作权
		共同创作的	共同享有，按人头比例。成果可分割的，可分开申请
商标		谁先申请谁拥有（除知名商标的非法抢注）	
		同时申请，则根据谁先使用（需提供证据）	
		无法提供证据，协商归属，无效时使用抽签（但不可不确定）	
专利		谁先申请谁拥有	
		同时申请则协商归属，协商未果则驳回所有申请	

4. 侵权判定

概念：即一般通用化的东西不算侵权，个人未发表的东西被抢先发表是侵权。

中国公民、法人或者其他组织的作品，不论是否发表，都享有著作权。

开发软件所用的思想、处理过程、操作方法或者数学概念不受保护。

著作权法不适用于下列情形：法律、法规、国家机关的决议、决定、命令和其他具有立法、行政、司法性质的文件，及其官方正式译文；时事新闻；历法、通用数表、通用表格和公式。

只要不进行传播、公开发表、盈利都不算侵权，具体见表13-4。

表 13-4　侵权判定

不侵权	侵权
● 个人学习、研究或者欣赏 ● 适当引用 ● 公开演讲内容 ● 用于教学或科学研究 ● 复制馆藏作品 ● 免费表演他人作品 ● 室外公共场所艺术品临摹、绘画、摄影、录像 ● 将汉语作品译成少数民族语言作品或盲文出版	● 未经许可，发表他人作品 ● 未经合作作者许可，将与他人合作创作的作品当作自己单独创作的作品发表的 ● 未参加创作，在他人作品署名 ● 歪曲、篡改他人作品的 ● 剽窃他人作品的 ● 使用他人作品，未付报酬 ● 未经出版者许可，使用其出版的图书、期刊的版式设计的

13.2.2　标准化基础知识

根据标准制定机构和适用范围的不同，可分为国际标准、国家标准、行业标准、区域/地方标准和企业标准；根据类型划分，又可以分为强制性标准和推荐性标准。

（1）国际标准：是指国际标准化组织（ISO）、国际电工委员会（IEC）和国际电信联盟（ITU）制定的标准，以及国际标准化组织确认并公布的其他国际组织制定的标准。国际标准在世界范围内统一使用，提供各国参考。

（2）国家标准：是指由国家标准化主管机构制定或批准发布，在全国范围内统一适用的标准。比如：GB—中华人民共和国国家标准；强制性国家标准代号为 GB，推荐性国家标准代号为 GB/T，国家标准指导性文件代号为 GB/Z，国军标代号为 GJB。

ANSI（American National Standards Institute）为美国国家标准协会标准。

（3）行业标准：是由某个行业机构、团体等制定的，适用于某个特定行业业务领域的标准。比如：IEEE 为美国电气电子工程师学会标准；GA 为公共安全标准；YD 为通信行业标准。

（4）区域/地方标准：是由某一区域/地方内的标准化主管机构制定、批准发布的，适用于某个特定区域/地方的标准。比如：EN 为欧洲标准。

（5）企业标准：是企业范围内根据需要协调、统一的技术要求、管理要求和工作要求所制定的标准，适用于本企业内部的标准。一般以 Q 字开头，比如 Q/320101 RER 007—2012，其中 320101 代表地区，RER 代表企业名称代号，001 代表该企业标准的序号，2012 代表年号。

《中华人民共和国标准化法》规定：企业标准须报当地政府标准化行政主管部门和有关行政主管部门备案。已有国家标准或者行业标准的，国家鼓励企业制定严于国家标准或者行业标准的企业标准，在企业内部适用。

13.3　课后演练

- 王某是某公司的软件设计师，每当软件开发完成后均按公司规定编写软件文档，并提交公司存档，那么该软件文档的著作权　(1)　享有。

  （1）A．应由公司 　　　　　　　　　B．应由公司和王某共同

  　　　C．应由王某 　　　　　　　　　D．除署名权以外，著作权的其他权利由王某

- 甲、乙两公司的软件设计师分别完成了相同的计算机程序发明，甲公司先于乙公司完成，乙公司先于甲公司使用。甲、乙公司于同一天向专利局申请该发明专利，此情况下，　(2)　可获得专利权。

  （2）A．甲公司 　　　　　　　　　　B．甲、乙公司均

  　　　C．乙公司 　　　　　　　　　　D．由甲、乙公司协商确定谁

- 以下著作权权利中，　(3)　的保护期受时间限制。

  （3）A．署名权 　　　　B．修改权 　　　　C．发表权 　　　　D．保护作品完整权

● 王某在其公司独立承担了某综合信息管理系统软件的程序设计工作。该系统交付用户、投入试运行后，王某辞职，并带走了该综合信息管理系统的源程序，拒不交还公司。王某认为，综合信息管理系统源程序是他独立完成的：他是综合信息管理系统源程序的软件著作权人。王某的行为__(4)__。

（4）A．侵犯了公司的软件著作权　　　　　B．未侵犯公司的软件著作权

　　　C．侵犯了公司的商业秘密权　　　　　D．不涉及侵犯公司的软件著作权

● 某软件公司参与开发管理系统软件的程序员张某，辞职到另一公司任职，于是该项目负责人将该管理系统软件上开发者的署名更改为李某（接张某工作）。该项目负责人的行为__(5)__。

（5）A．侵犯了张某开发者身份权（署名权）

　　　B．不构成侵权，因为程序员张某不是软件著作权人

　　　C．只是行使管理者的权利，不构成侵权

　　　D．不构成侵权，因为程序员张某现已不是项目组成员

● 美国某公司与中国某企业谈技术合作，合同约定使用一项美国专利（获得批准并在有效期内），该项技术未在中国和其他国家申请专利。依照该专利生产的产品__(6)__需要向美国公司支付这件美国专利的许可使用费。

（6）A．在中国销售，中国企业　　　　　B．如果返销美国，中国企业不

　　　C．在其他国家销售，中国企业　　　D．在中国销售，中国企业不

13.4　课后演练答案解析

（1）**答案**：A

解析：使用公司资源为公司做事，产生的作品都是职务作品，著作权归公司。

（2）**答案**：D

解析：专利权的归属，只看谁先申请，不管谁先开发、谁先使用，如果同一天申请，则由双方协商，协商未果驳回。

（3）**答案**：C

解析：署名权、修改权、保护作品完整权都是无期的。

（4）**答案**：A

解析：在公司完成的，使用公司资源，属于职务作品，著作权归公司，而非个人。

（5）**答案**：A

解析：张某为公司开发软件，属于职务作品，软件著作权虽然归公司，但是拥有署名权。

（6）**答案**：D

解析：每个国家都拥有自己独立的关于专利权的法律规定，并不通用，因此，美国专利权在中国行不通，该专利在中国未申请专利，在中国销售就不需要支付许可使用费。

第 2 篇　案例专题

第14章
案例分析概述

14.1 备考复习

1. 下午软件设计学习说明

首先必须认真学习案例专题篇内的六个章节内容，这六个章节简单介绍如下：

第 14 章是案例分析概述，包括考试题型分析、考试大纲要求，整体阅读一遍即可；

第 15 章~第 19 章是按照历年案例真题考查情况总结出来的五大题型的章节讲解，其中，每个章节对应一个题型，每个章节都包括该题型的考点及解题技巧，其中考点大部分都是基础知识里提到的，这里做了归纳总结，此外解题技巧更为重要，是从历年真题角度分析给出了做题的建议。

本课程会补充 C 语言语法和 Java 语法基础。

2. 软件设计题型分析

软件设计师考试的下午题目已经固定了，每年都是如此，从未有其他变化，所以对大家来说是十分有利的，毕竟再难的东西只要有了套路都能攻克，就看大家的方法和努力了。

试题一是结构化分析设计，固定考查数据流图，比较简单，但是需要耐心，可以拿 12 分以上。

试题二是数据库分析设计，固定考查 E-R 图和关系模式，比较简单，可以拿 12 分以上。

试题三是面向对象分析设计，固定考查 UML 关系和图，比较简单，可以拿 12 分以上。

试题四是算法分析设计，固定考查 C 语言代码和算法分析，比较难，可以拿 7 分以上。

试题五是面向对象程序设计，固定考查 C++或 Java 语法，建议选做 Java，只考基本语法，比较简单，可以拿 12 分以上。

需要特别注意的是：试题一、二、三，本质上是考阅读理解，虽然简单，但是题目描述和图都很多，需要耐心地一一核对，因为软考官方不公布正确答案，这些试题答案可能会和读者做的有些许出入，这是正常的，可以通过微信公众号反馈给我们进行核对。

下午试题具体类型归纳见表 14-1。

表 14-1 下午案例考试题型归纳

题号	试题类型	学科知识点	考查内容
试题一	必答题	数据流图（DFD）	补充数据流图外部实体 补充数据流图数据存储 补充数据流（名称、起点、终点） 数据流图的改错（较少考查，包括数据流错误、删除多余数据流） 数据流图相关概念简答
试题二	必答题	数据库设计	补充 E-R 图 E-R 图转换为关系模式 主键和外键、新增联系判断
试题三	必答题	UML 建模	用例图（联系类型，参与者） 类图和对象图（多重度，联系类型） 顺序图（补充对象名和消息名） 活动图（补充活动名，分岔线用途） 状态图（补充状态，状态转换条件） 通信图（补充对象名，消息名）
试题四	必答题	C 算法设计	各种经典算法设计和数据结构，如链表、栈、二叉树操作算法、KMP 算法等 算法类型（动态规划法、分治法、回溯法、递归法、贪心法）；时间、空间复杂度 给定输入求输出
试题五	选答题	C++语言程序设计	不推荐选做：C++语法（只考简单语法，不考算法）+设计模式
试题六	选答题	Java 语言程序设计	推荐选做：Java 语法（只考简单语法，不考算法）+设计模式

14.2 考试大纲

1. 结构化分析与设计

1.1 需求分析

1.1.1 数据流图（DFD）

1.1.2 数据字典与加工逻辑

1.2 数据流图变换

2. 面向对象分析与设计

2.1 统一建模语言（UML）

2.2 基于用例的需求描述

2.3 软件建模

2.4 设计模式应用

3. 数据库应用分析与设计

3.1 E-R 模型

3.2 设计关系模式

3.3 数据库语言（SQL）

3.4 数据库访问

4. 软件实现

4.1 算法设计与分析

4.1.1 算法设计策略

4.1.2 算法分析

4.2 程序设计

4.2.1 选择合适的程序设计语言

4.2.2 C 语言程序设计

4.2.3 面向对象程序设计（C++或 Java）

5. 软件测试

5.1 单元测试

5.2 集成测试

5.3 系统测试

5.4 测试方法和测试用例

6. 软件评审

6.1 软件设计评审

6.2 程序设计评审

15.1　考点梳理及精讲

本章节固定对应下午试题一，每年固定考查数据流图。

1. 数据流图的设计原则

（1）数据守恒原则：对任何一个加工来说，其所有输出数据流中的数据必须能从该加工的输入数据流中直接获得，或者说是通过该加工能产生的数据。

（2）守恒加工原则：对同一个加工来说，输入与输出的名字必须不相同，即使它们的组成成分相同。

（3）对于每个加工，必须既有输入数据流，又有输出数据流。

（4）外部实体与外部实体之间不存在数据流。

（5）外部实体与数据存储之间不存在数据流。

（6）数据存储与数据存储之间不存在数据流。

（7）父图与子图的平衡原则：子图的输入输出数据流同父图相应加工的输入输出数据流必须一致，此即父图与子图的平衡。父图与子图之间的平衡原则不存在于单张图。

（8）数据流与加工有关，且必须经过加工。

2. 解题技巧

数据流图的考试形式非常固定，第一小题补充外部实体，第二小题补充数据存储，第三小题补充缺失的数据流，第四小题考查简单概念。以题目描述和数据流图为主，答案都在题目描述里，更像是阅读理解题，技巧如下：

（1）补充外部实体：外部实体就是与系统进行交互的其他实体，可以是大型系统、公司部门、相关人员等，外部实体会与系统进行交互，反映在数据流图中就是一个个事件流，依据事件的名称结合题目描述可以轻易得出答案。

（2）补充数据存储：数据存储出现在 0 层数据流图中，反映系统内部数据的存储，可以直接根据数据流图中数据存储的输入数据流和输出数据流判断该数据存储的信息得出答案，但注意要使用题目说明的数据存储名词作为答案。

（3）补充缺失的数据流：**详细阅读题目描述**，依据题目描述对涉及的数据流图进行一一核对，这是最为简单直接的方法，因为即使开始就去考虑数据守恒、父图子图平衡等原则，最终还是要根据题目描述核对，不如一开始就直接核对。

（4）简单概念：题型不固定，一般只有 2～3 分，都是比较简单的判断。

重点在于**审题、审图**，根据两个数据平衡原则，万变不离其宗。

3. 常见问题

Q：补充数据存储时，题目中没有具体存储名称怎么办？

A：此时可依据数据流图中数据存储的输入输出数据流自行起名。

Q：补充数据流时，该写多少条？

A：一般按分写，几分就写几条。

Q：觉得要补充的数据流很多，比分数更多怎么办？

A：可以多写，这个是按点给分的，多写不会扣分，但要注意不能写得过多。

Q：总觉得数据流把握不准，跟答案有出入怎么办？

A：首先要注意，软考官方不公布标准答案，所有答案都是老师校对的，可能会不全面；其次，部分真题本身也不太严谨，有二义性，因此不用太纠结，掌握解题方法，多刷题即可。

Q：这种题目该怎么学习，学习到哪种程度呢？

A：要求能拿到 12 分以上；看完章节知识后，立即去做后面的历年真题。

15.2　典型案例真题 1

2021 年 11 月下午试题一

阅读下列说明和图，回答问题 1 至问题 4，将解答填入答题纸的对应栏内。

【说明】某现代农业种植基地为进一步提升农作物种植过程的智能化，欲开发智慧农业平台，集管理和销售于一体，该平台的主要功能有：

1. 信息维护。农业专家对农作物、环境等监测数据的监控处理规则进行维护。

2. 数据采集。获取传感器上传的农作物长势、土壤墒情、气候等连续监测数据，解析后将监测信息进行数据处理、可视化和存储等操作。

3. 数据处理。对实时监测信息根据监控处理规则进行监测分析，将分析结果进行可视化并进行存储、远程控制，对历史监测信息进行综合统计和预测，将预测信息进行可视化和存储。

4. 远程控制。根据监控处理规则对分析结果进行判定，依据判定结果自动对控制器进行远程控制。平台也可以根据农业人员提供的控制信息对控制器进行远程控制。

5. 可视化。实时向农业人员展示监测信息，实时给农业专家展示统计分析结果和预测信息或根据农业专家请求进行展示。

现采用结构化方法对智慧农业平台进行分析与设计，获得如图 1-1 所示的上下文数据流图和图 1-2 所示的 0 层数据流图。

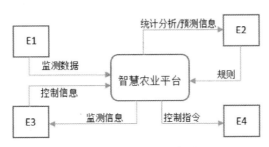

图 1-1 上下文数据流图

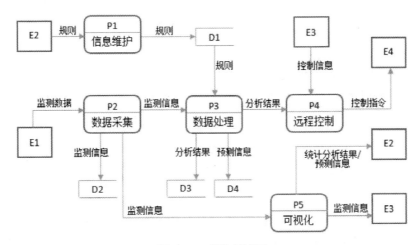

图 1-2 0 层数据流图

【问题 1】（4 分）
使用说明中的词语，给出图 1-1 中的实体 E1～E4 的名称。

【问题 2】（4 分）
使用说明中的词语，给出图 1-2 中的数据存储 D1～D4 的名称。

【问题 3】（4 分）
根据说明和图中术语，补充图 1-2 中缺失的数据流及其起点和终点。

【问题 4】（3 分）
根据说明，"数据处理"可以分解为哪些子加工？进一步进行分解时，需要注意哪三种常见的错误？

答案：

【问题1】E1：传感器　E2：农业专家　E3：农业人员　E4：控制器

【问题2】D1：监控处理规则表　D2：监测信息表　D3：分析结果表　D4：预测信息表

【问题3】写出四条即可：

数据流	起点	终点
规则	D1	P4
分析结果与预测信息	P3	P5
历史监测信息	D2	P3
请求	E2	P5

【问题4】

数据处理可以分解为：

（1）实时监测信息的监测分析。

（2）历史监测信息综合统计和预测。

（3）可视化和存储。

数据流图中常见的三种错误：

有输入但是没有输出，称为"黑洞"。

有输出但没有输入，称为"奇迹"。

输入不足以产生输出，称为"灰洞"。

15.3　典型案例真题 2

2021 年 5 月下午试题一

阅读下列说明和图，回答问题 1 至问题 4，将解答填入答题纸的对应栏内。

某停车场运营方为了降低运营成本，减员增效，提供良好的停车体验，欲开发无人值守停车系统，该系统的主要功能是：

1．信息维护。管理人员对车位（总数、空余车位数等）计费规则等基础信息进行设置。

2．会员注册。车主提供手机号、车牌号等信息进行注册，提交充值信息（等级、绑定并授权支付系统进行充值或交费的支付账号），不同级别和充值额度享受不同停车折扣点。

3．车牌识别。当车辆进入停车场时，若有车位（空余车位数大于1），自动识别车牌号后进行道闸控制，当车主开车离开停车场时，识别车牌号，计费成功后，请求道闸控制。

4．计费。更新车辆离场时间，根据计费规则计算出停车费用，若车主是会员，提示停车费用；若储存余额够本次停车费用，自动扣费，更新余额，若储值余额不足，自动使用授权缴费账号请求支付系统进行支付，获取支付状态。若非会员临时停车，提示停车费用，车主通过扫描费用信息中的支付码，调用支付系统自助交费，获取支付状态。

5. 道闸控制。根据道闸控制请求向道闸控制系统发送放行指令和接收道闸执行状态。若道闸执行状态为正常放行时，对入场车辆，将车牌号及其入场时间信息存入停车记录，修改空余车位数；对出场车辆更新停车状态，修改空余车位数。当因道闸重置系统出现问题（断网断电或是故障为抬杆异常等情况），而无法在规定的时间内接收到其返回的执行状态正常放行时，系统向管理人员发送异常告警信息，之后管理人员安排故障排查处理，确保车辆有序出入停车场。

现采用结构化方法对无人值守停车系统进行分析与设计，获得如图 1-1 所示的上下文数据流图和图 1-2 所示的 0 层数据流图。

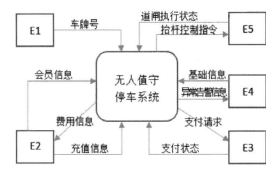

图 1-1　上下文数据流图

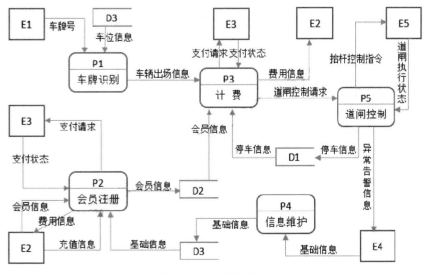

图 1-2　0 层数据流图

【问题 1】（5 分）

使用说明中的词语，给出图 1-1 中的实体 E1～E5 的名称。

【问题 2】（3 分）

使用说明中的词语，给出图 1-2 中的数据存储 D1～D3 的名称。

【问题3】（4分）

根据说明和图中术语，补充图1-2中缺失的数据流及其起点和终点。

【问题4】（3分）

根据说明，采用结构化语言对"道闸控制"的加工逻辑进行描述。

答案：

【问题1】

E1：车辆　E2：车主　E3：支付系统　E4：管理人员　E5：道闸控制系统

【问题2】

D1：停车记录表　D2：会员信息表　D3：基础信息表

【问题3】

数据流	起点	终点
计费规则信息	D3	P3
道闸控制请求	P1	P5
更新车位信息	P5	D3
更新余额	P3	D2

【问题4】

```
IF(道闸执行状态正常)
    IF(车辆入场)    THEN
        将车牌号及其入场时间信息存入停车记录，修改空余车位数;
    ELSEIF(车辆出场)    THEN
        更新停车状态，修改空余车位数;
    ENDIF
ELSEIF(道闸重置系统出现问题)    THEN
    向管理人员发送异常告警信息;
    管理人员安排故障排查处理;
ENDIF
```

第**16**章

案例专题二：数据库分析设计

16.1 考点梳理及精讲

本章节固定对应下午试题二，每年固定考查 E-R 图和关系模式。

1. E-R 图转换为关系模式

E-R 图中，有实体和联系两个概念，实体和实体之间的联系分为三种，即 1:1、1:N、M:N，这三种情况，转换为关系模式的方法也不同。

首先，每个实体都要转换为一个关系模式，对于联系，**一对一**，联系作为一个属性随便加入哪个实体中；**一对多**，联系可以单独转换为一个关系模式，也可以作为一个属性加入到 N 端中（N 端实体包含 1 端的主键）；**多对多**，联系必须单独转换为一个关系模式（且此关系模式应该包含两端实体的主键）。

转换之后要注意：**原来的两个实体之间的联系必须还存在**，能够通过查询方式查到对方。

在实际解题时，要注意，某个实体的属性，还应该包括其联系属性，具体问题具体分析。

2. 解题技巧

数据库设计的考法也非常固定，第一小题补充 E-R 图，第二小题补充关系模式，第三小题是简单的情景问答题。结合题目描述和 E-R 图的一些特点可以轻易得出答案，技巧如下：

（1）补充 E-R 图：这是重中之重，E-R 图如果弄错了，后续题目都有影响，主要是根据题目描述确认哪些实体之间有联系，联系类型是哪一种，而后进行连线即可，并不难。

（2）补充关系模式：实际考查的是将 E-R 图转换为关系模式，补充缺失的属性，分成两步：首先需要审题，题目会给出每个关系模式的属性信息，先**将题目中的属性信息和问题对应**，将缺少的属性全部补充；而后再**按照规则转换**，即前面所说的规则，按联系的三种对应方式决定要添加哪些字段。

（3）情景问答：一般都是给出一段新的描述，要求新增一种实体-联系类型和关系模式，本质也是考查联系类型和 E-R 图转换为关系模式。

注意**审题**，常识以及 **E-R 图转换为关系模式的原则**（主要是联系的归属）。

3．常见问题

Q：E-R 图转换为关系模式时，总觉得不对怎么办？

A：学员在这种类型题目里唯一的模糊点就是这里，转换为关系模式，遵循两步法，首先以题目描述为主，然后再根据不同类型的转换原则去判断是否有遗漏。

Q：这种题目该怎么学习，学习到哪种程度呢？

A：要求能拿到 12 分以上；看完章节知识，立即去做历年真题，掌握技巧。

16.2　典型案例真题 3

2021 年 11 月下午试题二

阅读下列说明和图，回答问题 1 至问题 4，将解答填入答题纸的对应栏内。

【说明】

某汽车维修公司为了便于管理车辆的维修情况，拟开发一套汽车维修管理系统，请根据下述需求描述完成该系统的数据库设计。

【需求描述】

（1）客户信息包括：客户号、客户名、客户性质、折扣率、联系人、联系电话。客户性质有个人或单位。客户号唯一标识客户关系中的每一个元组。

（2）车辆信息包括：车牌号、车型、颜色和车辆类别。一个客户至少有一辆车，一辆车只属于一个客户。

（3）员工信息包括：员工号、员工名、岗位、电话、家庭住址。其中，员工号唯一标识员工关系中的每一个元组。岗位有业务员、维修工、主管。业务员根据车辆的故障情况填写维修单。

（4）部门信息包括：部门号、名称、主管和电话，其中部门号唯一标识部门关系中的每一个元组。每个部门只有一名主管，但每个部门有多名员工，每名员工只属于一个部门。

（5）维修单信息包括：维修单号、车牌号、维修内容、工时。维修单号唯一标识维修单关系中的每一个元组。一个维修工可接多张维修单，但一张维修单只对应一个维修工。

【概念模型设计】根据需求阶段收集的信息，设计的实体联系图（不完整）如图 2-1 所示。

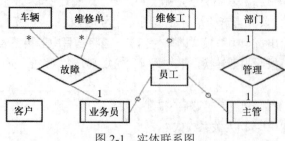

图 2-1　实体联系图

【逻辑结构设计】

根据概念模型设计阶段完成的实体联系图，得出如下关系模式（不完整）：

客户(客户号，客户名，(a)，折扣率，联系人，联系电话)

车辆(车牌号，(b)，车型，颜色，车辆类别)

员工(员工号，员工名，岗位，(c)，电话，家庭住址)

部门(部门号，名称，主管，电话)

维修单(维修单号，(d)，维修内容，工时)

【问题 1】（6 分）

根据问题描述，补充 3 个联系，完善图 2-1 的实体联系图。联系名可用联系 1、联系 2 和联系 3 代替，联系的类型为 1:1、1:n 和 m:n（或 1:1、1:*和*:*）。

【问题 2】（4 分）

根据题意，将关系模式中的空（a）～（d）的属性补充完整，并填入答题纸对应的位置上。

【问题 3】（2 分）

分别给出车辆关系和维修单关系的主键与外键。

【问题 4】（3 分）

如果一张维修单涉及多项维修内容，需要多个维修工来处理，那么哪个联系类型会发生何种变化？你认为应该如何解决这一问题？

答案：

【问题 1】

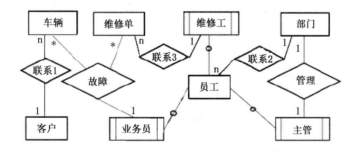

【问题 2】

（a）客户性质　　（b）客户号　　（c）部门号　　（d）车牌号，员工号

【问题 3】

车辆关系主键：车牌号　　　　外键：客户号

维修单关系主键：维修单号　　外键：车牌号、员工号

【问题 4】

维修单和维修工会变成多对多的联系；需要增加一个关系，记录维修内容、维修工号、工时信息。

16.3 典型案例真题 4

2021 年 5 月下午试题二

阅读下列说明和图，回答问题 1 至问题 3，将解答填入答题纸的对应栏内。

某社区蔬菜团购网站，为规范商品收发流程，便于查询用户订单情况，需要开发一个信息系统。请根据下述需求描述完成该系统的数据库设计。

【需求描述】

（1）记录蔬菜供应商的信息，包括供应商编号、地址和电话。

（2）记录社区团购点的信息，包括团购点编号、地址和电话。

（3）记录客户信息，包括姓名和客户电话。客户可以在不同的社区团购点下订单，不直接与蔬菜供应商发生联系。

（4）记录客户订单信息，包括订单编号、团购点编号、客户电话、订单内容和日期。

【概念模型设计】

根据需求阶段收集的信息，设计的实体联系图（不完整）如图 1-1 所示。

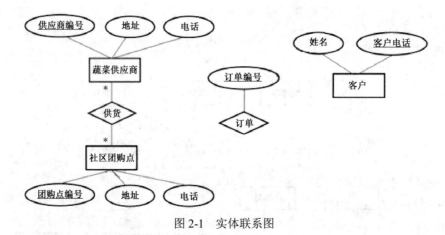

图 2-1 实体联系图

【逻辑结构设计】

根据概念模型设计阶段完成的实体联系图，得出如下关系模式（不完整）：

蔬菜供货商（供货商编号，地址，电话）

社区团购点（团购点编号，地址，电话）

供货（供货商编号，(a)）

客户（姓名，客户电话）

订单（订单编号，团购点编号，(b)，订单内容，日期）

【问题1】（6分）

根据问题描述，补充图2-1的实体联系图。

【问题2】（4分）

补充逻辑结构设计结果中的（a）、（b）两处空缺及完整性约束关系。

【问题3】（5分）

若社区蔬菜团购网站还兼有代收快递的业务，请增加新的"快递"实体，并给出客户实体和快递实体之间的"收取"联系，对图2-1进行补充。"快递"关系模式包括快递编号、客户电话和日期。

答案：

【问题1】

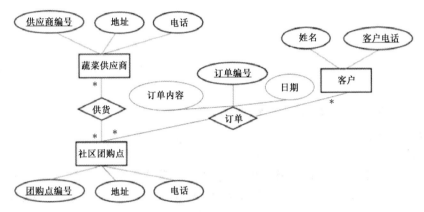

【问题2】

（a）团购点编号。主键：供应商编号，团购点编号。外键：供货商编号，团购点编号。

（b）客户电话。主键：订单编号。外键：团购点编号，客户电话。

【问题3】

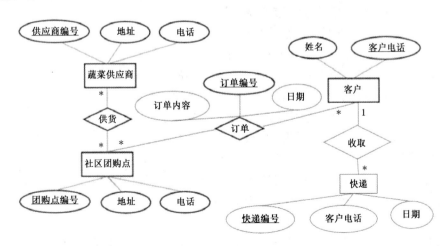

第17章
案例专题三：面向对象分析设计

17.1 考点梳理及精讲

本章节固定对应下午试题三，每年固定考查 UML 建模里的关系和图。

1. 常考图形实例

（1）用例图。

主要考查**参与者和用例的识别、用例之间的关系**（包含 include、扩展 extend、泛化 Generalization），如图 9-5 所示，登记外借信息用例**包含**用户登录用例，因为每次如果要登记外借信息，必然要先进行用户登录。而查询书籍信息的**扩展**是修改书籍信息，是因为每次查询书籍信息后，发现有错误才会修改，否则不修改，不是必要的操作。因此，区分用例间的关系是包含还是扩展，关键在于**是不是必须操作**。

（2）类图。

主要考查填**类名、多重度、类之间的联系**（泛化、组合、聚合、实现、依赖）。

多重度（有点类似于 E-R 图中的联系类型）含义如下：

1：表示一个集合中的一个对象对应另一个集合中的一个对象。

0..*：表示一个集合中的一个对象对应另一个集合中的 0 个或多个对象。

1..*：表示一个集合中的一个对象对应另一个集合中的一个或多个对象。

*：表示一个集合中的一个对象对应另一个集合中的多个对象。

类之间的联系：关联、依赖、泛化、组合、聚合、实现。

（3）序列图。

序列图也即顺序图，如图 9-6 所示为顺序图，主要考查**填对象名、消息名**，消息就是一个个箭头上传递的，对象作为实体在最上端，自上而下为时间顺序，反映一个事件的执行过程。

（4）活动图。

活动图类似于程序流程图，粗线表示该活动分成了多少个并行的任务，最后又会汇总到一起。

主要考查**填活动名称**。

（5）状态图。

主要描述状态之间的转换，主要考查的就是**填状态名、状态转换的条件**，具体如图 9-8 所示。

（6）通信（协作）图。

是顺序图的另一种表示方法，也是由对象和消息组成的图，只不过不强调时间顺序，只强调事件之间的通信，而且也没有固定的画法规则，和顺序图统称为交互图。主要考查**填对象名、消息**。

2. 解题技巧

由前面的介绍可知，考查 UML 建模就是考查多种图形，对这些图形的考查一般都是缺失一些关键点，而后要求考生补图。

要求认真审题，根据题干说明补齐类名、对象名或者消息名等，记住类图和对象图中的**多重度**（互相独立的分析，掌握表示方法）、**类之间的联系标识**（多边形端为整体，直线端为个体）。

认真审题，审图，根据说明查缺补漏，一般来说有以下几种题型：

（1）补充用例图：主要考查补充**用例名称**、参与者、**用例之间的关系**，只要认真审题，根据题中描述核对，都可以轻易得出答案。

（2）补充类图：主要考查补充**类名称**，需要根据**类之间的关系**以及**多重度**来判断，需要**牢记类之间关系的图形符号**，尤其是组合、聚合和继承的符号，并且观察符号上的多重度数字，与题目描述对应。

（3）补充状态图：主要补充状态名称，根据题目描述可以轻易得出答案。

（4）识别设计模式，掌握经典设计模式特点，并结合英文等联想。

3. 常见问题

Q：看到一张类图都是空的，就懵了，该怎么办？

A：类和类之间的联系，尤其是泛化联系是非常重要的，也是解题的关键，要记住泛化联系的符号，而后去题目描述里找到具有父子关系的实体，基本上题目就一步步解出来了。其他如组合、聚合联系的符号也是解题关键。

Q：这种题目该怎么学习，学习到哪种程度呢？

A：要求能拿到 12 分以上；看完章节知识后，立即去做历年真题，掌握技巧。

17.2　典型案例真题 5

2021 年 11 月下午试题三

阅读下列说明和图，回答问题 1 至问题 3，将解答填入答题纸的对应栏内。

【说明】

某游戏公司欲开发一款吃金币游戏。游戏的背景为一种回廊式迷宫（Maze），在迷宫的不同位置上设置有墙。迷宫中有两种类型的机器人（Robot）：小精灵（PacMan）和幽灵（Ghost）。游戏的目的就是控制小精灵在迷宫内游走，吞吃迷宫路径上的金币，且不能被幽灵抓到。幽灵在迷宫中游走，并会吃掉遇到的小精灵。机器人游走时，以单位距离的倍数计算游走路径的长度。当迷宫中至少存在一个小精灵和一个幽灵时，游戏开始。

机器人上有两种传感器，使机器人具有一定的感知能力。这两种传感器分别是：

（1）前向传感器（Front Sensor），探测在机器人当前位置的左边、右边和前方是否有墙（机器人遇到墙时，必须改变游走方向）。机器人根据前向传感器的探测结果，决定朝哪个方向运动。

（2）近距离传感器（ProxiSensor），探测在机器人的视线范围内（正前方）是否存在隐藏的金币或幽灵。近距离传感器并不报告探测到的对象是否正在移动以及朝哪个方向移动。但是如果近距离传感器的连续两次探测结果表明被探测对象处于不同的位置，则可以推导出该对象在移动。

另外，每个机器人都设置有一个计时器（Timer），用于支持执行预先定义好的定时事件。

机器人的动作包括：原地向左或向右旋转 90°；向前或向后移动。

建立迷宫：用户可以使用编辑器（Editor）编写迷宫文件，建立用户自定义的迷宫。将迷宫文件导入游戏系统建立用户自定义的迷宫。

现采用面向对象分析与设计方法开发该游戏，得到如图 3-1 所示的用例图以及图 3-2 所示的类图。

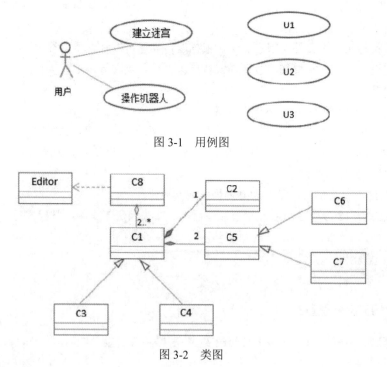

图 3-1 用例图

图 3-2 类图

【问题 1】（3 分）

根据说明中的描述，给出图 3-1 中 U1～U3 所对应的用例名。

【问题 2】（4 分）

图 3-1 中用例 U1～U3 分别与哪个（哪些）用例之间有关系，是何种关系？

【问题 3】（8 分）

根据说明中的描述，给出图 3-2 中 C1～C8 所对应的类名。

答案：

【问题 1】 U1 编写迷宫文件　U2：导入迷宫文件　U3：设置计时器

【问题 2】 U1、U2 与建立迷宫用例是泛化关系，U3 与操作机器人是包含关系。

【问题 3】 C1：机器人　C2：计时器　C3：小精灵　C4：幽灵（C3 和 C4 可互换）

C5：传感器　C6：前向传感器　C7：近距离传感器（C6 和 C7 可互换）　C8：迷宫

以上，中英文不限，只写中文、只写英文或者都写都可以。

17.3　典型案例真题 6

2021 年 5 月下午试题三

阅读下列说明和图，回答问题 1 至问题 3，将解答填入答题纸的对应栏内。

【说明】

某中医医院拟开发一套线上抓药 APP，允许患者凭借该医院医生开具的处方线上抓药，并提供免费送药上门服务。该系统的主要功能描述如下：

（1）注册。患者扫描医院提供的二维码进行注册，注册过程中，患者需提供其病历号，系统根据病历号自动获取患者基本信息。

（2）登录。已注册的患者可以登录系统进行线上抓药，未注册的患者系统拒绝其登录。

（3）确认处方。患者登录后，可以查看医生开具的所有处方。患者选择需要抓药的处方和数量（需要抓几副药），同时说明是否需要煎制。选择取药方式：自行到店取药或者送药上门，若选择送药上门，患者需要提供收货人姓名、联系方式和收货地址。系统自动计算本次抓药的费用，患者可以使用微信或支付宝等支付方式支付费用。支付成功之后，处方被发送给药师进行药品配制。

（4）处理处方。药师根据处方配置好药品。若患者要求煎制，药师对配置好的药品进行煎制。煎制完成，药师将该处方设置为已完成。若患者选择的是自行取药，取药后确认已取药。

（5）药品派送。处方完成后，对于选择送药上门的患者，系统将给快递人员发送药品配送信息，等待快递人员取药；并给患者发送收货验证码。

（6）送药上门。快递人员将配制好的药品送到患者指定的收货地址。患者收货时，向快递人员出示收货验证码，快递人员使用该验证码确认药品已送到。

现采用面向对象分析与设计方法开发上述系统，得到如图 3.1 所示的用例图以及图 3-2 所示的类图。

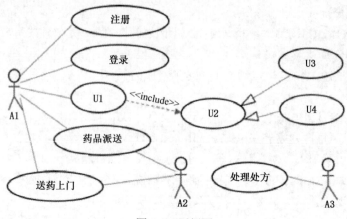

图 3-1　用例图

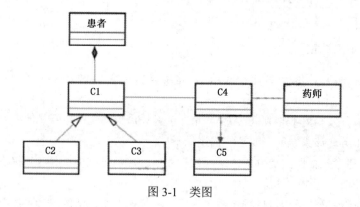

图 3-1　类图

【问题 1】（7 分）

根据说明中的描述，给出图 3-1 中 A1～A3 所对应的参与者名称和 U1～U4 处所对应的用例名称。

【问题 2】（5 分）

根据说明中的描述，给出图 3-2 中 C1～C5 所对应的类名。

【问题 3】（3 分）

简要解释用例之间的 include、extend 和 generalize 关系的含义。

答案：

【问题 1】

A1：患者　A2：快递人员　A3：药师

U1：确认处方　U2：支付方式　U3：微信支付　U4：支付宝支付（U3 和 U4 可互换）

【问题 2】

C1：支付方式　C2：微信支付　C3：支付宝支付　C4：处方　C5：药品（C2 和 C3 可互换）

【问题 3】

include：包含关系，当一个用例执行时必须执行另一个用例，这两个用例之间就是包含关系。

extend：扩展关系，当一个用例执行时可选择执行另一个用例或不执行，这两个用例之间就是扩展关系。

generalize：泛化关系，当多个用例共同拥有一个类似的结构和行为的时候，可以将它们的共性抽象成一个父用例，父用例和这些用例之间就是泛化关系。

第 18 章

案例专题四：算法分析设计

18.1　考点梳理及精讲

本章节固定对应下午试题四，每年固定考查 C 语言代码及算法分析。

1. C 语言入门实例

让我们看一段简单的代码，可以输出单词 "Hello World"。

```
#include <stdio.h>
int main()
{
    /* 我的第一个 C 程序 */
    printf("Hello, World! \n");
    return 0;
}
```

程序的第一行 #include <stdio.h> 是预处理器指令，告诉 C 语言编译器在实际编译之前要包含 stdio.h 文件。

下一行 int main() 是主函数，程序从这里开始执行，**C 语言程序都是从 main 函数开始执行**。

下一行 /*...*/ 将会被编译器忽略，这里放置程序的注释内容。它们被称为程序的注释。

下一行 printf(...) 是 C 语言中另一个可用的函数，会在屏幕上显示消息 "Hello, World!"。

下一行 return 0 是终止 main()函数，并返回值 0。

（1）英文分号 ；

在 C 语言程序中，分号是语句结束符。也就是说，每个语句必须以分号结束。它表明一个逻辑实体的结束。

（2）注释

C 语言有两种注释方式：

以 // 开始的单行注释，这种注释可以单独占一行。

/* */ 这种格式的注释可以占单行或多行。

不能在注释内嵌套注释，注释也不能出现在字符串或字符值中。

（3）标识符

C 语言标识符是用来标识变量、函数，或任何其他用户自定义项目的名称。

一个标识符以字母 A～Z 或 a～z 或下划线"_"开始，不能以数字开始，后跟零个或多个字母、下划线和数字（0～9）。

C 语言标识符内不允许出现标点字符，比如@、$和%。

C 语言是区分大小写的编程语言。

（4）保留字

C 语言自己保留的关键字，编写程序时不能与之重复，如变量定义 int、char、double 等保留字。

（5）C 中的空格

只包含空格的行，被称为空白行，可能带有注释，C 语言编译器会完全忽略它。

在 C 语言中，空格用于描述空白符、制表符、换行符和注释。空格分隔语句的各个部分，让编译器能识别语句中的某个元素（比如 int）在哪里结束，下一个元素在哪里开始。因此，在下面的语句中：

int age;

在这里，int 和 age 之间必须至少有一个空格字符（通常是一个空白符），这样编译器才能够区分它们。另一方面，在下面的语句中：

fruit = apples + oranges;　　// 获取水果的总数

fruit 和 =，或者 = 和 apples 之间的空格字符不是必需的，但是为了增强可读性，可以根据需要适当增加一些空格。

（6）sizeof 获取存储字节

为了得到某个类型或某个变量在特定平台上的准确大小，可以使用 sizeof 运算符。表达式 sizeof(type) 得到对象或类型的存储字节大小。

（7）void 类型

void 类型指定没有可用的值。它通常用于表 18-1 所列的三种情况。

表 18-1　void 类型三种情况

编号	void 类型概述
1	函数返回为空 C 语言中有各种函数都不返回值，或者可以说它们返回空。不返回值的函数的返回类型为空。例如 void exit (int status);
2	函数参数为空 C 语言中有各种函数不接受任何参数。不带参数的函数可以接受一个 void。例如 int rand(void);
3	指针指向 void 类型为 void * 的指针代表对象的地址，而不是类型。例如，内存分配函数 void *malloc(size_t size); 返回指向 void 的指针，可以转换为任何数据类型

（8）变量

变量其实只不过是程序可操作的存储区的名称。C 语言中每个变量都有特定的类型，类型决定了变量存储的大小和布局，该范围内的值都可以存储在内存中，运算符可应用于变量上。

变量的名称可以由字母、数字和下划线字符组成，它必须以字母或下划线开头。大写字母和小写字母是不同的，因为 C 语言是大小写敏感的。

变量定义：指定一个数据类型，并包含了该类型的一个或多个变量的列表，如下所示：

type variable_list;

在这里，type 必须是一个有效的 C 语言数据类型，可以是 char、w_char、int、float、double 或任何用户自定义的对象，variable_list 可以由一个或多个标识符名称组成，多个标识符之间用逗号分隔。下面列出几个有效的声明：

int   i, j, k;

变量可以在声明的时候被初始化（指定一个初始值）。初始化时由一个等号，后跟一个常量表达式组成，如下所示：

type variable_name = value;

下面列举几个实例：

```
int d = 3, f = 5;          //定义并初始化 整型变量 d 和 f
char x = 'x';              //字符型变量 x 的值为 'x'
```

（9）C 语言数组

定义一维数组：

type arrayName [arraySize];

（10）C 语言枚举

枚举语法定义格式为：

enum   枚举名   {枚举元素 1,枚举元素 2,……};

枚举元素 1 默认为 0，可以赋其他值；

枚举元素的值默认在前一个元素基础上加 1；

定义枚举变量：

```
enum DAY
{
    MON = 1, TUE, WED, THU, FRI, SAT, SUN
};
```

（11）C 语言中的左值（Lvalue）和右值（Rvalue）

C 语言中有两种类型的表达式：

● 左值（Lvalue）：指向内存位置的表达式被称为左值（Lvalue）表达式。左值可以出现在赋值号的左边或右边。

● 右值（Rvalue）：指的是存储在内存中某些地址的数值。右值是不能对其进行赋值的表达式，也就是说，右值可以出现在赋值号的右边，但不能出现在赋值号的左边。

变量是左值，因此可以出现在赋值号的左边。数值型的字面值是右值，因此不能被赋值，不能出现在赋值号的左边。

下面不是一个有效的语句，会生成编译错误：

```
10 = 20;
```

（12）C 语言常量

整数常量可以是十进制、八进制或十六进制的常量。前缀指定基数：0x 或 0X 表示十六进制，0 表示八进制，不带前缀则默认表示十进制。

浮点常量由整数部分、小数点、小数部分和指数部分组成。可以使用小数形式或者指数形式来表示浮点常量，如：

```
3.14159        /* 合法的 */
314159E-5      /* 合法的 */
```

字符常量是括在单引号中的，可以是一个普通的字符（例如 'x'）、一个转义序列（例如 '\t'），或一个通用的字符（例如 '\u02C0'）。在 C 语言中，有一些特定的字符，当它们前面有反斜杠时，它们就具有特殊的含义，被用来表示如换行符（\n）或制表符（\t）等。

字符串字面值或常量是括在双引号（""）中的。一个字符串包含类似于字符常量的字符，例如普通的字符、转义序列和通用的字符。

（13）宏定义#define

用来定义一个可以代替值的宏，语法格式如下：

```
#define 宏名称 值
```

实例：

```
#define LENGTH 10          //后续使用可用 LENGTH 代替 10 这个常量
```

（14）const 关键字

定义一个只读的变量，本质是修改了变量的存储方式为只读。

```
const int   LENGTH = 10;   //定义变量 LENGTH=10，且只读，即无法修改 LENGTH 值
```

（15）static 关键字

static 关键字指示编译器在程序的生命周期内保持局部变量的存在，而不需要在每次它进入和离开作用域时进行创建和销毁。因此，使用 static 修饰局部变量可以在函数调用之间保持局部变量的值。

static 修饰符也可以应用于全局变量或函数。当 static 修饰全局变量或函数时，会使变量或函数的作用域限制在声明它的文件内。

（16）extern 关键字

extern 关键字用于提供一个全局变量的引用，全局变量对所有的程序文件都是可见的。

可以这么理解，extern 是用来在另一个文件中声明一个全局变量或函数。extern 修饰符通常用于当有两个或多个文件共享相同的全局变量或函数的时候。

（17）typedef 关键字

C 语言提供了 typedef 关键字，可以使用它来为类型取一个新的名字。下面的实例为单字节

数字定义了一个术语 BYTE：

> typedef unsigned char BYTE;
>
> 在这个类型定义之后，标识符 BYTE 可作为类型 unsigned char 的缩写，例如：
>
> BYTE   b1, b2;
>
> 也可以使用 typedef 来为用户自定义的数据类型取一个新的名字。

（18）算术运算符

表 18-2 列出了 C 语言支持的所有算术运算符。假设变量 A 的值为 10，变量 B 的值为 20。

表 18-2   C 语言支持的算术运算符

运算符	描述	实例
+	把两个操作数相加	A + B 将得到 30
–	从第一个操作数中减去第二个操作数	A–B 将得到 –10
*	把两个操作数相乘	A * B 将得到 200
/	分子除以分母	B / A 将得到 2
%	取模运算符，整除后的余数	B % A 将得到 0
++	自增运算符，整数值增加 1	A++ 将得到 11
––	自减运算符，整数值减少 1	A–– 将得到 9

（19）关系运算符

表 18-3 列出了 C 语言支持的所有关系运算符。假设变量 A 的值为 10，变量 B 的值为 20。

表 18-3   C 语言支持的关系运算符

运算符	描述	实例
==	检查两个操作数的值是否相等，如果相等，则条件为真	(A == B) 不为真
!=	检查两个操作数的值是否相等，如果不相等，则条件为真	(A != B) 为真
>	检查左操作数的值是否大于右操作数的值，如果是，则条件为真	(A > B) 不为真
<	检查左操作数的值是否小于右操作数的值，如果是，则条件为真	(A < B) 为真
>=	检查左操作数的值是否大于或等于右操作数的值，如果是，则条件为真	(A >= B) 不为真
<=	检查左操作数的值是否小于或等于右操作数的值，如果是，则条件为真	(A <= B) 为真

（20）逻辑运算符

表 18-4 列出了 C 语言支持的所有逻辑运算符。假设变量 A 的值为 1，变量 B 的值为 0。

表 18-4　C 语言支持的逻辑运算符

运算符	描述	实例
&&	称为逻辑与运算符。如果两个操作数都非零，则条件为真	(A && B) 为假
||	称为逻辑或运算符。如果两个操作数中有任意一个非零，则条件为真	(A || B) 为真
!	称为逻辑非运算符，用来逆转操作数的逻辑状态。如果条件为真，则逻辑非运算符将使其为假	!(A && B) 为真

（21）赋值运算符

表 18-5 列出了 C 语言支持的赋值运算符。

表 18-5　C 语言支持的赋值运算符

运算符	描述	实例
=	简单的赋值运算符，把右边操作数的值赋给左边操作数	C = A + B 将把 A + B 的值赋给 C
+=	加且赋值运算符，把右边操作数加上左边操作数的结果赋值给左边操作数	C += A 相当于 C = C + A
—=	减且赋值运算符，把左边操作数减去右边操作数的结果赋值给左边操作数	C —= A 相当于 C = C – A
*=	乘且赋值运算符，把右边操作数乘以左边操作数的结果赋值给左边操作数	C *= A 相当于 C = C * A
/=	除且赋值运算符，把左边操作数除以右边操作数的结果赋值给左边操作数	C /= A 相当于 C = C / A
%=	求模且赋值运算符，求两个操作数的模赋值给左边操作数	C %= A 相当于 C = C % A
<<=	左移且赋值运算符	C <<= 2 等同于 C = C << 2
>>=	右移且赋值运算符	C >>= 2 等同于 C = C >> 2
&=	按位与且赋值运算符	C &= 2 等同于 C = C & 2
^=	按位异或且赋值运算符	C ^= 2 等同于 C = C ^ 2
|=	按位或且赋值运算符	C |= 2 等同于 C = C | 2

（22）杂项运算符

表 18-6 列出了 C 语言支持的其他一些重要的运算符，包括 sizeof 和? :。

表 18-6　C 语言支持的其他运算符

运算符	描述	实例
sizeof()	返回变量的大小	sizeof(a) 将返回 4，其中 a 是整数
&	返回变量的地址	&a; 将给出变量的实际地址

运算符	描述	实例
*	指向一个变量	*a; 将指向一个变量
?:	条件表达式	如果条件为真，则值为 X，否则值为 Y

（23）C 语言判断

判断结构要求程序员指定一个或多个要评估或测试的条件，以及条件为真时要执行的语句（必需的）和条件为假时要执行的语句（可选的）。

C 语言把任何非零和非空的值假定为 true，把零或 null 假定为 false。

判断语句格式：

1）if 语句。

```
    if (boolean_expression)
    {
        /* 如果布尔表达式为真将执行的语句 */
    }
```

2）if else 语句（扩展 if elseif else）。

```
if (boolean_expression)
    {
        /* 如果布尔表达式为真将执行的语句 */
    }
    else
    {
        /* 如果布尔表达式为假将执行的语句 */
    }
```

3）switch case 语句。

```
switch (expression){
    case constant - expression:
        statement(s);
        break; /* 可选的 */
    case constant - expression:
        statement(s);
        break; /* 可选的 */

    /* 可以有任意数量的 case 语句 */
    default: /* 可选的 */
        statement(s);
}
```

（24）C 语言循环

循环语句允许我们多次执行一个语句或语句组，C 语言提供了以下几种循环类型。

1）while 语句。

```
while (condition)
{
    statement(s);
}
```

2）for 语句。

```
for (init; condition; increment)
{
    statement(s);
}
```

3）do while 语句（至少保证执行一次循环体）。

```
do
{
    statement(s);
} while (condition);
```

（25）循环控制语句

1）break 语句。

C 语言中 break 语句有以下两种用法。

当 break 语句出现在一个循环内时，循环会立即终止，且程序流将继续执行紧接着循环的下一条语句。

它可用于终止 switch 语句中的一个 case。

如果使用的是嵌套循环（即一个循环内嵌套另一个循环），break 语句会停止执行最内层的循环，然后开始执行该块之后的下一行代码。

2）continue 语句。

C 语言中的 continue 语句会跳过当前循环中的代码，强迫开始下一次循环。

对于 for 循环，continue 语句执行后自增语句仍然会执行。对于 while 和 do...while 循环，continue 语句重新执行条件判断语句。

3）goto 语句（不建议使用）。

C 语言中的 goto 语句允许把控制无条件转移到同一函数内的被标记的语句。

（26）C 语言函数

C 语言中函数定义的一般形式如下：

```
return_type function_name( parameter list )
{
    body of the function
}
```

在 C 语言中，函数由一个函数头和一个函数主体组成。下面列出一个函数的所有组成部分。

返回类型：一个函数可以返回一个值。return_type 是函数返回的值的数据类型。有些函数执行完所需的操作但无需返回值，在这种情况下，return_type 是关键字 void。

函数名称：这是函数的实际名称。函数名和参数列表一起构成了函数签名。

参数：参数就像是占位符。当函数被调用时，向参数传递一个值，这个值被称为实际参数。参数列表包括函数参数的类型、顺序、数量。参数是可选的，也就是说，函数可能不包含参数。

函数主体：函数主体包含一组定义函数执行任务的语句。

以下是 max() 函数的源代码。该函数有两个参数 num1 和 num2，会返回这两个数中较大的那个数。

```
/* 函数返回两个数中较大的那个数 */
int max(int num1, int num2)
{
    /* 局部变量声明 */
    int result;
    if (num1 > num2)
        result = num1;
    else
        result = num2;
    return result;
}
```

函数声明会告诉编译器函数名称及如何调用函数。函数的实际主体可以单独定义。

函数声明包括以下几个部分：

```
return_type function_name( parameter list );
```

针对上面定义的函数 max()，以下是函数声明：

```
int max(int num1, int num2);
```

在函数声明中，参数的名称并不重要，只有参数的类型是必需的，因此下面也是有效的声明：

```
int max(int, int);
```

调用函数时，传递所需参数，如果函数返回一个值，则可以存储返回值。例如：

```
ret = max(a, b);
```

（27）C 语言作用域

局部变量：在某个函数或块的内部声明的变量称为局部变量。它们只能被该函数或该代码块内部的语句使用。局部变量在函数外部是不可知的。

全局变量定义在函数外部,通常是在程序的顶部。全局变量在整个程序生命周期内都是有效的，在任意的函数内部能访问全局变量。全局变量可以被任何函数访问。也就是说，全局变量在声明后整个程序中都是可用的。

在程序中，局部变量和全局变量的名称可以相同，但是在函数内，如果两个名字相同，会使用局部变量值，全局变量不会被使用。

形式参数：函数的参数，形式参数，被当作该函数内的局部变量，如果与全局变量同名它们会优先使用。

```
int test(int, int);        // 形参，只声明
test(5, 3);                // 实参，已赋值
```

（28）C 语言指针

每一个变量都有一个内存位置，每一个内存位置都定义了可使用连字号（&）运算符访问的地址，它表示了在内存中的一个地址。

指针是一个变量，其值为另一个变量的地址，即内存位置的直接地址。就像其他变量或常量一样，必须在使用指针存储其他变量地址之前，对其进行声明。指针变量声明的一般形式为：

type *var-name;

在这里，type 是指针的基类型，它必须是一个有效的 C 语言数据类型，var-name 是指针变量的名称。用来声明指针的星号"*"与乘法中使用的星号是相同的。但是，在这个语句中，星号是用来指定一个变量的指针。以下是有效的指针声明：

int　　*ip;　　/* 一个整型的指针 */

使用指针时会频繁进行以下几个操作：定义一个指针变量、把变量地址赋值给指针、访问指针变量中可用地址的值。这些是通过使用一元运算符"*"来返回位于操作数所指定地址的变量的值。

```
#include <stdio.h>
int main()
{
    int   var = 20;          /* 实际变量的声明 */
    int   *ip;               /* 指针变量的声明 */
    ip = &var;               /* 在指针变量中存储 var 的地址 */
    printf("Address of var variable: %p\n", &var);
    /* 在指针变量中存储的地址 */
    printf("Address stored in ip variable: %p\n", ip);
    /* 使用指针访问值 */
    printf("Value of *ip variable: %d\n", *ip);
    return 0;
}
```

（29）函数指针

函数指针是指向函数的指针变量。通常我们说的指针变量是指向一个整型、字符型或数组等变量，而函数指针是指向函数。函数指针可以像一般函数一样，用于调用函数、传递参数。

函数指针变量的声明：

typedef int (*fun_ptr)(int,int);　　// 声明一个指向同样参数、返回值的函数指针类型

（30）C 语言内存管理

定义一个指针，必须使其指向某个存在的内存空间的地址，才能使用，否则使用野指针会造成段错误，内存分配与释放函数如下：

void free(void *addr);　　//该函数释放 addr 所指向的内存块，释放的是动态分配的内存空间
void *malloc(int size);　　//在堆区分配一块指定大小为 size 的内存空间，用来存放数据，不会被初始化

（31）C 语言结构体

C 语言数组允许定义可存储相同类型数据项的变量，结构是 C 语言编程中另一种用户自定义的可用的数据类型，它允许存储不同类型的数据项。

为了定义结构，必须使用 **struct** 语句。struct 语句定义了一个包含多个成员的新的数据类型，struct 语句的格式如下：

```
struct tag {
    member - list
    member - list
    member - list
    ...
} variable - list;
```

tag 是结构体标签。

member-list 是标准的变量定义，比如 int i; 或者 float f，或者其他有效的变量定义。

variable-list 结构变量，定义在结构的末尾，最后一个分号之前，可以指定一个或多个结构变量。

在一般情况下，**tag、member-list、variable-list** 这 3 个部分至少要出现 2 个。以下为实例：

```
//此声明声明了拥有 3 个成员的结构体，分别为整型的 a，字符型的 b 和双精度的 c
//同时又声明了结构体变量 s1
//这个结构体并没有标明其标签
struct
{
    int a;
    char b;
    double c;
} s1;

//此声明声明了拥有 3 个成员的结构体，分别为整型的 a，字符型的 b 和双精度的 c
//结构体的标签被命名为 SIMPLE,没有声明变量
struct SIMPLE
{
    int a;
    char b;
    double c;
};
//用 SIMPLE 标签的结构体，另外声明了变量 t1、t2、t3
struct SIMPLE t1, t2[20], *t3;

//也可以用 typedef 创建新类型
typedef struct
{
    int a;
    char b;
    double c;
} Simple2;
```

//现在可以用 Simple2 作为类型声明新的结构体变量

Simple2 u1, u2[20], *u3;

为了**访问结构的成员**，我们使用成员访问运算符：英文句号 "."。

（32）打开文件方式

可以使用 fopen() 函数来创建一个新的文件或者打开一个已有的文件，这个调用会初始化类型 FILE 的一个对象，类型 FILE 包含了所有用来控制流的必要的信息。下面是这个函数调用的原型：

FILE *fopen(const char * filename, const char * mode);

在这里，filename 是字符串，用来命名文件，访问模式 mode 的值可以是下列值中的一个：r 代表 read，+代表可读可写，w 代表 write，b 代表 bit 二进制文件，t 代表 text，a 代表追加，具体见表 18-7。

表 18-7   打开文件方式参数表

模式	描述
r	打开一个已有的文本文件，允许读取文件
w	打开一个文本文件，允许写入文件。如果文件不存在，则会创建一个新文件。在这里，程序会从文件的开头写入内容。如果文件存在，则会被截断为零长度，重新写入
a	打开一个文本文件，以追加模式写入文件。如果文件不存在，则会创建一个新文件。在这里，程序会在已有的文件内容中追加内容
r+	打开一个文本文件，允许读写文件
w+	打开一个文本文件，允许读写文件。如果文件已存在，则文件会被截断为零长度，如果文件不存在，则会创建一个新文件
a+	打开一个文本文件，允许读写文件。如果文件不存在，则会创建一个新文件。读取会从文件的开头开始，写入则只能是追加模式

默认处理的是 text 文件，如果处理的是二进制文件，则需使用下面的访问模式来取代上面的访问模式（加字母 b）："rb", "wb", "ab", "rb+", "r+b", "wb+", "w+b", "ab+", "a+b"。

（33）关闭文件

为了关闭文件，请使用 fclose() 函数。函数的原型如下：

int fclose(FILE *fp);

如果成功关闭文件，fclose() 函数返回零，如果关闭文件时发生错误，函数返回 EOF。

（34）文件的读写操作

fgetc 从文件中读取一个字符。

fputc 写一个字符到文件中去。

fgets 从文件中读取一个字符串。

fputs 写一个字符串到文件中去。

fread 以二进制形式读取文件中的数据。

fwrite 以二进制形式写数据到文件中去。

18
Chapter

（35）文件定位函数

fseek 随机定位。

（36）文件结束函数

feof()函数用于检测文件当前读写位置是否处于文件尾部。只有当当前位置不在文件尾部时，才能从文件读数据。

函数定义：int feof(FILE*fp)。

返回值：0 或非 0。

feof()是检测流上的文件结束符的函数，如果文件结束，则返回非 0 值，没结束则返回 0。

（37）文件检错函数

文件操作的每个函数在执行中都有可能出错，C 语言提供了相应的标准函数 ferror 用于检测文件操作是否出现错误。

函数定义：int ferror (FILE*fp)。

返回值：0 或非 0。

ferror 函数检查上次对文件 fp 所进行的操作是否成功，如果成功则返回 0；出错返回非 0。因此，应该及时调用 ferror 函数检测操作执行的情况，以免丢失信息。

C 语言里的字符串操作函数都定义在头文件 string.h 中。

下面是头文件 string.h 中定义的函数，掌握以下常用的函数。

void *memcpy(void *dest, const void *src, size_t n)：从 src 复制 n 个字符到 dest。

void *memset(void *str, int c, size_t n)：复制字符 c（一个无符号字符）到参数 str 所指向的字符串的前 n 个字符。

char *strcat(char *dest, const char *src)：把 src 所指向的字符串追加到 dest 所指向的字符串的结尾。

char *strncat(char *dest, const char *src, size_t n)：把 src 所指向的字符串追加到 dest 所指向的字符串的结尾，直到 n 字符长度为止。

char *strchr(const char *str, int c)：在参数 str 所指向的字符串中，搜索第一次出现字符 c（一个无符号字符）的位置。

int strcmp(const char *str1, const char *str2)：把 str1 所指向的字符串和 str2 所指向的字符串进行比较。

int strncmp(const char *str1, const char *str2, size_t n)：把 str1 和 str2 进行比较，最多比较前 n 个字节。

char *strcpy(char *dest, const char *src)：把 src 所指向的字符串复制到 dest。

char *strncpy(char *dest, const char *src, size_t n)：把 src 所指向的字符串复制到 dest，最多复制 n 个字符。

size_t strlen(const char *str)：计算字符串 str 的长度，直到空结束字符，但不包括空结束字符。

char *strrchr(const char *str, int c)：在参数 str 所指向的字符串中搜索最后一次出现字符 c（一

个无符号字符）的位置。

char *strstr(const char *haystack, const char *needle)：在字符串 haystack 中查找第一次出现字符串 needle（不包含空结束字符）的位置。

2. 解题技巧

算法设计是软件设计师考试下午试题中最难的题型，主要难在 C 语言代码填空上，因此本人建议先不解决代码填空题（因为最难），先解决其他外围问题（如时间复杂度、算法技巧、取特殊值计算结果），最后解决代码填空，有助于理解整个题目，技巧如下：

（1）代码填空：第一小题，最后解决，并不影响解决其他题目，要理解题目算法原理，才能得出答案。另外近几年的**算法设计真题有很大的技巧，即便不理解算法原理也可以推导出答案**，要结合算法描述中的公式，以及算法代码中类似的分支，能够发现要填空的答案在题干描述中已经给出。

要注意的是，当遇到有最小值或最大值参与比较时，若比较出来比最小值更小，接下来肯定要更新这个最小值以及其下标元素值。当遇到一些条件判断的填空时，要注意对应上下文查看哪些变量是作为控制的。

（2）算法、时间复杂度：第二小题，先做，考查何种算法很好分辨，涉及分组就是分治法，局部最优就是贪心法，整体规划最优就是动态规划法，迷宫类的问题是回溯法，记住关键字很好区分；时间复杂度就是看 C 语言代码中的 for 循环层数和每一层的循环次数，涉及二分必然有 O(logn)。

（3）特殊值计算：第三小题，一般应该先做，不需要根据 C 语言代码，直接根据题目给出的算法原理，一步步推导即可得出答案，耐心推导并不难。但要注意，如果遇到算法原理十分复杂的，建议放弃，掌握问题 1 和问题 2 的技巧即可。

3. 常见问题

Q：文老师说这一题最难，我也没基础，能不能干脆放弃？

A：这种思想是错误的，这一题共 15 分，放弃就难通过了，要尽可能地拿分，至少关于时间复杂度、算法判断是很简单的；而算法填空，平时做练习也要认真对待每一题，坚持下来，时间长了即使零基础也能填对几个。

Q：完全没有 C 语言代码基础，看不懂怎么办？

A：在讲解真题和技巧时已经充分考虑到这一点，对于零基础学员，**先认真看语法规则**，然后听真题里对代码的分析，从英语的角度去联想其含义。不放弃就有收获。

Q：算法判断不准确，不能辨别贪心法和动态规划法怎么办？

A：算法判断是很简单的，题目中都有关键词暗示，分而治之是分治法；迷宫问题是回溯法；当题目中给出"考虑当前情况下"等词，是局部最优；当题目给出"最优子结构"、递归、最优公式等，是动态规划法。

Q：时间复杂度不知道如何求，怎么办？

A：看代码循环重数，注意是嵌套的重数，不是个数。

Q：这种题目该怎么学习，学习到哪种程度呢？

A：要求能拿到 8 分以上；看完章节知识后，立即去做历年真题，掌握技巧。

18.2 典型案例真题 7

2021 年 11 月下午试题四

阅读下列说明和 C 代码，回答问题 1 至问题 3，将解答填入答题纸的对应栏内。

【说明】

生物学上通常采用编辑距离来定义两个物种 DNA 序列的相似性，从而刻画物种之间的进化关系。具体来说，编辑距离是指将一个字符串变换为另一个字符串所需要的最小操作次数。操作有三种，分别为：插入一个字符、删除一个字符以及将一个字符修改为另一个字符。用字符数组 str1 和 str2 分别表示长度分别为 len1 和 len2 的字符串，定义二维数组 d 记录求解编辑距离的子问题最优解，则该二维数组可以递归定义为：

$$d[i][j]=\begin{cases} i & \text{或 len2=0} \\ j & \text{或 len1=0} \\ d[i-1][j-1] & \text{若 str1}[i-1]=\text{str2}[j-1] \\ \min\{d[i-1][j]+1, d[i][j-1]+1, d[i-1][j-1]+1\} & \text{若 str1}[i-1]\neq\text{str2}[j-1] \end{cases}$$

【C 代码】

（1）常量和变量说明

A，B：两个字符数组

d：二维数组

i，j：循环变量

temp：临时变量

（2）C 程序

```c
#include <stdio.h>
#define N 100

char A[N]="CTGA";
char B[N]="ACGCTA";
int d[N][N];

int min(int a, int b){
    return a<b?a:b;
}
int editdistance(char*str1,int len1, char *str2,int len2){
    int i,j;
    int diff;
    int temp;
    for(i=0;i<=len1;i++){
```

```
            d[i][0]=i;
        }
        for(j=0;j<= len2;j++){
            ____(1)____;
        }
        for(i=1;i<=len1;i++){
            for(j=1;j<=len2;j++){
                if (____(2)____);{
                    d[i][j]=d[i-1][j-1];
                }else{
                    temp=min(d[i-1][j]+1,d[i][j-1]+1);
                    d[i][j]= min(temp, ____(3)____);
                }
            }
        }
    return ____(4)____;
}
```

【问题 1】（8 分）

根据说明和 C 代码，填充 C 代码中的空（1）～（4）。

【问题 2】（4 分）

根据说明和 C 代码，算法采用了__(5)__设计策略，时间复杂度为__(6)__（用 O 符号表示，两个字符串的长度分别用 m 和 n 表示）。

【问题 3】（3 分）

已知两个字符串 A="CTGA"和 B="ACGCTA"，根据说明和 C 代码，可得出这两个字符串的编辑距离为__(7)__。

答案：

【问题 1】（1）d[0][j]=j   （2）str1[i-1]==str2[j-1]

（3）d[i-1][j-1]   （4）d[len1][len2]

【问题 2】（5）动态规划法   （6）O(m*n)

【问题 3】（7）4

18.3 典型案例真题 8

2021 年 5 月下午试题四

阅读下列说明和 C 代码，回答问题 1 和问题 2，将解答填入答题纸的对应栏内。

【说明】

凸多边形是指多边形的任意两点的连线均落在多边形的边界或者内部。相邻的点连线落在多边形边上，称为边；不相邻的点连线落在多边形内部，称为弦。假设任意两点连线上均有权重，凸多边形最优三角剖分问题定义为：求将凸多边形划分为不相交的三角形集合，且各三角形权重之和最小的剖分方案。每个三角形的权重为三条边权重之和。

假设 N 个点的凸多边形点编号为 V1,V2,…,VN,若在 VK 处将原凸多边形划分为一个三角形 V1VkVN，两个子凸多边形 V1,V2,…,Vk 和 Vk,Vk+1,…,VN，得到一个最优的剖分方案，则该最优剖分方案应该包含这两个子凸边形的最优剖分方案。用 m[i][j]表示点 Vi-1,Vi,…,Vj 构成的凸多边形的最优剖分方案的权重，S[i][j]记录剖分该凸多边形的 k 值。则：

$$m[i][j] = \begin{cases} 0, i \geq j \\ \min_{i \leq k < j}\{m[i][k] + m[k+1][j] + W(V_{i-1}V_kV_j)\}, i < j \end{cases}$$

其中，$W(V_{i-1}V_kV_j) = W_{i-1,k} + W_{k,j} + W_{j,i-1}$ 为三角形 $V_{i-1}V_kV_j$ 的权重，W_{i-1},$W_{k,j}$,$W_{j,i-1}$ 分别为该三角形三条边的权重。

求解凸多边形的最优剖分方案，即求解最小剖分的权重及对应的三角形集。

【C 代码】

```
#include<stdio.h>
#define N 6
//凸多边形规模
int m[N+1] [N+1];            //m[i][j]表示多边形 Vi-1 到 Vj 最优三角剖分的权值
int S[N+1] [N+1];            //S[i][j]记录多边形 Vi-1 到 Vj 最优三角剖分的 k 值
int W[N+1] [N+1];            //凸多边形的权重矩阵，在 main 函数中输入
/*三角形的权重 a，b，c，三角形的顶点下标*/
int get_triangle_weight（int a，int b，int c）{
    return W[a][b]+W[b][c]+W[c][a];
}
/*求解最优值*/
void triangle_partition(){
    int i,r,k,j;
    int temp;
    /*初始化*/
    for(i=1;i<=N;i++){
        m[i][i]=0;
    }

    /*自底向上计算 m，S*/
    for(r=2;    （1）    ; r++){/*r 为子问题规模*/                    //r<=N
        for(i=1;k<=N-r+1;i++){
            （2）    ;                  //int j=i+r-1
            m[i][j]= m[i][j]+m[i+1][j]+get_triangle_weight(i-1,i,j);        /*k=j*/
            S[i][j]=i;
            for(k=j+1;k<j;k++){/*计算 [i][j]的最小代价*/
                temp=m[i][k]+m[k+1][j]+ge_triangle_ weight(i-1,k,j);
```

```
        if(___(3)___){/*判断是否最小值*/        //temp<m[i][j]
            m[i][j]=temp;
            S[i][j]=k;
        }
    }
}
}
}

/*输出剖分的三角形 i，j：凸多边形的起始点下标*/
void print_triangle(int i,int j){
    if(i==j) return;
    print_triangle(i,S[i][j]);
    print_triangle(___(4)___);                //s[i][j]+1,j
    print("V%d--V%d--V%d\n",i-1,S[i][j],j);
}
```

【问题 1】（8 分）

根据说明和 C 代码，填充 C 代码中的空（1）～（4）。

【问题 2】（7 分）

根据说明和 C 代码，该算法采用的设计策略为__(5)__，算法的时间复杂度为__(6)__，空间复杂度为__(7)__（用 O 表示）。

答案：

【问题 1】

（1）i<=N   （2）j=i+r–1   （3）temp<m[i][j]   （4）S[i][j]+1,j

【问题 2】

（5）动态规划法   （6）$O(n^3)$ （7）$O(n^2)$

第**19**章
案例专题五：面向对象程序设计

19.1 考点梳理及精讲

本章节固定对应下午试题五、六，选做 1 题即可，每年固定考查 Java 和 C++程序设计。
建议都选 Java 题，C++语法不再做介绍。

1. Java 基本语法

（1）**Java 中的类。**

```
public class Dog{
    String breed;
    int age;
    String color;
    void barking(){
    }

    void hungry(){
    }

    void sleeping(){
    }
}
```

一个类可以包含变量和方法。

每个类都有**构造方法**。如果没有显式地为类定义构造方法，Java 编译器将会为该类提供一个默认构造方法。在创建一个对象的时候，至少要调用一个构造方法。构造方法的名称必须与类同名，一个类可以有多个构造方法。下面是一个构造方法示例：

```
public class Puppy{
    public Puppy(){
    }

    public Puppy ( string name){
        //这个构造器仅有一个参数:name
    }
}
```

（2）创建对象。

对象是根据类创建的。在 Java 中，使用关键字 new 来创建一个新的对象。创建对象需要以下三步：

声明：声明一个对象，包括对象名称和对象类型。

实例化：使用关键字 new 来创建一个对象。

初始化：使用 new 创建对象时，会调用构造方法初始化对象。

```java
public class Puppy{
    public Puppy(String name){
        //这个构造器仅有一个参数：name
        System.out.print1n("小狗的名字是 ：" +name ) ;
    }
    public static void main(String[ ]args){
        //下面的语句将创建一个 Puppy 对象
        Puppy myPuppy = new Puppy( "tommy" );
    }
}
```

运行后会输出：小狗的名字是 ：tommy

（3）访问实例变量和方法。

```java
public class Puppy{
    int puppyAge;
    public Puppy(String name){
        // 这个构造器仅有一个参数：name
        System.out.println("小狗的名字是 ：" + name );
    }
    public void setAge( int age ){
        puppyAge = age;
    }
    public int getAge( ){
        System.out.println("小狗的年龄为 ：" + puppyAge );
        return puppyAge;
    }
    public static void main(String[] args){
        /* 创建对象 */
        Puppy myPuppy = new Puppy( "tommy" );
        /* 通过方法来设定 age */
        myPuppy.setAge( 2 );
        /* 调用另一个方法获取 age */
        myPuppy.getAge( );
        /*你也可以像下面这样访问成员变量 */
        System.out.println("变量值 ：" + myPuppy.puppyAge );
    }
}
```

编译并运行上面的程序，产生如下结果：

小狗的名字是 ：tommy

小狗的年龄为：2
变量值：2

（4）访问控制修饰符。

Java 中，可以使用访问控制修饰符来保护对类、变量、方法和构造方法的访问。Java 支持以下访问权限。

private：在同一类内可见。使用对象：变量、方法。注意：不能修饰类（外部类）。

public：对所有类可见。使用对象：类、接口、变量、方法。

protected：对同一包内的类和所有子类可见。使用对象：变量、方法。注意：不能修饰类（外部类）。

请注意以下方法继承的规则：

父类中声明为 public 的方法在子类中也必须为 public。

父类中声明为 protected 的方法在子类中要么声明为 protected，要么声明为 public，不能声明为 private。

父类中声明为 private 的方法，不能够被继承。

（5）abstract 修饰符。

抽象类不能用来实例化对象，声明抽象类的唯一目的是为了将来对该类进行扩充。

一个类不能同时被 abstract 和 final 修饰。如果一个类包含抽象方法，那么该类一定要声明为抽象类，否则将出现编译错误。

抽象类可以包含抽象方法和非抽象方法。

```
abstract class Caravan{
    private double price;
    private String model;
    private String year;
    public abstract void goFast();      //抽象方法
    public abstract void changeColor();
}
```

抽象方法是一种没有任何实现的方法，该方法的具体实现由子类提供。

抽象方法不能被声明成 final 和 static。

任何继承抽象类的子类必须实现父类的所有抽象方法，除非该子类也是抽象类。

如果一个类包含若干个抽象方法，那么该类必须声明为抽象类。抽象类可以不包含抽象方法。

抽象方法的声明以分号结尾，例如：public abstract sample();。

```
public abstract class SuperClass{
    abstract void m();      //抽象方法
}
class SubClass extends SuperClass{
    //实现抽象方法
    void m(){
        ……
    }
}
```

（6）Java 继承的特性。

子类拥有父类非 private 的属性、方法。

子类可以拥有自己的属性和方法，即子类可以对父类进行扩展。

子类可以用自己的方式实现父类的方法。

Java 的继承是单继承，但是可以多重继承，单继承就是一个子类只能继承一个父类，多重继承就是，例如 A 类继承 B 类，B 类继承 C 类，所以按照关系就是 C 类是 B 类的父类，B 类是 A 类的父类，这是 Java 继承区别于 C++ 继承的一个特性。

提高了类之间的耦合性（继承的缺点，耦合度高就会造成代码之间的联系越紧密，代码独立性越差）。

继承可以使用 extends 和 implements 这两个关键字来实现。

（7）extends 关键字。

在 Java 中，类的继承是单一继承，也就是说，一个子类只能拥有一个父类，所以 extends 只能继承一个类。

```
public class Animal {
    private String name;
    private int id;
    public Animal ( String myName，String myid) {
        //初始化属性值
    }
    public void eat() {   //吃东西方法的具体实现   }
    public void sleep() {   //睡觉方法的具体实现   }
}

public class Penguin extends Animal{
}
```

使用 implements 关键字可以变相地使 Java 具有多继承的特性，使用范围为类继承接口的情况，可以同时继承多个接口（接口跟接口之间采用逗号分隔）。

```
public interface A {
    public void eat();
    public void sleep();
}

public interface B {
    public void show();
}

public class C implements A,B {
}
```

了解这些基本语法即可，其他语句和 C 语言类似。

2. 解题技巧

下午考试的第 5、6 题为二选一作答，都是程序填空，原理一模一样，只不过一个用 C++语言，一个用 Java 语言，并且这个填空只是考基本语法，基本不涉及算法，比之第 4 题算法设计的填空简单很多，完全可以**拿满分**。

如果是初学者，或者对于两种语言都不太精通，建议**专攻 Java 程序题**，因为 Java 的语法比 C++要简单并且容易理解记忆，容易拿到满分。

面向对象的程序填空分为两类：一类是**考查纯定义**，如接口类，抽象类，接口类中的函数定义等，这些根据程序代码可以快速判断出；另一类是关于**设计**的，填写函数体，但是这个函数体并不是要写一段真正的程序实现代码，而是调用形式的，如上面的例题，都有调用函数的，这些调用函数一般在程序中，或者在说明和类图中可以找到，考查的是调用形式。

注意以下几点：

（1）定义了类的对象后，必须先初始化（使用 new 关键字）。

（2)接口（interface）和抽象类（abstract class）（子类继承关键字不同，为 implements 和 extends）。

（3）抽象类中可以有普通的方法（有函数体），也可以有抽象方法（无函数体，方法前要加关键字 abstract），而接口中的方法都是默认为抽象方法（因为默认，无需再加任何关键字标识）。

（4）this 的使用，指代当前对象，一般有两个重名变量的赋值时会使用到，如在构造函数中，参数名和私有变量名相同都为 name，就要使用 this.name=name。

（5）题目所给的类图很重要，从中可以查看类之间的关系以及类中的方法。

Java 题总结：

（1）抽象类、接口相关，继承、实现关键字，抽象类中有抽象方法和普通方法，抽象方法加 abstract，接口中方法都是抽象方法，因此反而不需要加 abstract。

（2）类的成员变量、类的方法中参数很重要，若参数是类的对象，则一般会在实现中使用此对象调用类的方法；另外赋值中要注意 this 的使用，当参数名和变量名相同时使用 this。

（3）结合代码的上下文，明确类之间的关系，结合方法实现的功能，方法中的参数，以及类的成员变量，去解决问题。

记住：Java 填空都不难，只是考简单的语法问题，或者类之间的关联，方法的调用，不涉及算法原理。

3. 常见问题

Q：零基础完全不懂 Java 语言怎么办？

A：这一题完全可以从英语角度去理解，根据关键词去搜索代码上下文，都能得出答案，毫无难度，每个人都能拿满分，要先树立信心。

Q：本书中为什么没有对于 Java 语言的详细讲解？

A：语言之间都是相通的，结合前面对 C 语言的讲解，再去分析 C 语言或者 Java 语言，其关键语法都是类似的，这个考试不需要大家去关注细节，因此完全够用了。如果想了解具体 Java 语法可在网上搜索"Java 教程"，找一个简短的页面整体浏览一遍即可。关键还在于多做真题，自己多总结。

Q：这种题目该怎么学习，学习到哪种程度呢？

A：要求能拿到 12 分以上；看完章节知识后，立即去做历年真题，掌握技巧。

19.2　典型案例真题 9

2021 年 11 月下午试题五

阅读下列说明和 Java 代码，将应填入（1）～（5）处的字句写在题纸的对应栏内。

【说明】

享元（flyweight）模式主要用于减少创建对象的数量，以低内存占用，提高性能。现要开发一个网络围棋程序允许多个玩家联机下棋。由于只有一台服务器，为节省内存空间，采用享元模式实现该程序，得到如图 5-1 所示的类图。

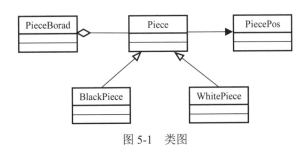

图 5-1　类图

【Java 代码】

```
import java.util.*:
enum PieceColor {BLACK, WHITE}     //棋子颜色
class PiecePos{     //棋子位置
    private int x;
    private int y;
    public PiecePos(int a,int b){x=a;y=b;}
    public int getX(){return x;}
    public int getY(){return y;}
}

abstract class Piece{                    //棋子定义
    protected PieceColor m_color;        //颜色
    protected Piecemopos m_pos;          //位置
    public Piece(PieceColor color,PiecePos pos){m_color=color;m_pos=pos;}
        ___(1)___;
}

class BlackPiece extends Piece{
    public BlackPiece(PieceColor color,PiecePos pos){super(color,pos);}
    public void draw(){
        System.out.printIn("draw a blackpiece");}
}
```

```
class WhitePiece extends Piece{
    public WhitePiece(PieceColor color,PiecePos pos){super(color,pos);}
    public void draw(){
        System.out.printIn("draw a white piece");}
    }

class PieceBoard{     //棋盘上已有的棋子
    prvate static final ArrayList<___(2)___>m_arrayPiece=new ArrayList
    private String m_blackName;        //黑方名称
    private String m_whiteName;        //白方名称
    public PieceBoard(String black,String white){
        m_blackName = black;
        m_whiteName = white;
    }

    //一步棋，在棋盘上放一颗棋子
    public void SetePiece(PieceColor color,PiecePos pos){
        ___(3)___ piece = null;
        if(color == PieceColor.BLACK){        //放黑子
            piece=new BlackPiece(color,pos);      //获取一颗黑子
            System.out.printIn(m_blackName+"在位置("+pos.getX()+","+pos.getY()+")";
            ___(4)___;
        }else{        //放白子
            piece=new WhitePiece(color,pos);      //获取一颗白子
            System.out.printIn(m_whiteName+"在位置("+pos.getX()+","+pos.getY()+")";
            ___(5)___;
        }
        m_arryPiece.add(piece);
    }
}
```

答案：

（1）public abstract void draw()

（2）Piece

（3）Piece

（4）piece.draw()

（5）piece.draw()

19.3 典型案例真题 10

2021 年 5 月下午试题五

阅读下列说明和 Java 代码，将应填入（1）～（5）处的字句写在答题纸的对应栏内。

层叠菜单是窗口风格的软件系统中经常采用的一种系统功能组织方式。层叠菜单（如图 5-1 示

例）中包含的可能是一个菜单项（直接对应某个功能），也可能是一个子菜单。

现采用组合（Composite）设计模式实现层叠菜单，得到如图 5-2 所示的类图。

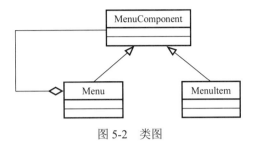

图 5-2　类图

【Java 代码】

```
import java.util.*;
abstract class MenuComponent{ //构成层叠菜单的元素
    ____(1)____
    string name;        //菜单项或子菜单名称
    public void printName(){System.out.println(name);}
    public ____(2)____;
    public abstract Boolean removeMenuElement(MenuComponent element);
    public ____(3)____;
}

class MenuItem extends MenuComponent{
    public MenuItem(String name){this.name = name;}
    public boolean addMenuElement(MenuComponent element){return false;}
    public boolean removeMenuElement(MenuComponent element){return false;}
    public List < MenuComponent> getElement(){return null;}
}

class Menu extends MenuComponent{
    private ____(4)____;
    public Menu(String name){
        this.name = name;
        this.elementList = new ArrayList<MenuComponent>();
    }
    public boolean addMenuElement(MenuComponent element){
        return elementList.add(element);
    }
    public boolean removeMenuElement(MenuComponent element){
        return elementList.remove(element);
    }
}
```

```
        public List <MenuComponent> getElement(){return elementList;}
    }

    class CompositeTest{
        public static void main(String[] args){
            MenuComponent mainMenu = new Menu("Insert");
            MenuComponent subMenu = new Menu("Chart");
            MenuComponent element = new Menu("On This Sheet);
            ___(5)___;
            submenu.addMenuElement(element);
            printMenus(mainMenu);
        }
        private static void printMenus(MenuComponent ifile){
            ifile.printName();
            List<MenuComponent>children = ifile.getElement();
            if(children==null) return;
            for(MenuComponent element:children){
                printMenus(element);
            }
        }
    }
```

答案:

（1）protected

（2）abstract boolean addMenuElement(MenuComponent element);

（3）abstract List <MenuComponent> getElement();

（4）Arraylist<MenuComponent> elementList;

（5）mainMenu.addMenuElement(subMenu);

第 3 篇　模拟试卷

第**20**章
综合知识模拟卷

- 以下关于冯诺依曼计算机的叙述中，不正确的是___(1)___。
  - (1) A. 程序指令和数据都采用二进制表示
    - B. 程序指令总是存储在主存中，而数据则存储在高速缓存中
    - C. 程序的功能都由中央处理器（CPU）执行指令来实现
    - D. 程序的执行过程由指令进行自动控制
- 以下关于 SRAM 和 DRAM 储存器的叙述中正确的是___(2)___。
  - (2) A. 与 DRAM 相比，SRAM 集成率低，功率大、不需要动态刷新
    - B. 与 DRAM 相比，SRAM 集成率高，功率小、需要动态刷新
    - C. 与 SRAM 相比，DRAM 集成率高，功率大、不需要动态刷新
    - D. 与 SRAM 相比，DRAM 集成率低，功率大、需要动态刷新
- 为了实现多级中断，保存程序现场信息最有效的方法是使用___(3)___。
  - (3) A. 通用寄存器　　B. 累加器　　　　C. 堆栈　　　　　D. 程序计数器
- 以下关于 RISC 和 CICS 的叙述中，不正确的是___(4)___。
  - (4) A. RISC 的大多指令在一个时钟周期内完成
    - B. RISC 普遍采用微程序控制器，CICS 则普遍采用硬布线控制器
    - C. RISC 的指令种类和寻址方式相对于 CICS 更少
    - D. RISC 和 CICS 都采用流水线技术
- 内存按字节编址，从 A1000H 到 B13FFH 的区域的存储容量为___(5)___KB。
  - (5) A. 32　　　　　　B. 34　　　　　　　C. 65　　　　　　D. 67
- 以下关于总线的叙述中，不正确的是___(6)___。
  - (6) A. 并行总线适合近距离高速数据传输
    - B. 串行总线适合长距离数据传输
    - C. 单总线结构在一个总线上适应不同种类的设备，设计简单且性能很高
    - D. 专用总线在设计上可以与连接设备实现最佳匹配

● 下列协议中，可以用于文件安全传输的是___(7)___。

（7）A．FTP　　　　　　B．SFTP　　　　　C．TFTP　　　　　D．ICMP

● 下列不属于计算机病毒的是___(8)___。

（8）A．永恒之蓝　　　B．蠕虫　　　　　C．特洛伊木马　　D．DDOS

● 以下关于杀毒软件的描述中，错误的是___(9)___。

（9）A．应当为计算机安装杀毒软件并及时更新病毒

　　　B．安装杀毒软件可以有效防止蠕虫病毒

　　　C．安装杀毒软件可以有效防止网站信息被篡改

　　　D．服务器操作系统也需要安装杀毒软件

● 甲软件公司受乙企业委托安排公司软件设计师开发了信息系统管理软件，由于在委托开发合同中未对软件著作权归属作出明确的约定，所以该信息系统管理软件的著作权由___(10)___享有。

（10）A．甲　　　　　　B．乙　　　　　　C．甲与乙共同　　D．软件设计师

● 以下关于防火墙功能特性的叙述中，不正确的是___(11)___。

（11）A．控制进出网络的数据包和数据流向　　B．提供流量信息的日志和审计

　　　C．隐藏内部 IP 以及网络结构细节　　　　D．提供漏洞扫描功能

● 某软件公司项目组的程序员在程序编写完成后均按公司规定撰写文档，并上交公司存档。此情形下，该软件文档著作权应由___(12)___享有。

（12）A．程序员　　　B．公司与项目组共同　　　C．公司　　　D．项目组全体人员

● 结构化分析的输出不包括___(13)___。

（13）A．数据流图　　B．数据字典　　　　　C．加工逻辑　　　　D．结构图

● 某航空公司拟开发一个机票预订系统，旅客预订机票时使用信用卡付款。付款通过信用卡公司的信用卡管理系统提供的接口实现。若采用数据流图建立需求模型，则信用卡管理系统是___(14)___。

（14）A．外部实体　　B．加工　　　　　　C．数据流　　　　　D．数据存储

● 以下关于软件维护的叙述中，正确的是___(15)___。

（15）A．工作量相对于软件开发而言要小很多　　　B．成本相对于软件开发而言要更低

　　　C．时间相对于软件开发而言通常更长　　　　D．只对软件代码进行修改的行为

● 某软件项目的活动图如下所示。图中顶点表示项目里程碑，连接顶点的边表示包含的活动，则里程碑___(16)___在关键路径上，活动 FG 的松弛时间为___(17)___。

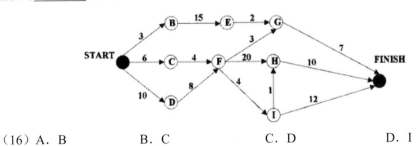

（16）A．B　　　　　　B．C　　　　　　C．D　　　　　　D．I

（17）A. 19　　　　　　B. 20　　　　　　C. 21　　　　　　D. 24

● 在运行时将调用和响应调用所需执行的代码加以结合的机制是 ___(18)___ 。

（18）A. 强类型　　　B. 弱类型　　　C. 静态绑定　　　D. 动态绑定

● 以下不属于软件项目风险的是 ___(19)___ 。

（19）A. 团队成员可以进行良好沟通　　　B. 团队成员离职

　　　C. 团队成员缺乏某方面培训　　　D. 招不到符合项目技术要求的团队成员

● 通用的高级程序设计语言一般都会提供描述数据、运算、控制和数据传输的语言成分，其中，控制包括顺序、 ___(20)___ 和循环结构。

（20）A. 选择　　　B. 递归　　　C. 递推　　　D. 函数

● 以编译方式翻译 C/C++ 源程序的过程中， ___(21)___ 阶段的主要任务是对各条语句的结构进行合法性分析。

（21）A. 词法分析　　　B. 语义分析　　　C. 语法分析　　　D. 目标代码生成

● 将高级语言源程序先转化为一种中间代码是现代编译器的常见处理方式。常用的中间代码有后缀式、 ___(22)___ 、树等。

（22）A. 前缀码　　　B. 三地址码　　　C. 符号表　　　D. 补码和移码

● 当用户通过键盘或鼠标进入某应用系统时，通常最先获得键盘或鼠标输入信息的是 ___(23)___ 程序。

（23）A. 命令解释　　　B. 中断处理　　　C. 用户登录　　　D. 系统调用

● 假设某计算机系统中只有一个 CPU、一台输入设备和一台输出设备，若系统中有四个作业 T1、T2、T3 和 T4，系统采用优先级调度，且 T1 的优先级>T2 的优先级>T3 的优先级>T4 的优先级。每个作业 Ti 具有三个程序段：输入 Ii、计算 Ci 和输出 Pi（i=1，2，3，4），其执行顺序为 Ii—Ci—Pi。这四个作业各程序段并发执行的前趋图如下所示，图中①、②分别为 ___(24)___ ，③、④、⑤分别为 ___(25)___ 。

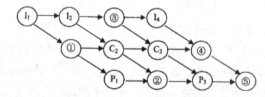

（24）A. I2、P2　　　B. I2、C2　　　C. C1、P2　　　D. C1、P3

（25）A. C2、C4、P4　B. I2、I3、C4　　C. I3、P3、P4　　D. I3、C4、P4

● 进程 P1、P2、P3、P4 和 P5 的前趋图如下所示：

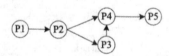

　　　若用 PV 操作控制进程 P1、P2、P3、P4 和 P5 并发执行的过程，需要设置 5 个信号量 S1、S2、S3、S4 和 S5，且信号量 S1～S5 的初值都等于零。如下的进程执行图中 a 和 b 处

应分别填写　（26）　；c 和 d 处应分别填写　（27）　；e 和 f 处应分别填写　（28）　。

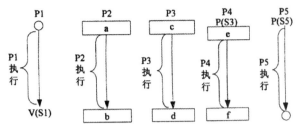

（26）A．V(S1)和 P(S2)V(S3)　　　　　　　B．P(S1)和 V(S2)V(S3)

　　　C．V(S1)和 V(S2)V(S3)　　　　　　　D．P(S1)和 P(S2)V(S3)

（27）A．P(S2)和 P(S4)　　　　　　　　　　B．V(S2)和 P(S4)

　　　C．P(S2)和 V(S4)　　　　　　　　　　D．V(S2)和 V(S4)

（28）A．P(S4)和 V(S5)　　　　　　　　　　B．V(S5)和 P(S4)

　　　C．V(S4)和 P(S5)　　　　　　　　　　D．V(S4)和 V(S5)

● 用白盒测试方法对如下图所示的流程图进行测试。若要满足分支覆盖，则至少要　（29）　个测试用例，正确的测试用例对是　（30）　（测试用例的格式为（A,B,X;X））。

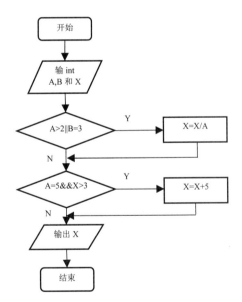

（29）A．1　　　　　　B．2　　　　　　　C．3　　　　　　　D．4

（30）A．（1,3,3;3）和（5,2,15;3）　　　　B．（1,1,5;5）和（5,2,20;9）

　　　C．（2,3,10;5）和（5,2,18;3）　　　　D．（5,2,16;3）和（5,2,21;9）

● 配置管理贯穿软件开发的整个过程。以下内容中，不属于配置管理的是　（31）　。

（31）A．版本控制　　　B．风险管理　　　C．变更管理　　　D．配置状态报告

- 极限编程（XP）的十二个最佳实践不包括 __(32)__ 。

  （32）A. 小的发布 　　　B. 结对编程 　　　C. 持续集成 　　　D. 精心设计

- 耦合是模块之间的相对独立性（互相连接的紧密程度）的度量。耦合程度不取决 __(33)__ 。

  （33）A. 调用模块的方式 　　　　　　B. 各个模块之间接口的复杂程度

  　　　C. 通过接口的信息类型 　　　　D. 模块提供的功能数

- 对下图所示的程序流程图进行判定覆盖测试，则至少需要 __(34)__ 个测试用例。采用 McCabe 度量法计算其环路复杂度为 __(35)__ 。

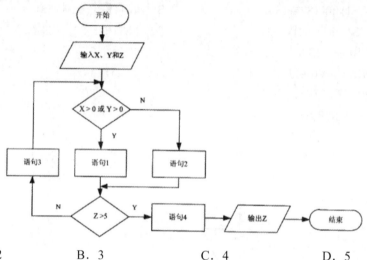

  （34）A. 2 　　　　　B. 3 　　　　　C. 4 　　　　　D. 5

  （35）A. 2 　　　　　B. 3 　　　　　C. 4 　　　　　D. 5

- 软件调试的任务就是根据测试时所发现的错误，找出原因和具体的位置，进行改正。其常用的方法中，__(36)__ 是指从测试所暴露的问题出发，收集所有正确或不正确的数据，分析它们之间的关系，提出假想的错误原因，用这些数据来证明或反驳，从而查出错误所在。

  （36）A. 试探法 　　　B. 回溯法 　　　C. 归纳法 　　　D. 演绎法

- 对象的 __(37)__ 标识了该对象的所有属性（通常是静态的）以及每个属性的当前值（通常是动态的）。

  （37）A. 状态 　　　B. 唯一 ID 　　　C. 行为 　　　D. 语义

- 在下列机制中，__(38)__ 是指过程调用和响应调用所需执行的代码在运行时加以结合；而 __(39)__ 是过程调用和响应调用所需执行的代码在编译时加以结合。

  （38）A. 消息传递 　　　B. 类型检查 　　　C. 静态绑定 　　　D. 动态绑定

  （39）A. 消息传递 　　　B. 类型检查 　　　C. 静态绑定 　　　D. 动态绑定

- 同一消息可以调用多种不同类的对象的方法，这些类有某个相同的超类，这种现象是 __(40)__ 。

  （40）A. 类型转换 　　　B. 映射 　　　C. 单态 　　　D. 多态

- 下图所示 UML 图为 __(41)__ ，用于展示 __(42)__ 。①和②分别表示 __(43)__ 。

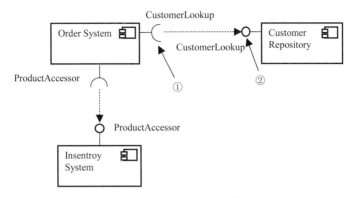

（41）A．类图　　　　　B．组件图　　　　　C．通信图　　　　　D．部署图

（42）A．一组对象、接口、协作和它们之间的关系　　B．收发消息的对象的结构组织

　　　C．组件之间的组织和依赖　　　　　　　　　D．面向对象系统的物理模型

（43）A．供接口和供接口　　　　　　　　B．需接口和需接口

　　　C．供接口和需接口　　　　　　　　D．需接口和供接口

● 假设现在要创建一个简单的超市销售系统，顾客将毛巾、饼干、酸奶等物品（Item）加入购物车（Shopping_Cart)，在收银台（Checkout）人工（Manual）或自动（Auto）地将购物车中每个物品的价格汇总到总价格后结帐。这一业务需求的类图（方法略）设计如下图所示，采用了 ___(44)___ 模式。其中 ___(45)___ 定义以一个 Checkout 对象为参数的 accept 操作，由子类实现此 accept 操作。此模式为 ___(46)___ ，适用于 ___(47)___ 。

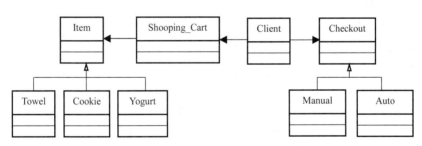

（44）A．观察者（Observer）　　　　　　B．访问者（Visitor）

　　　C．策略（Strategy）　　　　　　　　D．桥接器（Bridge）

（45）A．Item　　　　B．Shopping_Cart　　　C．Checkout　　　D．Manual 和 Auto

（46）A．创建型对象模式　　　　　　　　B．结构型对象模式

　　　C．行为型类模式　　　　　　　　　D．行为型对象模式

（47）A．必须保存一个对象在某一个时刻的（部分）状态

　　　B．在不明确指定接收者的情况下向多个对象中的一个，提交一个请求

　　　C．需要对一个对象结构中的对象进行很多不同的并且不相关的操作

　　　D．在不同的时刻指定、排列和执行请求

- 在对高级语言源程序进行编译或解释处理的过程中，需要不断收集、记录和使用源程序中一些相关符号的类型和特征等信息，并将其存入___(48)___中。

    (48) A. 哈希表　　　　　B. 符号表　　　　　C. 堆栈　　　　　D. 队列

- 下图所示为一个不确定有限自动机（NFA）的状态转换图。该 NFA 识别的字符串集合可用正规式___(49)___描述。

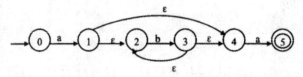

    (49) A. ab*a　　　　　B. (ab)*a　　　　　C. a*ba　　　　　D. a(ba)*

- 通用的高级程序设计语言一般都会提供描述数据、运算、控制和数据传输的语言成分，其中，控制包括顺序、___(50)___和循环结构。

    (50) A. 选择　　　　　B. 递归　　　　　C. 递推　　　　　D. 函数

- 数据库系统中的视图、存储文件和基本表分别对应数据库系统结构中的___(51)___。

    (51) A. 模式、内模式和外模式　　　　　　B. 外模式、模式和内模式
　　　 C. 模式、外模式和内模式　　　　　　D. 外模式、内模式和模式

- 在数据库逻辑设计阶段，若实体中存在多值属性，那么将 E-R 图转换为关系模式时，___(52)___，得到的关系模式属于 4NF。

    (52) A. 将所有多值属性组成一个关系模式

　　　 B. 使多值属性不在关系模式中出现

　　　 C. 将实体的码分别和每个多值属性独立构成一个关系模式

　　　 D. 将多值属性和其他属性一起构成该实体对应的关系模式

- 若给定的关系模式为 R<U,F>，U={A,B,C}，F = {AB→C,C→B}，则关系 R ___(53)___。

    (53) A. 有 2 个候选关键字 AC 和 BC，并且有 3 个主属性

　　　 B. 有 2 个候选关键字 AC 和 AB，并且有 3 个主属性

　　　 C. 只有一个候选关键字 AC，并且有 1 个非主属性和 2 个主属性

　　　 D. 只有一个候选关键字 AB，并且有 1 个非主属性和 2 个主属性

- 给定关系 R（U，Fr）其中属性集 U={A, B, C, D}，函数依赖集 Fr={A→BC, B→D}，关系 S(U,Fs)，其中属性集 U={ACE}，函数依赖集 Fs={A→C,C→E}，R 和 S 的主键分别为___(54)___，关于 Fr 和 Fs 的叙述，正确的是___(55)___。

    (54) A. A 和 A　　　　　B. AB 和 A　　　　　C. A 和 AC　　　　　D. AB 和 AC

    (55) A. Fr 蕴含 A→B，A→C，但 Fr 不存在传递依赖

　　　 B. Fs 蕴含 A→E，Fs 存在传递依赖，但 Fr 不存在传递依赖

　　　 C. Fr，Fs 分别蕴含 A→D，A→E，故 Fr，Fs 都存在传递依赖

　　　 D. Fr 蕴含 A→D，Fr 存在传递依赖，但是 Fs 不存在传递依赖

- 事务的　(56)　是指，当某个事务提交（COMMIT）后，对数据库的更新操作可能还停留在服务器磁盘缓冲区而未写入到磁盘时，即使系统发生障碍事务的执行结果仍不会丢失

  （56）A．原子性　　　　B．一致性　　　　C．隔离性　　　　D．持久性

- 以下关于 Huffman （哈夫曼）树的叙述中，错误的是　(57)　。

  （57）A．权值越大的叶子离根节点越近

  　　　B．Huffman （哈夫曼）树中不存在只有一个子树的节点

  　　　C．Huffman （哈夫曼）树中的节点总数一定为奇数

  　　　D．权值相同的节点到树根的路径长度一定相同

- 通过元素在存储空间中的相对位置来表示数据元素之间的逻辑关系，是　(58)　的特点。

  （58）A．顺序存储　　　B．链表存储　　　C．索引存储　　　D．哈希存储

- 在线性表 L 中进行二分查找，要求 L　(59)　。

  （59）A．顺序存储，元素随机排列　　　　　B．双向链表存储，元素随机排列

  　　　C．顺序存储，元素有序排列　　　　　D．双向链表存储，元素有序排列

- 对于 n 个元素的关键字序列{k1,k2,…,kn}，当且仅当满足关系 ki≤k2i 且 ki≤k2i+1{i=1,2,…,[n/2]} 时称其为小根堆（小顶堆）。以下序列中，　(60)　不是小根堆。

  （60）A．16,25,40,55,30,50,45　　　　　B．16,40,25,50,45,30,55

  　　　C．16,25,39.,41,45,43,50　　　　　D．16,40,25,53,39,55,45

- 在 12 个互异元素构成的有序数组 a[1..12] 中进行二分查找（即折半查找，向下取整），若待查找的元素正好等于a[9]，则在此过程中，依次与数组中的　(61)　比较后，查找成功结束。

  （61）A．a[6]、a[7]、a[8]、a[9]　　　　　B．a[6]、a[9]

  　　　C．a[6]、a[7]、a[9]　　　　　　　　D．a[6]、a[8]、a[9]

- 在一条笔直公路的一边有许多房子，现要安装消防栓，每个消防栓的覆盖范围远大于房子的面积，如下图所示。现求解能覆盖所有房子的最少消防栓数和安装方案（问题求解过程中，可将房子和消防栓均视为直线上的点）。

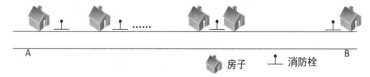

  该问题求解算法的基本思路为：从左端的第一栋房子开始，在其右侧 m 米处安装一个消防栓，去掉被该消防栓覆盖的所有房子。在剩余的房子中重复上述操作，直到所有房子被覆盖。算法采用的设计策略为　(62)　；对应的时间复杂度为　(63)　。

  假设公路起点 A 的坐标为 0，消防栓的覆盖范围（半径）为 20 米，10 栋房子的坐标为（10，20，30，35，60，80，160，210，260，300），单位为米。根据上述算法，共需要安装　(64)　个消防栓。以下关于该求解算法的叙述中，正确的是　(65)　。

  （62）A．分治　　　　B．动态规划　　　　C．贪心　　　　D．回溯

(63) A. O(lgn)　　　　B. O(n)　　　　C. O(nlgn)　　　　D. O(n^2)

(64) A. 4　　　　　　B. 5　　　　　　C. 6　　　　　　　D. 7

(65) A. 肯定可以求得问题的一个最优解　　B. 可以求得问题的所有最优解

　　　C. 对有些实例，可能得不到最优解　　D. 只能得到近似最优解

● 相比于 TCP，UDP 的优势为　(66)　。

(66) A. 可靠传输　　B. 开销较小　　　C. 拥塞控制　　　D. 流量控制

● 若一台服务器只开放了 25 和 110 两个端口，那么这台服务器可以提供　(67)　服务。

(67) A. E-mail　　　B. Web　　　　　C. DNS　　　　　D. FTP

● SNMP 是一种异步请求/响应协议，采用　(68)　协议进行封装。

(68) A. IP　　　　　B. ICMP　　　　　C. TCP　　　　　D. UDP

● 在 Linux 中，要更改一个文件的权限设置可使用　(69)　命令。

(69) A. attrib　　　B. modify　　　　C. chmod　　　　D. change

● 主域名服务器在接收到域名请求后，首先查询的是　(70)　。

(70) A. 本地 hosts 文件　　　　　　　B. 转发域名服务器

　　　C. 本地缓存　　　　　　　　　　D. 授权域名服务器

● Designing object-oriented software is hard,and designing　(71)　object-oriented software is even harder. You must find pertinent(相关的) objects,factor them into class at the right granularity, define class interfaces and inheritances, and establish key relationships among them. Your design should be specific to the problem at hand but also　(72)　enough to address future problems and requirements. You also want to avoid redesign, or at least minimize it. Experienced object-oriented designers will tell you that a reusable and flexible design is difficult if not impossible to get "right" the first time. Before a design is finished, they usually try to reuse it several times, modifying it each time.

　　　Yet experienced object-oriented designers do make good designs.Meanwhile new designers are　(73)　by the options available and tend to fall back on non-object-oriented techniques they've used before.lt takes a long time for novices to learn what good object-oriented design is all about. Experienced designers evidently know something inexperienced ones don't. What is it?

　　　One thing expert designers know not to do is solve every problem from first principles.Rather, they reuse solutions that have worked for them in the past. When they find a good　(74)　. They use it again and again. Such experience is part of what makes them experts.Consequently, you'll find　(75)　patterns of classes and communicating objects in many object-oriented systems.

(71) A. runnable　　B. right　　　　C. reusable　　　D. pertinent

(72) A. clear　　　　B. general　　　C. personalized　D. customized

(73) A. excited　　　B. shocken　　　C. surprised　　　D. overwhelmed

(74) A. tool　　　　B. component　　C. system　　　　D. solution

(75) A. recurring　　B. right　　　　C. experienced　　D. past

第21章

综合知识模拟卷答案解析

（1）答案：B

解析：在冯•诺依曼结构中，程序指令和数据存在同一个存储器中。

（2）答案：D

解析：DRAM 集成率相对较低，功耗相对较大，需要动态刷新。SRAM 集成率相对较高，功耗相对较小，不需要动态刷新，这也是 S 表示静态的本意。

（3）答案：C

解析：在中断过程中，程序现场信息保存在堆栈部分。通用寄存器、累加器、程序计数器都是属于 CPU 内部的子部件，与本题无关。

（4）答案：B

解析：RISC 采用硬布线逻辑控制，CISC 采用微程序控制，B 选项描述错误，本题选择 B 选项。

对于 D 选项 RISC 与 CISC 都可以采用流水线技术，RISC 更适合，所以 D 选项描述没有问题。

（5）答案：C

解析：存储容量共有 B13FFH–A1000H+1=10400H 个存储区域，又因为内存按字节编制，一个存储空间就是一个字节，因此有 10400H 个字节，转换为十进制为 66560B=65KB。

（6）答案：C

解析：单总线结构是所有设备挂载在一条总线上，需要传输时按优先级顺序决定哪个设备优先使用，设计简单节省费用，但很明显性能不高，设备需要等待。

（7）答案：B

解析：注意带有安全两个字，要加 S。FTP 文件共享是可靠但不安全的方式，TFTP 文件共享是不可靠且不安全的。ICMP 是 Internet 控制报文协议，与文件传输功能无关。

在计算机领域，SSH 文件传输协议（SSH File Transfer Protocol，也称 Secure File Transfer Protocol，SFTP）是一数据流连接，提供文件访问、传输和管理功能的网络传输协议。只有 SFTP 涉及文件安全传输，本题选择 B 选项。

（8）答案：D

解析：DDoS 指的是分布式拒绝服务攻击，不属于计算机病毒与木马。

（9）答案：C

解析：杀毒软件只能防病毒，并不能防信息篡改，尤其是人为的。

（10）答案：A

解析：委托开发，著作权由合同规定。若没有规定，则归开发方，即甲方。

（11）答案：D

解析：防火墙是一道隔开内部网络和外部网络的防御墙，其主要功能是隔离、过滤，控制数据的流向，保护内部网络（如隐藏内部 IP），提供流量监控的日志等，但是漏洞扫描功能是杀毒软件特有的，不要将防火墙和杀毒软件混淆。

（12）答案：C

解析：没有其他特殊作品，这是典型的职务作品，著作权归公司。

（13）答案：D

解析：结构化分析输出有数据流图、数据字典、E-R 模型、状态转换图，C 项是属于数据流图的。

（14）答案：A

解析：名词，且和机票预订系统相关，是外部实体。

（15）答案：C

解析：软件开发一般为定长时间，而软件维护是指软件从开始使用至消亡的过程，属于软件生命周期中最长的阶段，工作量、成本也是最大的，可以对软件代码、软硬件等多种内容进行修改。

（16）（17）答案：C B

解析：关键路径就是从起点到终点的最长路径，为 DFH，长度为 48；松弛时间为 FG 的最晚开始时间-最早开始时间；从第 0 天开始计算，基于网络计划图的前推法，活动 FG 的最早开始时间为第 18 天，最晚开始时间为第 38 天。因此，活动 FG 的松弛时间为 20 天。

活动	ES	DU	EF	LF	LS
SB	0	3	3	24	21
SC	0	6	6	14	8
SD	0	10	10	10	0
BE	3	15	18	39	24
EG	18	2	20	41	39
CF	6	4	10	18	14
DF	10	8	18	18	10
FG	18	3	21	41	38
FH	18	20	38	38	18
FI	18	4	22	36	32
IH	22	1	23	38	37
GFI	21	7	28	48	41
HFI	38	10	48	48	38
IFI	22	12	34	48	36

（18）**答案：** D

解析： 在程序运行过程中，把函数（方法或者过程）调用与响应调用所需要的代码相结合的过程称为动态绑定。在程序编译过程中，把函数（方法或者过程）调用与响应调用所需的代码结合的过程称之为静态绑定。注意运行时的关键字。

（19）**答案：** A

解析： 不属于风险，也就是好的一面，不会导致风险。

（20）**答案：** A

解析： 顺序、选择、循环是程序设计语言基本语法，选择及条件判断。

（21）**答案：** C

解析： 编译的六个步骤，需要牢记，开始的三个检查，是词法、语法、语义，顾名思义，分别检查单词拼写、语句结构、语句的意思。因此语法分析是检查语句结构的合法性。

（22）**答案：** B

解析： 常用的中间代码有后缀式、三元式（三地址码）、四元式和树等形式。

（23）**答案：** B

解析： 键盘或鼠标等输入设备，都是采用中断原理，点击后会触发中断，进入中断处理程序，而后再执行其他操作。

（24）（25）**答案：** C　D

解析： 这是作业流水线，由于硬件只有一个，因此每个硬件只能同时处理一个事件，并且按照作业优先级进行，由题图，可知横向为同一事件不同进程，即 I1～I4。纵向为同一进程不同事件，即 I1－C1－P1，由此可轻易得出答案。

（26）～（28）**答案：** B　C　A

解析： 五个信号量对应前趋图中的五条连线，对应关系如下：

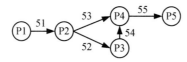

由此，再结合进程执行图，牢记 P 信号量是消耗资源，V 信号量是生产资源。可以轻松得出答案，a 是 P(S1)，b 是 V(S2)V(S3)，c 是 P(S2)，d 是 V(S4)，e 是 P(S4)，f 是 V(S5)。

（29）（30）**答案：** B　B

解析： 分支覆盖就是判定覆盖；程序中每个条件的真分支和假分支都走一遍，或者两个用例使得两个条件一真一假，将所有分支都走一遍即可，可以将第二问的选项一一代入看看是否满足，注意最后输出 X 的结果也要和选项对应。

（31）**答案：** B

解析： 风险管理是单独的管理学科，很明显不属于配置管理。

（32）**答案：** D

解析：这个就需要记忆了，不会做也没关系，大家可以去看看一本通中的那章敏捷开发涉及到的概念中，有个眼熟即可。

（33）**答案**：D

解析：耦合度是对模块间关联程度的度量，耦合的强弱取决于模块间接口的复杂性、调用模块的方式以及通过界面传送数据的多少。模块间的耦合度是指模块之间的依赖关系，包括控制关系、调用关系、数据传递关系。

（34）（35）**答案**：A　B

解析：判定覆盖是所有判断语句的真假分支都要执行一次，图中有两个判断语句，可以一假一真、一真一假两个用例，就实现了判定覆盖。McCabe 度量法计算方式为边数-定点数+2。

（36）**答案**：C

解析：软件调试的方法在一本通中都有总结，也可以采取顾名思义的方法，根据描述可知收集数据，分析关系，属于归纳法。

（37）**答案**：A

解析：对象的状态包含了对象的所有属性和当前值。

（38）（39）**答案**：D　C

解析：静态绑定（静态分配）是基于静态类型的，在程序执行前方法已经被绑定；动态绑定是基于动态类型的，运行时根据变量实际引用的对象类型决定调用哪个方法，动态绑定支持多态。

（40）**答案**：D

解析：多态是不同的对象收到同一个消息时产生完全不同的反应，也可以表现为同一消息可以调用多种不同类的对象的方法。

（41）～（43）**答案**：B　C　C

解析：典型的组件图，在一本通里有各种图形的总结，要记忆特点。组件图用来展示组件之间的依赖关系，在官方教材原图上，半圆表示供接口，圆形表示需接口，如下：

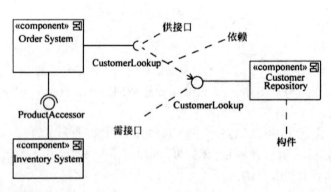

（44）～（47）**答案**：B　A　D　C

解析：可以使用排除法，因为 44 问的 A、C、D 项都是强调过特点和要掌握的，通过排除法得到访问者模式，其表示一个作用于某对象结构中的各元素的操作，使得在不改变各元素的类的前提下，定义作用于这些元素的新操作，访问者模式的优点是增加操作很容易，因为增加操作意味着增加新的访问者。访问者模式将有关行为集中到一个访问者对象中，其改变不影响系统数据结构。其缺点就是增加新的数据结构很困难。补充设计模式分类如下：

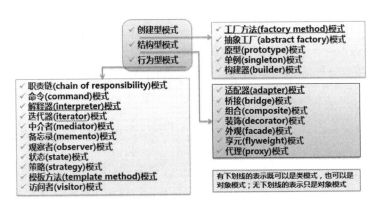

（48）**答案**：B

解析：根据题目可以分析出来。相关符号的类型和特征等信息，是符号表。符号表是一种用于语言翻译器中的数据结构。

（49）**答案**：A

解析：这里要注意首先理解 NFA 能识别的字符串，是以 a 开始并以 a 结束的字符串，至于中间有多少 b 是无所谓的，因此选 A 项。

（50）**答案**：A

解析：顺序、选择、循环是程序设计语言基本语法，选择及条件判断。

（51）**答案**：D

解析：理解三级模式-两级映像的具体含义以及对应关系，内模式对应物理存储文件，模式对应基本表，外模式对应视图。

（52）**答案**：C

解析：4NF 限制关系模式的属性之间不允许有非平凡且非函数依赖的多值依赖，也即主键完全对应的关系，所以应该将每个多值属性拆开，与实体分别构成一个关系模式。

（53）**答案**：B

解析：由依赖集 F 画出有向图，找出入度为 0 的节点，可以遍历整个有向图，就是候选键，可知有 AB、AC 两个候选键。所有候选键内的属性为主属性，其他属性为非主属性。这里三个都是候选键成员，因此三个都是主属性。

（54）（55）**答案**：A　C

解析：用简单解法，找出未在左边出现过的属性，关系 R 中，A 必然是候选键之一，再结合依赖集，由 A 可以决定出 BCD，因此 A 是主键；同理，关系 S 中，A 也是主键；在 Fr 和 Fs 中明显都存在传递函数依赖，故选 C 项。

（56）**答案**：D

解析：这里并没有强调事务都做或都不做以及事务之间的独立问题，排除 A 项和 C 项；题目主要强调事务已经提交，但结果还在缓冲区未写入磁盘，此时出现故障，数据还会依然存在不丢失，应该是持久性，即提交后的结果持久存在。

（57）**答案**：D

解析：因为哈夫曼树选取原则是先选取权值最小的组合，因此越小越在下面，越大离根越近。B 项是对的，因为哈夫曼树都是两两组合的。C 项是对的，因为除了两两组合之外，多了个根节点，肯定是奇数。

（58）**答案**：A

解析：顺序存储根据元素之间的位置就可以得出元素的逻辑关系，而链式存储是根据指针的指向来判断。

（59）**答案**：C

解析：二分查找的前提是元素有序排列并且顺序存储，这样才能根据编号定位。

（60）**答案**：D

解析：小根堆，顾名思义，就是根节点最小，小于其左孩子节点和右孩子节点。此题中，只需要给每个选项的每个数从 1 开始编号，而后套用题目公式即可。在 D 选项中，40 作为第 2 个元素，应该小于第 4 个和第 5 个元素，分别为 53 和 39，但是 40>39，因此不是小根堆。

（61）**答案**：B

解析：二分查找，即每次与中间编号元素比较，第一次为(1+12)/2=6（向下取整），而后范围转为 a[7...12]，第二次为(7+12)/2=9，直接就查找出了 a[9]。

（62）～（65）**答案**：C B B C

解析：本题算法描述只考虑了局部最优，没有从全部房子和全部消防栓全局考虑，因此是贪心法。因为是顺序排查，因此只需要从前往后排查一遍即可，算法时间复杂度就是 O(n)。

第三问，依据实例带入，消防栓半径是 20，那么可覆盖直径就是 40 米，第 1 栋房子坐标是 10，那么第 1 个消防栓应该设置在坐标为 30 的地方，覆盖范围是 10-50，包含第 1,2,3,4 栋房子；同理，第 2 个在坐标 80，覆盖范围 60-100，包含第 5,6 栋房子；第 3 个在坐标 180，覆盖范围 160-200，包含第 7 栋房子；第 4 个在坐标 230，覆盖范围 210-250，包含第 8 栋房子；第 5 个在坐标 280，覆盖范围 260-300，包含第 9,10 栋房子，因此共需安装 5 个消防栓。

第四问，贪心法，因为是局部最优，因此，可能有些时候最优，有些时候不是最优。

（66）**答案**：B

解析：TCP 是可靠传输，有拥塞控制和流量控制，这都是 TCP 的特点，UDP 主要就是开销小，一般用于视频、音频等传输。

（67）**答案**：A

解析：25 是 SMTP 端口，110 是 POP3 端口，因此可以提供电子邮件服务。

（68）**答案**：D

解析：SNMP 是简单网络管理协议，按照英文简称记忆即可，是基于 UDP 的协议，要记住一本通中总结的网络协议。

（69）答案：C

解析：基本命令，记住即可。

（70）答案：C

解析：首先查询本地缓存。

（71）～（75）答案：C B D D A

解析：参考译文如下：

设计面向对象的软件很难，设计__(71)__面向对象的软件更难。你必须找到相关的对象，以合适的粒度将它们划分为类、定义类接口和继承，并在它们之间建立关键关系。你的设计应该针对手头的问题，但也__(72)__足以解决未来的问题和需求。你还要避免重新设计，或者至少将其最小化。经验丰富的面向对象设计人员会告诉你，可重用且灵活设计很难，不可能第一次就"正确"。在设计完成之前，他们通常会尝试多次重复使用，每次都修改它。

然而，有经验的面向对象设计师确实做出了很好的设计。同时，新设计师__(73)__通过可用的选项并倾向于依赖他们以前使用过的非面向对象技术。新手需要很长时间才能了解什么是好的面向对象的设计。有经验的设计师显然知道一些没有经验的设计师不知道的事情。它是什么？

专家设计师知道不应该做的一件事是从第一原则解决每个问题。相反，他们会重复使用过去对他们有用的解决方案。当他们找到好的__(74)__时。他们会一次又一次地使用它。这样的经验是让他们成为专家的部分原因。因此，在许多面向对象的系统中，您会发现__(75)__类和通信对象的模式。

（71）A．runnable 可运行的   B．right 对的

     C．reusable 可复用的   D．pertinent 中肯的，相关的

（72）A．clear 清除   B．general 总则

     C．personalized 个性化   D．customized 定制

（73）A．excited 兴奋   B．shocken 震惊

     C．surprised 惊讶于   D．overwhelmed 不知所措

（74）A．tool 工具   B．component 组成部分

     C．system 系统   D．solution 解决方案

（75）A．recurring 循环的   B．right 对的

     C．experienced 经验丰富的   D．past 过去的

第22章
案例分析模拟卷

试题一

阅读下列说明和图，回答问题 1 至问题 4，将解答填入答题纸的对应栏内。

【说明】

某大学为进一步推进无纸化考试，欲开发一考试系统。系统管理员能够创建包括专业方向、课程编号、任课教师等相关考试基础信息，教师和学生进行考试相关的工作。系统与考试有关的主要功能如下。

（1）考试设置。教师制定试题（题目和答案），制定考试说明、考试时间和提醒时间等考试信息，录入参加考试的学生信息，并分别进行存储。

（2）显示并接收解答。根据教师设定的考试信息，在考试有效时间内向学生显示考试说明和题目，根据设定的考试提醒时间进行提醒，并接收学生的解答。

（3）处理解答。根据答案对接收到的解答数据进行处理，然后将解答结果进行存储。

（4）生成成绩报告。根据解答结果生成学生个人成绩报告，供学生查看。

（5）生成成绩单。对解答结果进行核算后生成课程成绩单供教师查看。

（6）发送通知。根据成绩报告数据，创建通知数据并将通知发送给学生；根据成绩单数据，创建通知数据并将通知发送给教师。

现采用结构化方法对考试系统进行分析与设计，获得如图 1-1 所示的上下文数据流图和图 1-2 所示的 0 层数据流图。

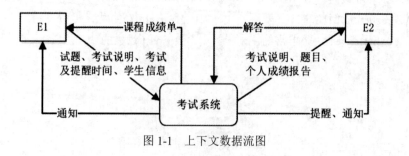

图 1-1　上下文数据流图

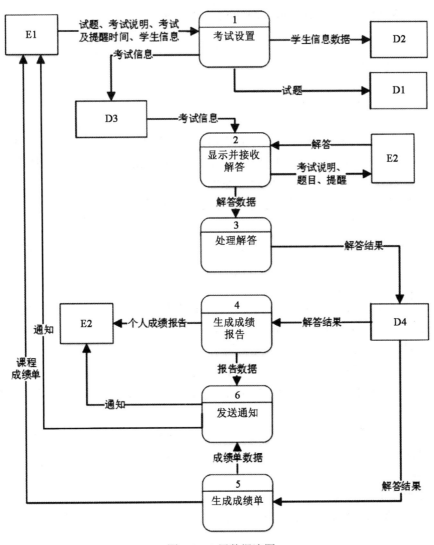

图 1-2   0 层数据流图

【问题 1】（2 分）

使用说明中的词语，给出图 1-1 中的实体 E1～E2 的名称。

【问题 2】（4 分）

使用说明中的词语，给出图 1-2 中的数据存储 D1～D4 的名称。

【问题 3】（4 分）

根据说明和图中词语，补充图 1-2 中缺失的数据流及其起点和终点。

【问题 4】（5 分）

图 1-2 所示的数据流图中，功能 6 发送通知包含创建通知并发送给学生或老师。请分解图 1-2

中加工 6，将分解出的加工和数据流填入答题纸的对应栏内（注：数据流的起点和终点须使用加工的名称描述）。

试题二（共 15 分）

阅读下列说明，回答问题 1 至问题 3，将解答填入答题纸的对应栏内。

【说明】

某企业拟构建一个高效、低成本、符合企业实际发展需要的办公自动化系统。工程师小李主要承担该系统的公告管理和消息管理模块的研发工作。公告管理模块的主要功能包括添加、修改、删除和查看公告。消息管理模块的主要功能是消息群发。

小李根据前期调研和需求分析进行了概念模型设计，具体情况分述如下。

【需求分析结果】

（1）该企业设有研发部、财务部、销售部等多个部门，每个部门只有一名部门经理，有多名员工，每名员工只属于一个部门，部门信息包括：部门号、名称、部门经理和电话，其中部门号唯一确定部门关系的每一个元组。

（2）员工信息包括员工号、姓名、岗位、电话和密码。员工号唯一确定员工关系的每一个元组；岗位主要有经理、部门经理、管理员等，不同岗位具有不同的权限。一名员工只对应一个岗位，但一个岗位可对应多名员工。

（3）消息信息包括编号、内容、消息类型、接收人、接收时间、发送时间和发送人。其中（编号，接收人）唯一标识消息关系中的每一个元组。一条消息可以发送给多个接收人，一个接收人可以接收多条消息。

（4）公告信息包括编号、标题、名称、内容、发布部门、发布时间。其中编号唯一确定公告关系的每两个元组。一份公告对应一个发布部门，但一个部门可以发布多份公告；一份公告可以被多名员工阅读，一名员工可以阅读多份公告。

【概念模型设计】

根据需求分析阶段收集的信息，设计的实体联系图（不完整）如图 2-1 所示。

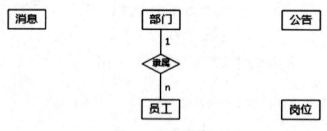

图 2-1　实体联系图

【逻辑结构设计】

根据概念模型设计阶段完成的实体联系图，得出如下关系模式（不完整）：

部门（(a)，部门经理，电话）

员工（员工号，姓名，岗位号，部门号，电话，密码）

岗位（岗位号，名称，权限）

消息（(b)，消息类型，接收时间，发送时间，发送人）

公告（(c)，名称，内容，发布部门，发布时间）

阅读公告（(d)，阅读时间）

【问题 1】（5 分）

根据问题描述，补充四个联系，完善图 2-1 所示的实体联系图。联系名可用联系 1、联系 2、联系 3 和联系 4 代替，联系的类型分为 1:1、1:n 和 m:n（或 1:1、1:*和*:*）。

【问题 2】（8 分）

（1）根据实体联系图，将关系模式中的空（a）～（d）补充完整。

（2）给出"消息"和"阅读公告"关系模式的主键与外键。

【问题 3】（2 分）

消息和公告关系中都有"编号"属性，请问它是属于命名冲突吗？用 100 字以内文字说明原因。

试题三（共 15 分）

阅读下列说明和图，回答问题 1 至问题 3，将解答填入答题纸的对应栏内。

【说明】

某软件公司欲设计实现一个虚拟世界仿真系统。系统中的虚拟世界用于模拟现实世界中的不同环境（由用户设置并创建），用户通过操作仿真系统中的 1～2 个机器人来探索虚拟世界。机器人维护着两个变量 b1 和 b2，用来保存从虚拟世界中读取的字符。

该系统的主要功能描述如下：

（1）机器人探索虚拟世界（Run Robots）。用户使用编辑器（Editor）编写文件以设置想要模拟的环境，将文件导入系统（Load File）从而在仿真系统中建立虚拟世界（Setup World）。机器人在虚拟世界中的行为也在文件中进行定义，建立机器人的探索行为程序（Setup Program）。机器人在虚拟世界中探索时（Run Program），有 2 种运行模式。

①自动控制（Run）：事先编排好机器人的动作序列（指令，Instruction），执行指令，使机器人可以连续动作。若干条指令构成机器人的指令集（Instruction Set）。

②单步控制（Step）：自动控制方式的一种特殊形式，只执行指定指令中的一个动作。

（2）手动控制机器人（Manipulate Robots）。选定 1 个机器人后（Select Robot），可以采用手动方式控制它。手动控制有 4 种方式。

①Move：机器人朝着正前方移动一个交叉点。

②Left：机器人原地沿逆时针方向旋转 90 度。

③Read：机器人读取其所在位置的字符，并将这个字符的值赋给 b1；如果这个位置上没有字符，则不改变 b1 的当前值。

④Write：将 b1 中的字符写入机器人当前所在的位置，如果这个位置上已经有字符，该字符的值将会被 b1 的值替代。如果这时 b1 没有值，即在执行 Write 动作之前没有执行过任何 Read 动作，那么需要提示用户相应的错误信息（Show Errors）。

手动控制与单步控制的区别在于，单步控制时执行的是指令中的动作，只有一种控制方式，即执行下个动作；而手动控制时有 4 种动作。

现采用面向对象方法设计并实现该仿真系统，得到如图 3-1 所示的用例图和图 3-2 所示的初始类图。图 3-2 中的类"Interpreter"和"Parser"用于解析描述虚拟世界的文件以及机器人行为文件中的指令集。

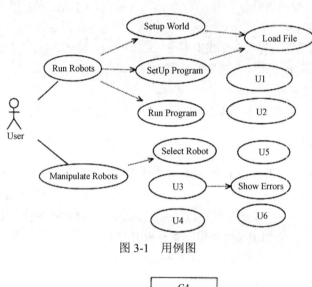

图 3-1　用例图

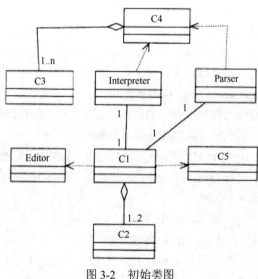

图 3-2　初始类图

【问题 1】（6 分）

根据说明中的描述，给出图 3-1 中 U1～U6 所对应的用例名。

【问题 2】（4 分）

图 3-1 中用例 U1～U6 分别与哪个（哪些）用例之间有关系，是何种关系？

【问题 3】（5 分）

根据说明中的描述，给出图 3-2 中 C1～C5 所对应的类名。

试题四

阅读下列说明和 C 代码，回答问题 1 至问题 3，将解答写在答题纸的对应栏内。

【说明】

假币问题：有 n 枚硬币，其中有一枚是假币，已知假币的重量较轻。现只有一个天平，要求用尽量少的比较次数找出这枚假币。

【分析问题】

将 n 枚硬币分成相等的两部分：

（1）当 n 为偶数时，将前后两部分，即 1…n/2 和 n/2+1…0，放在天平的两端，较轻的一端里有假币，继续在较轻的这部分硬币中用同样的方法找出假币。

（2）当 n 为奇数时，将前后两部分，即 1…(n–1)/2 和(n+1)/2+1…0，放在天平的两端，较轻的一端里有假币，继续在较轻的这部分硬币中用同样的方法找出假币。若两端重量相等，则中间的硬币，即第(n+1)/2 枚硬币是假币。

【C 代码】

下面是算法的 C 语言实现，其中：

coins[]：硬币数组

first，last：当前考虑的硬币数组中的第一个和最后一个下标。

```
#include <stdio.h>
int getCounterfeitCoin(int coins[], int first, iot last)
{
int firstSum = 0, lastSum = 0;
int i;
If(first==last-1){   /*只剩两枚硬币*/
    if(coins[first] < coins[last])
    return first;
    return last;
  }
if((last - first + 1) % 2 =0){     /*偶数枚硬币*/
```

Chapter
22

```
  for(i = first;i <( ____(1)____ );i++){
  firstSum+= coins[i];
    }
    for(i=first + (last-first) / 2 + 1;i < last +1;i++){
lastSum += coins[i];
    }
    if( ____(2)____ ){
Return getCounterfeitCoin(coins,first,first+(last-first)/2;)
    }else{
Return getCounterfeitCoin(coins,first+(last-first)/2+1,last;)
    }
}
else{ /*奇数枚硬币*/
  For(i=first;i<first+(last-first)/2;i++){
    firstSum+=coins[i];
    }
  For(i=first+(last-first)/2+1;i<last+1;i++){
    lastSum+=coins[i];
    }
  If(firstSum<lastSum){
    return getCounterfeitCoin(coins,first,first+(last-first)/2-1);
    }else if(firstSum>lastSum){
    return getCounterfeitCoin(coins,first+(last-first)/2-1,last);
    }else{
Return( ____(3)____ )
    }
    }
}
```

【问题 1】

根据题干说明，填充 C 代码中的空（1）～（3）。

【问题 2】

根据题干说明和 C 代码，算法采用了__(4)__设计策略。函数 getCounterfeitCoin 的时间复杂度为__(5)__（用 O 表示）。

【问题 3】

若输入的硬币数为 30，则最少的比较次数为__(6)__，最多的比较次数为__(7)__。

试题五

阅读下列说明和 C++代码，将应填入（1）～（5）处的字句写在答题纸的对应栏内。

【说明】

生成器（Builder）模式的意图是将一个复杂对象的构建与它的表示分离，使得同样的构建过程可以创建不同的表示。图 5-1 所示为其类图。

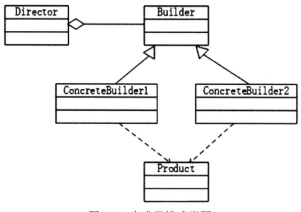

图 5-1　生成器模式类图

【C++代码】

```cpp
#include <iostream>
#include <string>
using namespace std;
class Product {
private:
string partA, partB;
public:
Product(){    }
void setPartA(const string&s){ PartA=s;}
void setPartB(const string&s){ PartB=s;}
//其余代码省略
};
class Builder{
public:
    (1)    ;
virtual void buildPartB()=0;
    (2)    ;
```

```
};
class ConcreteBuilder1: public Builder{
private:
Product*      product;
public:
ConcreteBuilder1(){product=new Product(); }
void buildPartA(){___(3)___("Component A");}
void buildPartB(){___(4)___("Component B");}
Product*getResult(){ return product;}
//其余代码省略
};
class ConcreteBuilder2: public Builder{
/*代码省略*/
};
class Director {
private:
Builder* builder;
public:
Director(Builder*pBuilder){builder*pBuilder;}
void construct(){
___(5)___
//其余代码省略
}
//其余代码省略
};
int main(){
Director* director1=new Director(new ConcreteBuilder1());
director1->construct();
delete director 1;
return 0;
}
```

试题六

阅读下列说明和 Java 代码，将应填入（1）～（5）处的字句写在答题纸的对应栏内。

【说明】

生成器（Builder）模式的意图是将一个复杂对象的构建与它的表示分离，使得同样的构建过程可以创建不同的表示。图 6-1 所示为其类图。

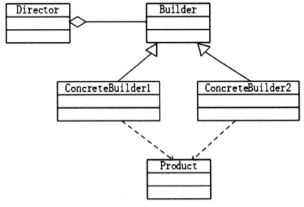

图 6-1　生成器模式类图

【Java 代码】

```java
import java.util.*;
class Product {
    private String partA;
    private String partB;
    public Product() {}
    public void setPartA(String s) { partA = s; }
    public void setPartB(String s) { partB = s; }
}
interface Builder {
    public ___(1)___;
    public void buildPartB();
    public ___(2)___;
}
class ConcreteBuilder1 implements Builder {
    private Product product;
    public ConcreteBuilder1() { product = new Product();     }
    public void buildPartA() { ___(3)___ ("Component A"); }
    public void buildPartB() { ___(4)___ ("Component B"); }
    public Product getResult() { return product;}
}
class ConcreteBuilder2 implements Builder {
    //代码省略
}
class Director {
    private Builder builder;
```

```
        public Director(Builder builder) {this.builder = builder; }
        public void construct() {
                 (5)    ;
             //代码省略
        }
}
class Test {
        public static void main(String[] args) {
             Director director1 = new Director(new ConcreteBuilder1());
             director1.construct();
        }
}
```

第23章

案例分析模拟卷答案解析

试题一

答案：

【问题1】E1：教师　E2：学生

【问题2】D1：试题（表）　D2：学生信息（表）

D3：考试信息（表）　D4：解答结果（表）

【问题3】如下表所示

数据流名称	起点	终点
答案	D1	处理解答
题目	D1	显示并接收解答

【问题4】分解后的加工和数据流如下表所示：

数据流名称	起点	终点
报告数据	生成成绩报告	创建通知
成绩单数据	生成成绩单	创建通知
通知数据	创建通知	发送通知

解析：

【问题1】补充外部实体，根据说明（1）中"教师制定试题"等信息，说明（2）中"根据教师设定的考试信息，在考试有效时间内向学生显示考试说明和题目"，从而即可确定 E1 为"教师"实体，E2 为"学生"实体。

【问题2】补充数据存储，说明（1）中"教师制定试题（题目和答案），制定考试说明、考试时间和提醒时间等考试信息，录入参加考试的学生信息，并分别进行存储"，可知 D1、D2 和 D3分别为试题、学生信息和考试信息，再从图 1-2 中流入 D2 的数据流名称"学生信息数据"，确定 D2 是学生信息，流入 D1 的数据流名称为"试题"，确定 D1 为试题，流入 D3 的数据流名称为考试信息，确定 D3 为考试信息。说明（3）根据答案对接收到的解答数据进行处理，然后将解答结果进行存储，确定 D4 是解答结果。

【问题3】补充缺失数据流，根据笔者总结的解题技巧，首先对照图 1-1 和图 1-2 的输入、输出数据流，发现数据流的数量和名称均相同；而后考查说明中的功能描述和图 1-1 中的数据流的对应关系，说明（2）显示并接收解答，需要"根据教师设定的考试信息，在考试有效时间内向学生显示考试说明和题目"，对照图 1-2 可以看出，加工 2 缺少所要显示的题目的输入源，即缺失输入流"题目"，题目存储于数据存储"试题"中，因此，缺少的数据流为从题目（D1）到加工 2 显示并接收解答的题目。说明（3）处理解答，需要"根据答案对接收到的解答数据进行处理"，对照图 1-2 可以看出，加工 3"处理解答"缺少输入流"答案"，而从说明（1）中可以看出"答案"存储在试题（题目和答案）数据存储中（D1），因此确定缺失的一条数据流"答案"，从 D1（试题表）到加工 3（处理解答）。

【问题4】考查数据流分解，在说明（6）发送通知中，"根据成绩报告数据，创建通知数据并将通知发送给学生；根据成绩单数据，创建通知数据并将通知发送给教师。"说明功能（6）发送通知包含创建通知并发送给学生或老师。在图 1-2 中建模为一个加工，完成的功能是依据不同的输入数据流创建通知，然后发送给相应的外部实体老师或学生，因此为了进一步清楚每个加工的职责，需对图 1-2 中原有加工 6 进行分解，分解为"创建通知"和"发送通知"。创建通知针对输入数据流"报告数据"和"成绩单数据"，这两条数据流保持原有的起点，终点即为创建通知。创建通知产生出"通知数据"，"通知数据"作为加工"发送通知"的输入流，进一步根据"通知数据"是要发送"通知"给相应的学生或者教师等外部实体。

试题二

答案：

【问题1】

如图所示（备注：虚线是为了区分答案和题干所给图区别，实际考试在答题卡上统一用实线）

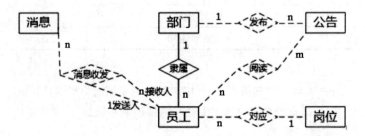

【问题2】

（a）部门号，名称

（b）编号，内容，接收人

（c）编号，标题

（d）员工号，公告编号

消息	主键：（编号，接收人）	外键：接收人，发送人	
阅读公告	主键：（员工号，公告编号）	外键：员工号，公告编号	

【问题 3】

不属于命名冲突。

命名冲突是在合并 ER 模型时提出的概念，合并 ER 模型时之所以产生冲突，是因为对于同样的对象，不同的局部 ER 模型有着不同的定义，在本题中，本就是不同对象的属性，所以不存在冲突的说法。

解析：

【问题 1】

根据题干中的需求分析可以得到完整的 ER 图和联系类型。

"一名员工只对应一个岗位，但一个岗位可对应多名员工"，可以得出员工与岗位间是有一个"对应"的联系的，而且联系类型是 n:1。

"一条消息可以发送给多个接收人，一个接收人可以接收多条消息"，可以得出消息与发送人和接收人有多对多的联系，而在题干描述中可以看到发送人和接收人都是员工，因此，可以得到如图所示的消息收发关系。

"一份公告对应一个发布部门，但一个部门可以发布多份公告"，可以看到公告与部门有多对一的发布联系。

"一份公告可以被多名员工阅读，一名员工可以阅读多份公告"，可以看到公告与员工之间有多对多的阅读联系。

（联系名可用联系 1、联系 2、联系 3 和联系 4 代替，联系的类型分为 1:1、1:n 和 m:n（或 1:1、1:*和*:*））

【问题 2】

（1）根据题干中列出的内容，可以把关系模式填完整。

"部门信息包括：部门号、名称、部门经理和电话"，因此（a）缺少部门号、名称。

"消息信息包括：编号、内容、消息类型、接收人、接收时间、发送时间和发送人"，因此（b）缺少编号、内容。

"公告信息包括：编号、标题、名称、内容、发布部门、发布时间"，因此（c）缺少编号、标题。

对于阅读公告，是员工与公告二者的联系，并且是多对多的联系，因此除了自身属性外，还需要补充员工和公告的主键，因此（d）缺少员工号、公告编号。

（2）消息（编号，内容，消息类型，接收人，接收时间，发送时间，发送人），由"其中（编号，接收人）唯一标识消息关系中的每一个元组"可知，其主键为编号和接收人；而接收人和发送人都需要员工号，所以为外键。

阅读公告（公告编号，员工号，阅读时间）也是同样的道理。

【问题 3】

命名冲突是在合并 E-R 模型时提出的概念，合并 E-R 模型时之所以产生冲突，是因为对于同样的对象，不同的局部 E-R 模型有着不同的定义，在本题中，本就是不同对象的属性，所以不存在冲突的说法。

试题三

答案：

【问题 1】 U1/U2：Run、Step U3：Write U4/U5/U6：Move、Left、Read

【问题 2】 U1 和 U2 和 Run Program 有泛化关系

U3，U4，U5，U6 和 Select Robot 有扩展关系

【问题 3】 C1：文件 C2：机器人在虚拟世界的行为 C3：Instruction

C4：InstructionSet C5：仿真系统

解析：

【问题 1】 考查用例图，在图中可以看出，U1 和 U2 处于 Run Program 用例之后的一层，因此是前面一层的用例的衍生，只有 Run Program 有两种模式衍生，因此必然分别是 Run、Step；同理，手动控制机器人（Manipulate Robots）之后，除了 Select Robot 用例外，还有题目给出的四种模式，其中由描述（2）④可知 Write 用例与 Show Errors 关联，因此 U3 用例必然是 Write；那么 U4/U5/U6 就必然是 Move、Left、Read，顺序不定。

【问题 2】 考查用例间的关系，用例之间只有三种关系：扩展、包含、泛化；由题目说明（1）"机器人在虚拟世界中探索时（Run Program），有 2 种运行模式"可知 Run、Step 两种模式是 Run Program 的两种特例行为，可以使用任何一个完成探索，因此是一般与特殊的关系，即泛化关系；由说明（2）"选定 1 个机器人后（Select Robot），可以采用手动方式控制它。手动控制有四种方式"，再结合手动方式的描述可知，这四种方式分别完成不同的操作，可选可不选，是扩展关系。根据常识也可以理解。

【问题 3】 考查类图，可以先从已知的 Editor 类入手，由说明（1）"用户使用编辑器（Editor）编写文件以设置想要模拟的环境"可知编辑器直接相关的是文件，因此 C1 是文件；再看说明（1）"机器人在虚拟世界中的行为也在文件中进行定义"，可知文件中定义了机器人在虚拟世界的行为，且行为有两种，即 Run、Step，与类图中的 C2 在多重度上符合，因此 C2 是机器人在虚拟世界的行为；此外，与文件相关的还有说明（1）"将文件导入系统（Load File）从而在仿真系统中建立虚拟世界（Setup World）"，可知 C5 是仿真系统（非虚拟世界，因为虚拟世界必然与 C2 相关，在类图中却不相关）；还剩下 C3 和 C4，并且 C4 由 1~n 个 C3 组成，可以很容易从描述中找到指令和指令集两个类。

试题四

答案：

【问题 1】（1）first+(last−first)/2+1 或(first+last)/2+1

（2）firstSum < lastSum

（3）first+(last−first)/2 或(first+last)/2

【问题2】（4）分治法；（5）O(nlogn)

【问题3】（6）2；（7）4

解析：

【问题1】考查算法填空，第一空和第二空的答案可以参考奇数代码逻辑中，因为与偶数逻辑原理相似，分析如下：第一空上下两个 for 循环分别求出两边的硬币总重量，第二个循环求出的是从 first+(last−first)/2+1 开始到最后的重量，因此第一个循环应该求出的是从 first 到 first+(last−first)/2 的重量，因为第一空是小于号，要包括 first+(last−first)/2，应该是填 first+(last−first)/2+1，化简后为 (first+last)/2+1；第二空 if 内的代码逻辑是判断出假硬币在哪一边中，再将该一边的数组去递归运算，应该使用重量进行判断，即在上面两个 for 循环中计算出的两个重量 firstSum 和 lastSum，因为真分支是将前半段递归，因此条件是 firstSum < lastSum；第三空可知是奇数方法中二者相等的情况，应该返回中间数，即(first+last)/2。

【问题2】考查算法和时间复杂度，首先根据算法描述，将硬币分组，就可以确定是分治法，凡是涉及到分组求解的都是分治法，因为有二分的思想，与二分查找法类似，时间复杂度是 O（nlogn），也可以在 C 代码的循环次数中得出。

【问题3】中若输入30个硬币，找假币的比较过程为：第 1 次：15 比 15，此时能发现假币在 15 个的范围内；第 2 次：7 比 7，此时，如果天平两端重量相同，则中间的硬币为假币，此时可找到假币，这是最理想的状态；第 3 次：3 比 3，此时若平衡，则能找出假币，不平衡，则能确定假币为 3 个中的 1 个；第 4 次：1 比 1，到这一步无论是否平衡都能找出假币，此时为最多比较次数。

试题五

答案：

（1）virtual void buildPartA() = 0

（2）virtual Product * getResult() = 0

（3）product->setPartA

（4）product->setPartB

（5）builder->buildPartA();

或 builder->buildPartB();

解析：本题考查的是面向对象程序设计，是 Java 语言与设计模式的结合考查。本题涉及的设计模式是构建器模式，将复杂类的构造过程推迟到子类实现。

对于第一空、第二空，根据实现接口的类，补充其接口缺失的方法，因此，空（1）和空（2）分别填写：virtual void buildPartA() = 0 和 virtual Product * getResult() = 0，二者可以互换；

对于第三空、第四空，是根据 product 类方法进行的补充，与具体产品的实现保持一致，因此，分别填写：product->setPartA，product->setPartB；

对于第五空，由于在填空后面跟随的是代码省略，因此题目并不严谨，缺失的语句可以有 builder->buildPartA(); builder->buildPartB()。

试题六

答案：

（1）void buildPartA()

（2）Product getResult()

（3）product.setPartA

（4）product.setPartB

（5）builder.buildPartA(); 或 builder.buildPartB(); 或 Product p = builder.getResult();

解析：

这里第 1、2 问很简单，就是补充接口内的方法，接口内的方法必然是在子类中实现的方法，而 Bulider 类的子类是 ConcreteBuilder1；该子类中的四个方法，除构造函数外，正好与接口中的三个方法一一对应，可以得出答案。

第 3、4 问虽然是考查函数实现，但是也比较简单，从英文的角度做一点联想即可，比如第 3 问要实现 buildPartA()这个方法，结合代码来看，PartA 这个单词在 Product 类中出现，同时注意到在当前类中定义了 Product 类的对象 product，这意味着可以在当前类中使用 product 类中的方法，那么接下来就判断该使用哪些方法，在 Product 类中，除了构造函数，就只有两个方法，setPartA 和 setPartB，自然就是调用 product 对象下的这些方法，正好与第 3、4 问对应。

第 5 问也是同理，实现 construct 方法，同样观察该类中有哪些成员变量能够调用，我们发现，在 Director 类中，只定义了一个私有成员，就是 Builder 类的对象 builder，因此只能调用该成员下的方法，注意到 Builder 类下除构造函数外有三个方法，因为这里没有给出 Test 类的最终输出结果是多少，所以，调用这三个方法中的一个就可以。

特别注意：Java 这种语法填空都是十分简单的，虽然大家都不懂语法，也没必要去看语法，因为大家不可能在短时间内掌握一门编程语言，就按照解题技巧，从英文角度去联想。特别是对于函数的实现，需要去看当前类中有哪些东西是能用的，比如上述 3、4、5 问都只有类对象，毫无疑问是调用类对象里的函数，大家可以抱着这种解题技巧去多做题，自己摸索出规律。

附录

专业英语词汇表

词汇	含义
access	存取
active-matrix	主动矩阵
adapter	适配器，转换器
adapter card	适配卡
agent	代理
analog signal	模拟信号
animation	动画
applet	程序
arithmetic operation	算术运算
array	数组，阵列
assembly	汇编，安装，装配
asynchronous	异步的，非同步的
asynchronous communications port	异步通信端口
attachment	附件
audio-output device	音频输出设备
Bandwidth	带宽
Bar code reader	条形码读卡器
Bit	比特
Bluetooth	蓝牙
Bus line	总线

续表

词汇	含义
cache	高速缓存
CAD（Computer Aided Design）	计算机辅助设计
CD-R	可记录压缩光盘
CD-ROM	可记录光盘
CD-RW	可重写光盘
certificate	证书
command	命令，指令
compress	压缩，精减
configuration	配置
control unit	操纵单元
controller	控制器
cookies	信息记录程序
cookies-cutter program	信息记录截取程序
coprocessor	协同处理器
copyright	版权
correspond	通信（联系）
critical	临界的；临界值
cursor	光标
database	数据库
decimal	十进制；十进制的
digital	数字的
digital subscriber line	数字用户线路
digital versatile disc	数字化通用磁盘
digital video disc	数字化视频光盘
directory	目录，索引簿
disk	盘，磁盘
display	显示
dot-matrix printer	点矩阵式打印机
drive	驱动
e-commerce	电子商务
E-mail	电子邮件

词汇	含义
Enclose	封闭，密封，围住，包装
file	文件
firewall	防火墙
Flash RAM	闪存
format	格式
hacker	黑客
hexadecimal	十六进制的
hierarchical	分级的，分层的
home page	主页
host computer	主机
index	索引，变址，指数
integrate	综合，集成
integrated Software	集成软件
interpreter	解释程序，翻译机
key	键，关键字，关键码
line	（数据，程序）行，线路
list	列表，显示
locating	定位，查找
macro	宏，宏功能，宏指令
main board	主板
map	图；映射，变址
margin	余量，边缘，边际
micro	微的，百万分之一
memory	内存
network adapter card	网卡
network terminal	网络终端
numerical	数量的，数字的
on-line	联机的
operate	操作，运算
optimize	优选，优化
output	输出，输出设备

词汇	含义
pixel	像素
pop	上托，弹出（栈）
printer	打印机，印刷机
product	（乘）积，产品
Programming language	程序设计语言
property	性（质），特征
protocol	规约，协议，规程
pseudo	假的，伪的，冒充的
push	推，按，压，进（栈）
recall	撤销，复活，检索
replaceable	可替换的
retrieve	检索
rewrite	重写
scan	扫描，扫视，搜索
scanner	扫描器
series	序列，系列，串联
set	设置
space	空格键，空间
stack	栈，堆栈，存储栈
sub-directory	子目录
subset	子集，子设备
system software	系统软件
Telnet	远程登录
template	模板
terminal	终端，端子
tracks	磁道
update	更新，修改，校正
variable	可变的
video	视频，电视
video display screen	视频显示屏
virtual memory	虚拟内存

续表

词汇	含义
Virus	病毒
voice recognition system	声音识别系统
ADSL（Asymmetric Digital Subscriber Line）	不对称数字订阅线路
AGP（accelerated graphics port）	加速图形接口
AH（Authentication Header）	鉴定文件头
API（Application Programming Interface）	应用程序设计接口
ARP（Address Resolution Protocol）	地址解析协议
ATM（Asynchronous Transfer Mode）	异步传输模式
BCF（Boot Catalog File）	启动目录文件
BIOS （Basic input/output System）	基本输入/输出系统
CA（Certification Authority）	证书管理机构
CD（compact disc）	压缩盘
CGI（Common Gateway Interface）	通用网关接口
CISC（Complex Instruction Set Computer）	复杂指令集计算机
CMOS（Complementary Metal-Oxide Semiconductor）	互补金属氧化物半导体
CPU（Central Processing Unit）	中央处理器
CRC（Cyclical Redundancy Check）	循环冗余检查
CRT（Cathode Ray Tube）	阴极射线管
CTI（Computer Telephone Integration）	计算机电话综合技术
DBMS（Data Base Management System）	数据库管理系统
DBS（Direct Broadcast Satellite）	直接卫星广播
DES（Data Encryption Standard）	数据加密标准
DIC（Digital Image Control）	数字图像控制
DNS（Domain Name System）	域名系统
DOM（Document Object Model）	文档对象模型
DSP（Digital Signal Processing）	数字信号处理
DTE（Data Terminal Equipment）	数据终端设备
DWDM（Dense Wavelength Division Multiplex）	波长密集型复用技术
EDO（Extended Data Output）	扩充数据输出
FRC（Frame Rate Control）	帧比率控制
FTP（File Transfer Protocol）	文件传输协议

续表

词汇	含义
Ghost（General Hardware Oriented System Transfer）	全面硬件导向系统转移
HDTV（High-Definition Television）	高清晰度电视
HTML（Hyper Text Markup Language）	超文本标记语言
HTTP（Hyper Text Transmission Protocol）	超文本传输协议
Hypertext	超文本
ICMP（Internet Control Message Protocol）	因特网信息控制协议
IP（Internet Protocol）	网际协议
LAN（Local Area Network）	局域网
LCD（Liquid Crystal Display）	液晶显示器
MAC（Media Access Control）	媒体访问控制子层协议
MIDI（Musical Instrument Digital Interface）	乐器数字化接口
MMDS（Multichannel Multipoint Distribution Service）	多波段多点分发服务
NAC（Network Access Control）	网络存取控制
NOS（Network Operation System）	网络操作系统
OJI（Open Java VM Interface）	开放 Java 虚拟机接口
OLE（Object Linking and Embedding）	对象链接入
OMR（Optical-Mark Recognition）	光标阅读器
P3P（Privacy Preference Project）	个人私隐安全平台
PCI（Peripheral Component Interconnect）	外部设备互连总线
PCM（Pulse Code Modulation）	脉冲编码调制
PDA（Personal Digital Assistant）	个人数字助理
POP3（Post Office Protocol Version 3）	第三版电子邮局协议
PSTN（Public Switched Telephone Network）	公用交换式电话
RAM（Random Access Memory）	随机存取存储器
Remote Login	远程登录（注册）
RISC（Reduced Instruction Set Computer）	精简指令集计算机
ROM（read-only memory）	只读存储器
SDRAM（Synchronous Dynamic Random Access Memory）	同步动态随机存储器
SGML（Standard Generalized Markup Language）	标准通用标记语言
SMIL（Synchronous Multimedia Integrate Language）	同步多媒体集成语言
SQL（Structured Query Language）	结构化查询语言

词汇	含义
TAPI（Telephony Application Programming Interface）	电话应用程序接口
TCP（Transmission Control Protocol）	传输控制协议
TSAPI （Telephony Services Application Programming Interface）	电话服务应用程序编程接口
UDP（User Datagram Protocol）	用户数据报协议
URL（Uniform Resource Locator）	统一资源定位符
USB（Universal Serial Bus）	通用串行总线
VDT（Video Display Terminals）	视频显示终端
VOD（Video On Demand）	视频点播
VPN（Virtual Private Network ）	虚拟专用网络
VRML（Virtual Reality Makeup Language）	虚拟现实结构化语言
VRR（Vertical Refresh Rate）	垂直扫描频率
WAIS（Wide Area Information Service）	广域信息服务器
WDM（Wavelength Division Multiplex）	波分多路复用
Web browser	网络浏览器
WWW（World Wide Web）	万维网
XML（Extensible Markup Language）	可扩展标记语言